Teubner Studienskripten Elektrotechnik

Ebel,   Regelungstechnik
                4., überarbeitete Auflage
                207 Seiten. DM 16,80

Ebel,   Beispiele und Aufgaben zur Regelungstechnik
                2., überarbeitete Aufl. 151 Seiten. DM 12,80

Eckhardt,   Numerische Verfahren in der Energietechnik
                208 Seiten. DM 16,80

Fender,   Fernwirken
                112 Seiten. DM 12,80

Freitag,   Einführung in die Zweitortheorie
                3., neubearbeitete und erweiterte Auflage.
                168 Seiten. DM 15,80

Frohne,   Einführung in die Elektrotechnik

                Band 1 Grundlagen und Netzwerke
                4., durchgesehene Aufl. 172 Seiten. DM 14,80

                Band 2 Elektrische und magnetische Felder
                4., durchgesehene Aufl. 281 Seiten. DM 18,80

                Band 3 Wechselstrom
                3., durchgesehene Aufl. 200 Seiten. DM 15,80

Gad,   Feldeffektelektronik
                266 Seiten. DM 17,80

Gerdsen,   Hochfrequenzmeßtechnik
                223 Seiten. DM 16,80

Gerdsen,   Digitale Übertragungstechnik
                322 Seiten. DM 19,80

Goerth,   Einführung in die Nachrichtentechnik
                184 Seiten. DM 14,80

Haack,   Einführung in die Digitaltechnik
                4. Auflage. 232 Seiten. DM 16,80

Harth,   Halbleitertechnologie
                2., überarbeitete Aufl. 135 Seiten. DM 14,80

Heidermanns,   Elektroakustik
                138 Seiten. DM 12,80

Hilpert,   Halbleiterelemente
                3., erweiterte Aufl. 184 Seiten. DM 14,80

Höhnle,   Elektrotechnik mit dem Taschenrechner
                228 Seiten. DM 16,80

Kirschbaum,   Transistorverstärker

                Band 1 Technische Grundlagen
                3., durchgesehene Aufl. 215 Seiten. DM 15,80

                Band 2 Schaltungstechnik Teil 1
                2., durchgesehene Aufl. 231 Seiten. DM 16,80

                Band 3 Schaltungstechnik Teil 2
                2., durchgesehene Aufl. 247 Seiten. DM 16,80

Morgenstern,   Farbfernsehtechnik
                2., überarbeitete und erweiterte Auflage.
                260 Seiten. DM 18,80

Fortsetzung auf der 3. Umschlagseiten

Zu diesem Buch

Dieser Text führt in das Gebiet der aktiven
Halbleiterbauelemente ein, die heute in der
Mikrowellentechnik eingesetzt werden. Ausgehend
von den physikalischen Grundlagen werden die
wichtigsten Bauformen, ihre Funktionsweise sowie ihre Herstellung beschrieben. Zum Verständnis reichen Grundkenntnisse über Halbleiter aus,
wie sie bis zum Vordiplom in Elektrotechnik oder
Physik an deutschen Hochschulen üblicherweise
vermittelt werden.

Halbleiterbauelemente der Hochfrequenztechnik

Laufzeitdioden, Gunn-Elemente,
Mikrowellen-Feldeffekttransistoren

Von Dr. rer. nat. Andreas Schlachetzki

Professor an der
Technischen Universität Berlin
und Leiter des Bereichs Integrierte Optik
am Heinrich-Hertz-Institut
für Nachrichtentechnik Berlin

Mit 100 Bildern

Springer Fachmedien Wiesbaden GmbH 1984

Prof. Dr. rer. nat. Andreas Schlachetzki

1938 in Breslau (Schlesien) geboren. 1958 bis 1970
Studium der Physik mit Promotion an der Universität
Köln. 1970/71 wissenschaftliche Tätigkeit am Becton
Center der Yale University, New Haven, USA. 1971 bis
1976 wissenschaftlicher Mitarbeiter am Forschungs-
institut der Deutschen Bundespost, Darmstadt. 1975
sechsmonatige Forschungstätigkeit am Electrical
Communication Laboratory der Nippon Telegraph & Tele-
phone Public Corp., Tokyo. 1976 bis 1984 Professor am
Institut für Hochfrequenztechnik der Technischen Uni-
versität Braunschweig. Seit 1984 Professor an der
Technischen Universität Berlin und Leiter des Bereichs
Integrierte Optik am Heinrich-Hertz-Institut für Nachrichtentechnik Berlin.

CIP-Kurztitelaufnahme der Deutschen Bibliothek

Schlachetzki, Andreas:
Halbleiterbauelemente der Hochfrequenztechnik:
Laufzeitdioden, Gunn-Elemente, Mikrowellen-Feld-
effekttransistoren / von Andreas Schlachetzki. -
Stuttgart : Teubner, 1984.
   (Teubner-Studienskripten ; 99 : Elektrotechnik)
   ISBN 978-3-519-00099-0   ISBN 978-3-663-10245-8 (eBook)
   DOI 10.1007/978-3-663-10245-8

NE: GT

© Springer Fachmedien Wiesbaden 1984

Ursprünglich erschienen bei B. G. Teubner Stuttgart 1984.

Umschlaggestaltung: W. Koch, Sindelfingen

Vorwort

Vor rund 25 Jahren entstanden die ersten tragfähigen Ideen,
mit Halbleitern hochfrequente elektrische Schwingungen zu erzeugen. Es folgte eine Periode stürmischer Entwicklung von
Halbleiterbauelementen, die die bis dahin auch bei hohen Frequenzen dominierenden Röhren auf spezielle Hochleistungsan-
wendungen abdrängten. Darüberhinaus wurden für Halbleiter Fre-
quenzbereiche erschlossen, die bisher unzugänglich waren. In
den letzten Jahren haben die Halbleiterbauelemente für das Mikrowellengebiet im wesentlichen ihre Reife erhalten, abgesehen
von den Feldeffekttransistoren, die zu immer höheren Frequenzen vorstoßen.

Dieses Buch behandelt Halbleiterbauelemente, die im Zentimeter-
und Millimeterwellengebiet eingesetzt werden, allerdings mit
der Beschränkung auf aktive Komponenten. Der Schwerpunkt liegt
auf den Laufzeitdioden und den Gunn-Elementen, den klassischen
Halbleiterbauelementen der Mikrowellentechnik. Beide Gruppen
von Bauelementen arbeiten mit heißen Elektronen und nutzen die
Laufzeit der Elektronen durch einen geeignet gestalteten Halb-
leiterbereich aus. Dagegen werden andere Mikrowellenbauelemente, wie Tunneldioden oder Step-Recovery-Dioden, wegen ihrer
nur begrenzten Wichtigkeit nicht behandelt. Bipolare Transistoren gehören ebensowenig wie die Feldeffekttransistoren zu
den Mikrowellenbauelementen im engeren Sinn, obwohl bipolare
Transistoren jetzt schon mit einer Grenzfrequenz von 12 GHz
verfügbar sind und damit weit in das hier interessierende Fre-
quenzgebiet oberhalb 1 GHz hineinreichen.

Allerdings muß für Feldeffekttransistoren mit Schottky-Gate
insofern eine Einschränkung gemacht werden, als sie in den
letzten Jahren zumindest im unteren GHz-Bereich Impatt-Dioden
und Gunn-Elemente mehr und mehr ersetzen. Diese Tendenz wird
sich sicherlich in den nächsten Jahren noch zu höheren Frequenzen fortsetzen. Aus diesem Grund ist in diesem Buch das

abschließende Kapitel den Feldeffekttransistoren unter dem
Aspekt der Mikrowellenanwendungen gewidmet.

Das Buch ist aus einer einsemestrigen Vorlesung von drei Wochenstunden entstanden, die der Autor während einiger Jahre
an der Technischen Universität Braunschweig gehalten hat. Es
wendet sich an Elektroingenieure und Physiker mit Grundkenntnissen der Halbleiterphysik, wie sie üblicherweise zum Vordiplom an wissenschaftlichen Hochschulen vermittelt werden. Die
grundlegenden physikalischen Phänomene sind relativ eingehend
herausgearbeitet mit dem Ziel, daß auch dem fachlich Fernerstehenden ein Verständnis der behandelten Mikrowellenbauelemente möglich ist. Die eigentlichen Schaltungsaspekte werden
dagegen nur gestreift. Der vorliegende Text konnte in mehreren
Punkten auf teilweise hervorragenden Darstellungen in einigen
Monographien aufbauen, die im Literaturverzeichnis für den tiefer interessierten Leser aufgeführt sind. Es wurde darauf Wert
gelegt, neuere Konzepte, die durch die jüngsten technologischen Entwicklungen verwirklicht wurden oder die der Realisierung näher gekommen sind, in den Text einzufügen.

Es bleibt die angenehme Aufgabe, für empfangene Hilfe zu danken. Besonders herauszuheben sind die Herren Dipl.-Ing. S. Aytaç und Dipl.-Ing. W. Kowalsky, die neben sonstigen außergewöhnlichen Belastungen die kritische Durchsicht des Manuskripts
und umfangreiche mühselige Arbeiten bei seiner Reinschrift
übernommen haben, Frau B. Tietze, die mit großer Sorgfalt die
Mehrzahl der Bilder gezeichnet hat, und schließlich Frau K.
Gartner, die sehr effizient und mit besonderem Einfühlungsvermögen die Reinschrift angefertigt hat. Schließlich soll noch
ein besonderer Dank an die gerichtet werden, die ihren Mann
und ihren Vater sehr oft nur während verkürzter Wochenenden
sehen konnten.

Berlin, August 1984   A. Schlachetzki

Inhaltsverzeichnis

I. <u>Einleitung</u>

In den letzten beiden Dekaden sind die Halbleiter auch in das
Gebiet der Hochfrequenz eingedrungen. Inzwischen ist es so-
weit, daß Halbleiter mit Ausnahme der ausgesprochenen Hoch-
leistungsanwendungen sämtliche Funktionen aktiver Komponenten übernehmen können. Die Vorteile der Halbleiter gegenüber
den traditionellen Röhren sind vor allem ihre Kleinheit, die
eine weitgehende Miniaturisierung ermöglicht, und der einfache Aufbau. Der einfache Aufbau darf allerdings nicht darüber
hinwegtäuschen, daß sich im Innern von Halbleiterbauelementen
komplizierte physikalische Vorgänge abspielen, die sich zum
Teil einer analytischen Behandlung entziehen.

Die bei weitem wichtigsten Halbleiterbauelemente für Mikrowellenanwendungen wie Radar oder Richtfunk sind die Impatt-
Diode, nebst der Familie ähnlich gebauter Dioden, und das
Gunn-Element. Beide sind prinzipiell von einer Einfachheit,
wie man sie sich größer kaum vorstellen kann. Die Impatt-
Diode ist im Prinzip nur ein geeignet geformter pn-Übergang,
während das Gunn-Element gar nur ein passendes Stück Halbleiter mit ohmschen Kontakten ist. Beide Bauelemente verwenden heiße Elektronen, d.h. Elektronen, deren mittlere Temperatur sehr viel größer ist als die Temperatur des Kristall-
gitters. Bei beiden Bauelementen spielt die Laufzeit der
Elektronen durch das Bauelement eine wichtige Rolle.

In diesem Skriptum wollen wir die Impatt-Dioden und die Gunn-
Elemente in ihren verschiedenen Bauformen und Betriebsweisen
erläutern. Es sollen die wichtigsten Gesetzmäßigkeiten aus
den physikalischen Vorgängen in den Bauelementen abgeleitet
werden.

Dazu gehören im Fall der Impatt-Diode, deren prinzipieller
Aufbau in Bild I.1a skizziert ist, der Lawinendurchbruch im
hohen Feld eines gesperrt gepolten pn-Übergangs. Das stark
dotierte p^{+}-Gebiet (Bild I.1b), das ebenso wie das gegenüber-

liegende stark dotierte n^+-Gebiet der leichteren Kontaktie-
rung und der Reduzierung des Bahnwiderstandes dient, sorgt
mit dem angrenzenden n-Gebiet für einen Bereich hoher Feldstärke. Dies ist der Lawinenraum, in dem Stoßionisation stattfinden kann. Der größte Teil der Diode ist eigenleitend (i
für "intrinsic") und wird mit Lauf- oder Driftraum bezeichnet. In diesem Bereich ist das elektrische Feld E relativ
niedrig und nahezu homogen.

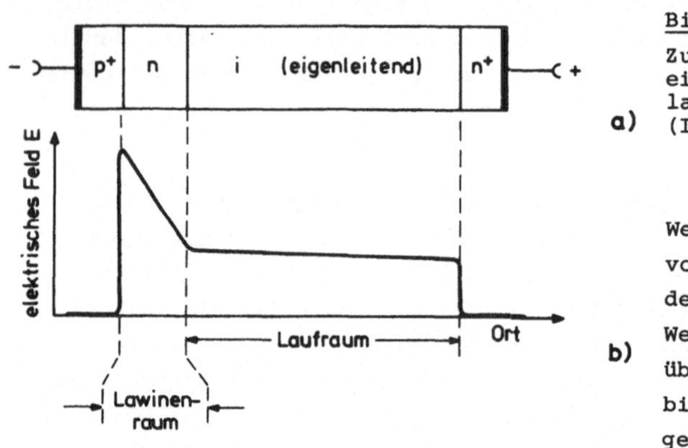

Bild I.1

Zum Prinzip
einer Lawinen-
laufzeit-Diode
(Impatt-Diode)

a)

b)

Wenn der Gleich-
vorspannung an
der Diode eine
Wechselspannung
überlagert ist,
bildet sich,
gegenüber der

am Bauelement liegenden Wechselspannung um eine Viertel-Perio-
de induktiv verzögert, ein Bündel von Ladungsträgern im Lawinenraum, das durch den anschließenden Laufraum zur anderen
Elektrode zieht. Während dieser Ladungsträgerbewegung wird an
den Elektroden der Diode ein Strom induziert, der bei geeigneter Länge des Laufraumes im Mittel um eine halbe Periode
gegenüber der Wechselspannung verzögert ist. Die Impatt-Diode
hat also einen negativen Widerstand, der zur Mikrowellenerzeugung verwendet werden kann. Sie zeichnet sich durch hohe
Leistungen bei hohem Wirkungsgrad aus, wohingegen ihr Rauschen relativ groß ist. Die induktive Verzögerung, die bei
der Lawinenlaufzeit-Diode aus der Stoßionisation resultiert,
kann auch durch Injektion über einen Sperrkontakt erreicht
werden, von denen zwei gegeneinander geschaltet den Laufraum
beidseitig begrenzen (Baritt-Diode). Dadurch wird das Rauschen, leider aber auch die erzielbare HF-Leistung reduziert.

Bis vor kurzem war Silizium (Si) der bei weitem wichtigste Werkstoff für Impatt-Dioden, denn die Technologie des Si wird sehr gut beherrscht und seine Wärmeleitfähigkeit ist dreimal so hoch wie die des Galliumarsenid (GaAs). Bei Impatt-Dioden ist bei den unteren Frequenzen die Leistung durch die Wärmeableitung begrenzt. Da in letzter Zeit die GaAs-Technologie jedoch gut fortgeschritten ist, zeigte sich GaAs (5mal so hohe Beweglichkeit) dem Si gleichwertig, wenn nicht überlegen.

Wegen seiner besonderen Bandstruktur (Bild I.2a) zeigt GaAs noch eine weitere, bemerkenswerte Eigenschaft: den Gunn-Effekt. Gewöhnlich befinden sich die Elektronen im Minimum

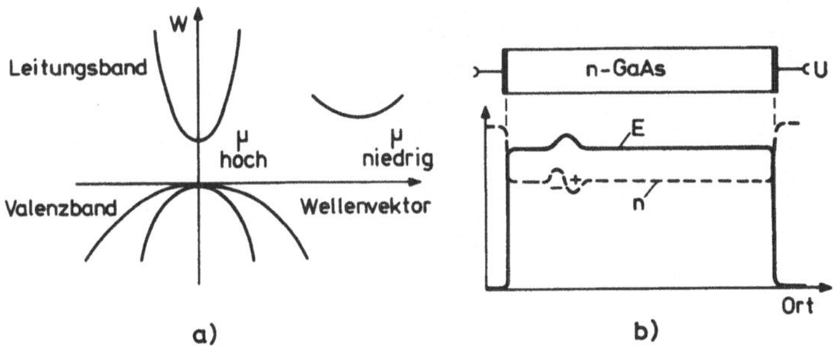

Bild I.2
(a) Charakteristika der Bänderstruktur des GaAs.
(b) Zur Erläuterung des Gunn-Effekts: Feldstärke E und Elektronenkonzentration n in n-leitendem GaAs unter Vorspannung U.

des Leitungsbandes bei verschwindendem Wellenvektor, wo sie auf Grund der starken Bandkrümmung eine niedrige effektive Masse und eine hohe Beweglichkeit μ haben. Wenn die Elektronen in einem hohen elektrischen Feld eine große Energie aufnehmen (wachsende Wellenzahlen), können sie in ein Nebenminimum des Leitungsbandes gestreut werden. Dort haben sie auf Grund einer erhöhten effektiven Masse eine reduzierte Beweglichkeit. Wenn also in einer GaAs-Probe z.B. durch Fluktua-

tion das Feld örtlich erhöht wird (Bild I.2b), bleiben an
dieser Stelle die Elektronen wegen der reduzierten Beweglichkeit zurück, während die übrigen Elektronen weiterziehen. Es
kommt zu Elektronenanhäufungen und -verarmungen, d.h. zur
Ausbildung eines Dipols, der Spannung verbraucht. Dies ist
in Bild I.2b als Momentaufnahme veranschaulicht. Wegen der
konstanten Spannung am Bauelement muß die Feldstärke außerhalb des Dipols und damit der Strom insgesamt sinken. Wenn
der Dipol durch die Probe gelaufen ist, steigt der Strom auf
seinen ursprünglichen Wert, und ein neuer Dipol bildet sich
an der größten Probeninhomogenität, vorzugsweise an der Kathode. Dieser Vorgang wiederholt sich periodisch. Von außen
können danach am Bauelement Stromimpulse beobachtet werden.

Die Konsequenz aus der besonderen Bandstruktur des GaAs ist
eine Geschwindigkeits-Feldstärke-Charakteristik mit fallen-
dem Ast oder negativer differentieller Beweglichkeit. Daraus
ergibt sich die Möglichkeit der Mikrowellenerzeugung oder
-verstärkung. Je nach Betriebsart des Gunn-Elementes wünscht
man die volle Ausbildung der Hochfelddipole (Domänenbetrieb),
oder man versucht Ladungsträgeranhäufungen zu unterdrücken.

II. Lawinenlaufzeit-Dioden

1. Lawinendurchbruch am pn-Übergang

Wesentlich für die Erzeugung eines Ladungsträgerbündels bei
Impatt-Dioden ist der pn-Übergang, der in Rückwärtsrichtung
bis zum Durchbruch belastet wird. In der Verarmungszone des
pn-Übergangs kann man die hohen elektrischen Feldstärken erzeugen, die zum Lawinendurchbruch notwendig sind, ohne daß
das Bauelement durch zu große Joulesche Wärme zerstört wird.
Denn es fließt nur der relativ geringe, thermisch erzeugte
Sperrstrom. Bild II.1 gibt die gemessene Strom-Spannungskenn-
linie an einem pn-Übergang in Si wieder. In Durchlaßrichtung
fließen schon bei geringen Spannungen sehr erhebliche Ströme.
Im gesperrten Zustand müssen demgegenüber beträchtliche Spannungen von um 120 V angelegt werden, ehe der Sperrstrombe-
reich von etwa 1 µA und weniger durch den abrupten Durchbruch
verlassen wird.

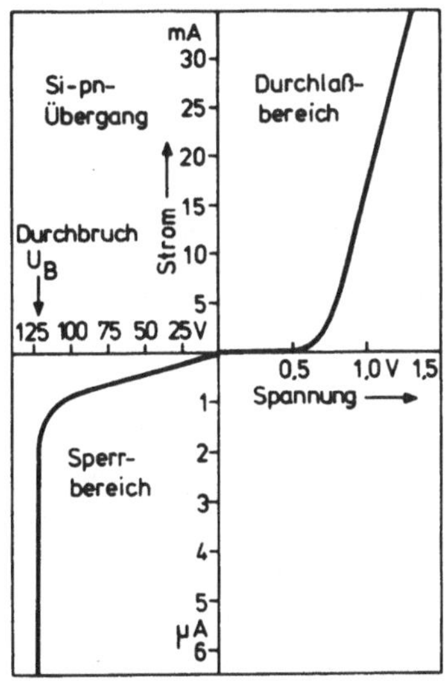

Geschieht der Durchbruch bei
unter etwa 10 V Sperrspannung
in relativ schmalen Übergängen,
dann handelt es sich um den
Zener-Effekt, d.h. um Tunneln
von Elektronen aus dem Valenz-
band in das Leitungsband bei
stark gescherten Bändern. Der
Zener-Effekt wird bei relativ
stark dotierten Proben beobachtet.

Bild II.1

Kennlinie eines pn-Übergangs
in Silizium. Die unterschiedliche Skalierung der Achsen
ist zu beachten (Messung von
S. Aytaç).

Bei höheren Durchbruchspannungen U_B kommt es zum Lawinendurchbruch. Die im thermischen Gleichgewicht stets vorhandenen Elektronen des Sperrstroms I_o können, beginnend von der Leitungsbandkante W_L, im Feld soviel kinetische Energie aufnehmen, wie es mindestens dem Bandabstand W_g entspricht (Aufheizen; Bild II.2a). Jedes Elektron kann dann durch Stoßionisation ein Elektron-Loch-Paar erzeugen (Paarerzeugung), indem es ein Elektron von der Valenzbandkante W_V ins Leitungsband hebt. Das neu gebildete Elektron-Loch-Paar trägt einerseits zum Leitungsstrom bei (Transport), kann andererseits aber auch durch Stoßionisation zusätzliche Elektron-Loch-Paare erzeugen, denn auch das Loch kann im elektrischen Feld aufgeheizt werden (Bild II.2b). Der reziproke Vorgang zur Stoßionisation ist der Auger-Effekt, bei dem ein Elektron mit einem Loch rekombiniert, die freiwerdende Energie zur Aufheizung eines weiteren Elektrons oder Lochs weitergibt, die dann schließlich unter Energieabgabe an die Bandkanten W_L und W_V zurückfallen. Für eine schematische Darstellung des Auger-Effekts brauchen wir also nur die Pfeile in Bild II.2 umzukehren.

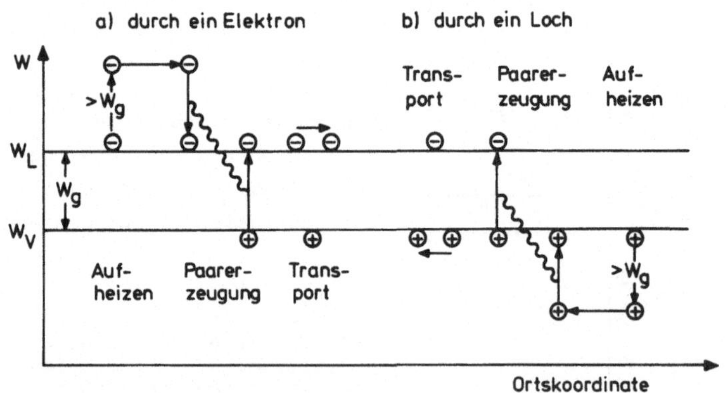

Bild II.2   Zur Stoßionisation durch (a) ein Elektron und (b) ein Loch. Mit W_L und W_V sind die Energien von Leitungs- und Valenzbandkante bezeichnet.

Die Ionisationsrate gibt die relative Zunahme der Ladungsträgerdichte pro Längeneinheit an

$$\alpha(E) = \frac{1}{n}\frac{\mathrm{d}n}{\mathrm{d}x} .$$
(II.1)

α ist stark von der Feldstärke E abhängig und i.a. für Elektronen und Löcher verschieden. Im folgenden soll dieser Unterschied vorerst nicht gemacht werden. Ein Elektron erzeugt
also auf einer Strecke w

$$n_s = \int\limits_0^w \alpha(E)\,\mathrm{d}x$$
(II.2)

sekundäre Elektronen. Wenn der ursprüngliche thermische Sperrstrom I_0 war, so ist er jetzt

$$I_0 + I_s = I_0 + n_s I_0 .$$

Für den gesperrten pn-Übergang ist w die Breite der Verarmungszone. Die sekundären Elektronen können durch Stoß weitere sekundäre Elektronen bilden, die den Strom auf

$$I_0 + I_s + n_s I_s = I_0 + n_s I_0 + n_s^2 I_0$$

vergrößern. Nach Gl. (II.2) verstärkt sich der Strom insgesamt um den Multiplikationsfaktor M

$$I = MI_0 = I_0(1+n_s+n_s^2+...) = \frac{I_0}{1-n_s} = I_0\left(1-\int\limits_0^w \alpha(E)\,\mathrm{d}x\right)^{-1} .$$

Als Integrationsweg muß die gesamte Breite w des pn-Übergangs
genommen werden. Denn vom Ort ihres Entstehens läuft das
Elektron zur einen Seite des Übergangs, das Loch aber zur
entgegengesetzten Seite. Unabhängig vom Ort ihres Entstehens
ist dies für beide zusammen die Strecke w.

Aus der letzten Gleichung folgt, daß I über alle Grenzen wächst, wenn $n_s = 1$ wird. Die Bedingung für den Lawinendurchbruch lautet also

$$1 = \int_0^w \alpha(E)\, dx. \qquad \text{(II.3)}$$

Ein komplexerer Ausdruck gilt, wenn die Ionisationsraten von Elektronen und Löchern unterschiedlich sind [II.1].

Um eine Abschätzung für die Feldabhängigkeit der Ionisationsrate α zu bekommen, diskutieren wir ein eindimensionales Modell, in dem ein Elektron mit der Anfangsgeschwindigkeit v_a ein Elektron-Loch-Paar mit den Geschwindigkeiten v_n und v_p erzeugt, wobei seine Geschwindigkeit auf v_e abfällt. Das stoßende Elektron muß dann mindestens die Ionisierungsenergie des Bandabstandes W_g aufbringen, so daß der Energieerhaltungssatz lautet

$$\frac{1}{2}\, m_n v_a^2 = W_g + \frac{1}{2}\, m_n v_e^2 + \frac{1}{2}\, m_n v_n^2 + \frac{1}{2}\, m_p v_p^2.$$

Mit m_n und m_p bezeichnen wir die effektiven Massen von Elektron und Loch. Weiterhin muß der Impulserhaltungssatz

$$m_n v_a = m_n v_e + m_n v_n + m_p v_p$$

gelten, so daß die Energie W_g des Elektrons für eine Ionisation nicht ausreicht. Ohne Beweis führen wir an, daß die Ionisationsenergie W_i minimal wird, wenn $v_e = v_n = v_p$ gilt. Die zur Ionisation notwendige Minimalenergie des stoßenden Elektrons wird dann

$$W_i = \left(\tfrac{1}{2} m_n v_a^2\right)_{min} = \frac{2m_n + m_p}{m_n + m_p}\, W_g.$$

Da auch ein Loch ionisieren kann, gilt eine entsprechende
Formel für diesen Fall, wobei wir nur die Indizes n und p
zu vertauschen brauchen. Je nach dem Wert des Verhältnis-
ses von m_p/m_n kann W_i zwischen W_g und $2W_g$ schwanken. Der
Mittelwert

$$W_i = 1,5 \ W_g$$

wird allgemein für das Einsetzen der Stoßionisation akzep-
tiert. Entgegen dem einfachen Modell, das eben betrachtet
wurde, kann es möglich sein, daß sich zwei Elektronen oder
Löcher verbinden, um gemeinsam ein Elektron-Loch-Paar zu bilden. Die Minimalenergie W_i sollte also nicht als ein scharfer Wert angesehen werden, sondern als ein geeigneter Parameter zur Prozeßbeschreibung. Auch für Energien unterhalb von
W_i kann Stoßionisation auftreten, allerdings mit stetig abnehmender Wahrscheinlichkeit [II.2].

Wir wollen nun untersuchen, wieviel Elektronen in einem Feld
E eine hinreichende kinetische Energie W_{kin} aufnehmen können,
um zur Ionisationsrate α beizutragen. Im nächsten Kapitel
werden wir zeigen, daß Elektronen in hohen elektrischen Feldern eine konstante mittlere Geschwindigkeit, ihre Sättigungsdriftgeschwindigkeit v_s annehmen. Dann ist ihre kinetische
Energie W_{kin} sicherlich sehr viel größer als ihre Energie W_o,
wenn sie beim Fehlen eines Feldes im Gleichgewicht mit dem
Kristallgitter sind. Ein Maß für die Zeit, die die Elektronen
zum Zurückfallen von W_{kin} auf W_o oder zum Aufheizen in umgekehrter Richtung brauchen, ist die Energierelaxationszeit τ_e.
Im Mittel geben die Elektronen während der Zeit τ_e ihre Über-
schußenergie ab. Umgekehrt gewinnen sie diese Energie, wenn
ein starkes elektrisches Feld E anliegt, während ihrer Lauf-
strecke $v_s \tau_e$. Daher folgt

$$e E \cdot v_s \tau_e = W_{kin} - W_o \approx W_{kin},$$

wobei wir das Konzept der heißen Elektronen ($W_{kin} \gg W_o$) an-
gewendet haben. e ist die Elementarladung. Die Energie eines
Elektrons verteilt sich auf seine drei Bewegungsfreiheitsgra-
de in dem Sinn, daß auf jeden Freiheitsgrad $\frac{1}{2}k_B T$ entfällt.
k_B ist die Boltzmann-Konstante, und T ist die thermodynami-
sche Temperatur, die für das Elektron gilt. Dies gibt uns
die Möglichkeit, für das Ensemble von Elektronen im Kristallgitter die Elektronentemperatur T_e einzuführen

$$\frac{3}{2}k_B T_e = eE \cdot v_s \tau_e \approx W_{kin}. \qquad (II.4)$$

T_e kann dazu dienen, die Verteilung der Elektronen auf die
möglichen Energiewerte zu beschreiben. Wenn wir insbesondere
von nichtentarteten Elektronen ausgehen, wenn wir uns also
auf den Ausläufer einer Boltzmann-Verteilung beschränken können, dann ist mit (II.4) die Anzahl der Elektronen mit Energien über der Ionisationsenergie W_i proportional zu

$$\exp(-W_i/k_B T_e) = \exp\left[-W_i/(\tfrac{2}{3}\, eE v_s \tau_e)\right].$$

Dabei beschränken wir uns auf die dominante Abhängigkeit von
E. Dieser Anzahl ist die Ionisationsrate proportional. Vernachlässigen wir den Faktor 2/3 in dieser Abschätzung, dann
gilt

$$\alpha(E) = \alpha_o \exp\left[-W_i/(eE v_s \tau_e)\right].$$

Dieser Ausdruck beschreibt die Experimente in vielen Fällen
recht gut, insbesondere wenn er dahingehend erweitert wird,
daß die Feldabhängigkeit von τ_e mitberücksichtigt wird. Mit
geeignet definierten Parametern E_o und m erhalten wir die
allgemein für Rechnungen verwendete Formel der Ionisationsrate

$$\alpha(E) = \alpha_o \exp(-E_o/E)^m. \qquad (II.5)$$

Im Zusammenhang mit Bauelementen wird häufig eine Näherung
in der Form

$$\alpha(E) = \alpha_o (E/E_o)^n \qquad\qquad (II.6)$$

eingesetzt, wobei der Exponent n je nach Feldstärkebereich
zwischen 3 und 9, oft nahe bei 6, gewählt wird.

Messungen der Ionisationsrate sind mit erheblichen Unsicherheiten behaftet, weil lokale Randdurchbrüche und Mikroplasmen
im Volumen des Halbleiters sehr schwer zu vermeiden sind,

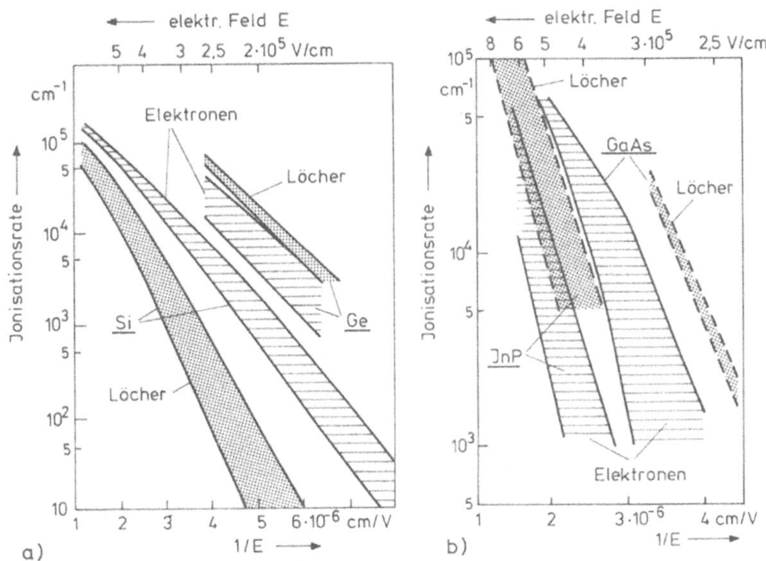

<u>Bild II.3</u>   Bereich gemessener Ionisationsraten bei 300 K
          (a) für die Elementhalbleiter Si und Ge nach
              einer Zusammenstellung in [II.3],
          (b) für die Verbindungshalbleiter GaAs und InP
              nach einer Zusammenstellung in [II.4].

weil reine Elektronen- oder Löcherinjektion nicht einfach realisierbar ist und weil darüberhinaus sehr häufig eine genaue
Kenntnis des Feldstärkeprofils im Meßobjekt kaum zu erlangen
ist. Entsprechend streuen die Meßergebnisse in der Literatur,
die jedoch darin übereinstimmen, daß in den jeweils unter-
suchten Feldstärkebereichen für Si die Ionisationsrate der
Elektronen größer ist als die der Löcher, während für Ge,
GaAs, InP und InAs das Umgekehrte gilt. Bild II.3 vermittelt
einen Eindruck der bisherigen Meßergebnisse. Eine numerische
Analyse von Messungen an GaAs-Lawinenlaufzeit-Dioden [II.5]
deutet darauf hin, daß für dieses Material die niedrigeren
Ionisationsraten in den Streubereichen von Bild II.3b zutreffend sind.

<u>Tab. II.1</u>
Bei Zimmertemperatur gemessene Ionisationsraten für einige
Verbindungshalbleiter [II.6].

		α_o (cm^{-1})	E_o (V/cm)	
InAs	Elektronen	$1,0 \cdot 10^5$	$1,57 \cdot 10^5$	
	Löcher	$4,65 \cdot 10^5$	$8,8 \cdot 10^4$	(1)
		$1,6 \cdot 10^6$	$1,5 \cdot 10^5$	(2)
$In_{0,53}Ga_{0,47}As$	Elektronen	$7,2 \cdot 10^7$	$2,0 \cdot 10^6$	
	Löcher	$1,0 \cdot 10^8$	$2,2 \cdot 10^6$	
$In_{0,14}Ga_{0,86}As$	Elektronen	$1,0 \cdot 10^9$	$3,6 \cdot 10^6$	
	Löcher	$1,3 \cdot 10^8$	$2,7 \cdot 10^6$	
$In_{0,89}Ga_{0,11}As_{0,74}P_{0,26}$	Elektronen	$2,46 \cdot 10^8$	$3,2 \cdot 10^6$	
	Löcher	$6,5 \cdot 10^7$	$3,07 \cdot 10^6$	
$GaAs_{0,88}Sb_{0,12}$	Elektronen	$1,5 \cdot 10^5$	$6,4 \cdot 10^5$	
	Löcher	$1,1 \cdot 10^5$	$7,2 \cdot 10^5$	

(1) niedrige Felder
(2) hohe Felder

In der Tabelle II.1 sind die Meßergebnisse für eine Reihe von
Verbindungshalbleitern zusammengestellt [II.6], die sich alle
nach Gl. (II.5) mit m = 1 beschreiben lassen. Allerdings ist
bei diesen Ergebnissen mit ähnlichen Unsicherheiten wie in
Bild II.3 zu rechnen. Nur für die erste und dritte Legierung
in Tab. II.1 ist die Ionisationsrate für Löcher größer als
für Elektronen.

2. Sättigungscharakteristik

Ein wesentlicher Umstand für das Funktionieren einer Impatt-
Diode ist die Tatsache, daß die Elektronen in einem hinrei-
chend hohen Feld eine Sättigungsgeschwindigkeit annehmen.
Dies läßt sich aus dem Streumechanismus verstehen, dem die
Elektronen im Kristallgitter unterworfen sind. Die Elektro-
nen können im Kristallgitter charakteristische Gitterschwin-
gungen anregen und auf diesem Weg Energie ans Gitter liefern.
Da das Spektrum der Gitterschwingungen oder Phononen typische
Eigenschaften hat, können Elektronen hoher Energie mit dem
Gitter nur in konstanten Energiebeiträgen wechselwirken. Dies
führt schließlich zu einer Sättigungsdriftgeschwindigkeit der
Elektronen.

Diese Bemerkungen stehen nicht im Widerspruch zu dem vorhergehenden Kapitel. Denn sowohl die erwähnten Streumechanismen
als auch die Stoßionisation sind statistische Prozesse. Wenn
auch die Mehrzahl der Elektronen in einem hinreichend hohen
elektrischen Feld die Sättigungsdriftgeschwindigkeit annehmen, so gibt es doch einige, die die für die Stoßionisation
notwendige Energie erreichen. Ihr Prozentsatz steigt mit
wachsendem Feld, was seinen formelmäßigen Ausdruck in Gl.
(II.5) findet. Es ist nun keineswegs so, daß die durch Stoß
ionisierenden Elektronen keine Streuung an Phononen erfahren
haben. Derartige Streuprozesse sind vielmehr notwendig, damit ein Elektron auf Grund der gegebenen Bandstruktur eines
Halbleiters auch tatsächlich hinreichend hohe Energien an-

nehmen kann, d.h. der Richtung seines Impulses muß im Leitungsband eine hohe Energie zugeordnet sein [II.7].

Wenn die Elektronen über die Streuung an Gitterschwingungen oder über die Stoßionisation zufälligen Einflüssen ausgesetzt sind, dann ist auch ihre Verteilung über der Energie statistischer Natur. Zur Kennzeichnung einer solchen Verteilung bedient man sich gern einer Temperatur T, die für das Ensemble der Elektronen durchaus verschieden sein kann von der für das Kristallgitter, in dem sich die Elektronen bewegen.

Charakteristisch für Halbleiter ist die Tatsache, daß Elektronen eine sehr viel höhere Temperatur T_e annehmen können als das Kristallgitter, dessen Temperatur T_o mit der Umgebungstemperatur oder der Temperatur einer Wärmesenke übereinstimmt. Dies liegt daran, daß im Halbleiter nur relativ wenig Elektronen (z.B. 10^{16} oder 10^{17} cm^{-3}) zur Stromleitung vorhanden sind im Gegensatz zum Metall (in der Größenordnung von 10^{22} cm^{-3}). Deshalb ist bei Metallen der Beitrag der freien Elektronen zur spezifischen Wärme und zur Wärmeleitfähigkeit nicht zu vernachlässigen, und deshalb gilt bei Metallen das Wiedemann-Franzsche Gesetz, das die Wärmeleitfähigkeit mit der elektrischen Leitfähigkeit proportional verknüpft.

Im folgenden wird die Streuung an ionisierten Störstellen nicht betrachtet, da sie bei Zimmertemperatur und hohen Elektronenenergien von untergeordneter Bedeutung ist. Da bei Streuung von Elektronen an Phononen nur relativ wenig Energie ausgetauscht wird (Größenordnung der höchstenergetischen, d.h. optischen Phononen 30 - 60 meV), werden die Elektronen nicht aus ihrem Band gestreut. Man muß dann zwischen der Innertalstreuung ("intra-valley"-Streuung) und der Zwischentalstreuung ("inter-valley"-Streuung) unterscheiden. Zur Erläuterung wollen wir die Bänderstruktur eines Halbleiters am Beispiel von Si etwas genauer betrachten.

Bild II.4 zeigt für verschiedene Richtungen das Bänderdiagramm von Si, aufgetragen über dem Wellenvektor, der den Impuls des Elektrons angibt.

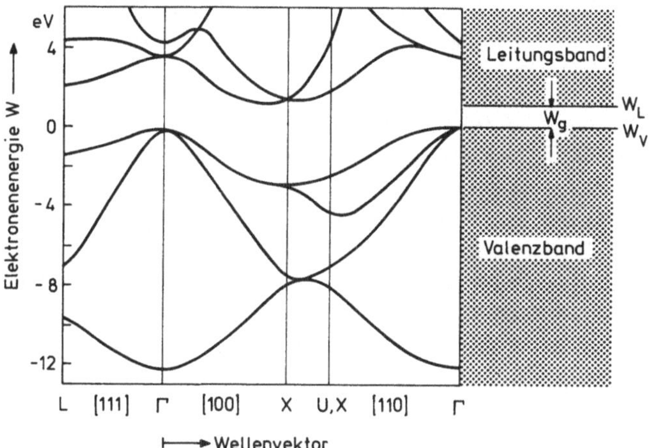

Bild II.4

Bänderdiagramm von Si im Impulsraum [II.8]. Auf der
Abszisse sind die wichtigsten kristallographischen
Richtungen markiert. Die rechte Seite deutet eine
Projektion in den Ortsraum an.

Γ ist der kristallographische Ursprung. Auf der Abszisse
sind die wesentlichen Richtungen angegeben. Um die Verbindung zu schematischen Darstellungen wie in Bild II.2 herzustellen, ist auf der rechten Seite von Bild II.4 die Projektion in den Ortsraum angedeutet. Damit wird auch das ver-
botene Band W_g als der energetische Abstand des Valenzband-
maximums im Γ-Punkt zum Minimum des Leitungsbandes nahe dem
X-Punkt verständlich.

Wenn man etwas oberhalb dieses Minimums einen Schnitt parallel zur Abszisse macht, dann erhält man zwei Schnittpunkte
mit dem Leitungsband. Diese Punkte haben natürlich gleiche

Energie, gehören aber zu verschiedenen Größen des Wellenvektors k. Für geringfügig von der [100]-Richtung abweichende Wellenvektoren ergeben sich in ähnlicher Weise Schnittpunkte mit dem Leitungsband. Alle diese Schnittpunkte gleicher Energie definieren ein Ellipsoid, von denen es sechs in den äquivalenten Richtungen des Impulsraumes gibt. Bild II.5 stellt die Ellipsoide innerhalb der Brillouin-Zone für Si dar.

Die Elektronen befinden sich im unteren Teil des Leitungsbandes, also innerhalb der Rotationsellipsoide. Wenn nun ein Elektron durch Streuung seinen Zustand innerhalb eines Rotationsellipsoids verändert, wenn es also sein ursprüngliches Energietal nicht verläßt, dann spricht man von Innertalstreuung. Wenn ein Elektron jedoch in ein äquivalentes Ellipsoid gleicher Energie, aber in anderer kristallographischer Richtung, gestreut wird, dann handelt es sich um Zwischentalstreuung.

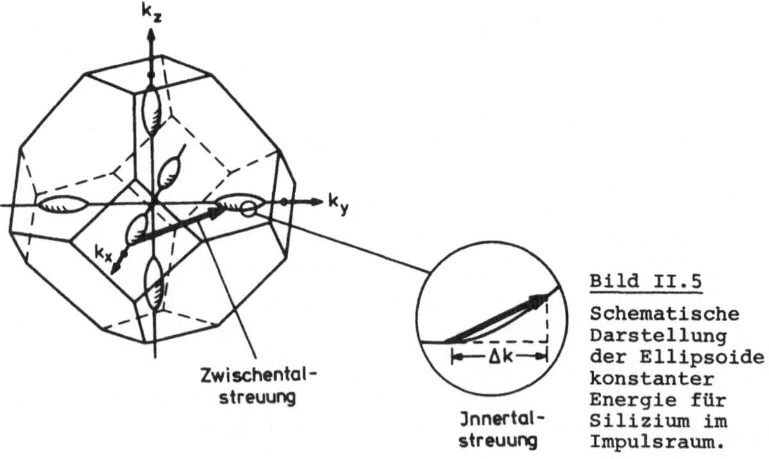

Bild II.5

Schematische Darstellung der Ellipsoide konstanter Energie für Silizium im Impulsraum.

Die Streuung, die hier interessiert, ist die Streuung an Phononen. Phononen sind im quantenmechanischen Bild Gitterschwingungen, deren einfachste Züge wir beschreiben wollen. Dazu

dient ein eindimensionales Modell mit zwei Atomen, die unterschiedliche Abstände voneinander haben, also auch mit unterschiedlichen Kräften aneinander gebunden sind. Zwei eng benachbarte Atome bilden eine Einheitszelle in der linearen
Kette (Bild II.6a). Die mechanische Auslenkung der Atome gegenüber ihrer Ruhelage, also eine Gitterschwingung, kann
durch die Verschiebung D_n des Massenschwerpunktes einer Einheitszelle gegenüber der Ruhelage und durch die Verschiebung
$\pm\, d_n$ des einzelnen Atoms gegenüber dem Schwerpunkt beschrieben werden (Bild II.6b). Wenn K_1 die elastische Konstante
für die großen Abstände ist und K_2 die für die kleinen Abstände, dann lautet die Bewegungsgleichung bei Annahme von

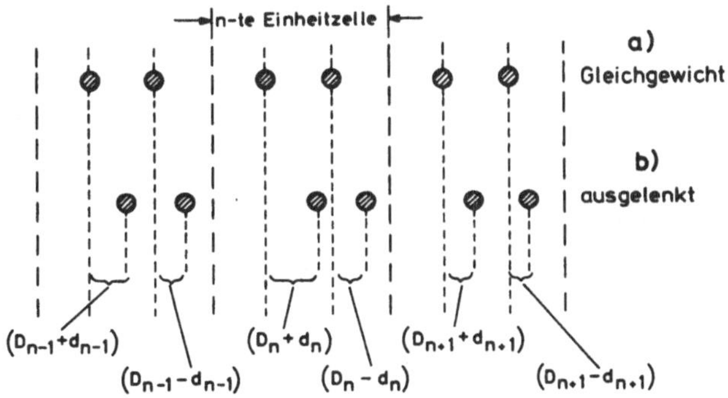

<u>Bild II.6</u> Eindimensionales Modell von Gitter-
schwingungen, dargestellt (a) für das
Gleichgewicht, (b) für longitudinale
Auslenkung.

Wechselwirkung nur zwischen nächsten Nachbarn

$$m\,\frac{d^2 D_n}{dt^2} \pm \frac{d^2 d_n}{dt^2} = -K_1\left[(D_n \pm d_n) - (D_{n\mp 1} \mp d_{n\mp 1})\right]$$

$$-K_2\left[(D_n \pm d_n) - (D_n \mp d_n)\right].$$

Jeweils das obere Zeichen gilt für das linke Atom in der

n-ten Einheitszelle und das untere Zeichen für das rechte
Atom. Beide Atome haben die Masse m. Aus den so formulier-
ten zwei Gleichungen folgt durch Addition und Subtraktion

$$2m\frac{d^2 D_n}{dt^2} = -K_1(2D_n - D_{n-1} - D_{n+1}) - K_1(d_{n-1} - d_{n+1})$$

$$2m\frac{d^2 d_n}{dt^2} = -4K_2 d_n - K_1(2d_n + d_{n-1} + d_{n+1}) - K_1(D_{n+1} - D_{n-1}).$$

Wenn benachbarte Einheitszellen nahezu oder gänzlich in Phase schwingen, d.h. wenn die Wellenlänge der Schwingung sehr
groß ist, dann sind die letzten Ausdrücke in den beiden vorhergehenden Gleichungen vernachlässigbar. Das gleiche gilt
für gegenphasige Schwingungen oder sehr kurze Wellenlängen.
Wir können daher erwarten, daß kein allzu großer Fehler entsteht, wenn wir die in Frage stehenden Terme tatsächlich weg-
lassen. Damit entkoppeln die beiden Gleichungen zu

$$\frac{d^2 D_n}{dt^2} \approx - \left(\frac{c}{a}\right)^2 (2D_n - D_{n-1} - D_{n+1})$$

$$\frac{d^2 d_n}{dt^2} \approx - \omega_o^2 d_n + \left(\frac{c}{a}\right)^2 (2d_n - d_{n-1} - d_{n+1})$$

$$\text{mit} \quad c = (K_1 a^2 / 2m)^{1/2} \quad \text{und} \quad \omega_o^2 = 2(K_1 + K_2)/m.$$

Die erste Gleichung beschreibt die Bewegung der Massenschwer-
punkte, die zweite die der individuellen Atome. Für die erste Gleichung lautet die Lösung

$$D_n = D_{no} \exp\, j(\omega t - kna)$$

$$\text{mit} \quad \omega^2 = 2\left(\frac{c}{a}\right)^2 (1 - \cos\, ka). \tag{II.7a}$$

a ist die Gitterkonstante und k die Wellenzahl. Eine ähnliche Lösung gilt für die zweite Gleichung, wobei sich aber diesmal als Eigenwertgleichung ergibt

$$\omega^2 = \omega_o^2 - 2\left(\frac{c}{a}\right)^2 (1 - \cos ka). \qquad \text{(II.7b)}$$

Die beiden Beziehungen (II.7a) und (II.7b), die die Frequenz ω der mechanischen Schwingung mit der Wellenzahl k verknüpfen, sind die Dispersionsrelationen. Sie sind in Bild II.7 veranschaulicht. Der untere Zweig, formelmäßig beschrieben durch Gl. (II.7a), heißt der akustische Zweig, weil in seinem unteren Teil Phasen- und Gruppengeschwindigkeit $d\omega/dk$ gleich der Schallgeschwindigkeit c sind. Als typische Frequenz am oberen Ende des akustischen Zweiges kann etwa 10^{13} Hz angesetzt werden, was sich auch aus der Schallgeschwindigkeit $c \approx 5 \cdot 10^5$ cm/s und der Gitterkonstanten $a \approx 5$ Å ergibt. In seinem linearen Teil nahe dem Koordinatensprung repräsentiert der akustische Zweig die Schallwellen im engeren Sinn.

Der obere Ast nach Gl. (II.7b) heißt der optische Zweig mit Frequenz um 10^{13} und darüber.

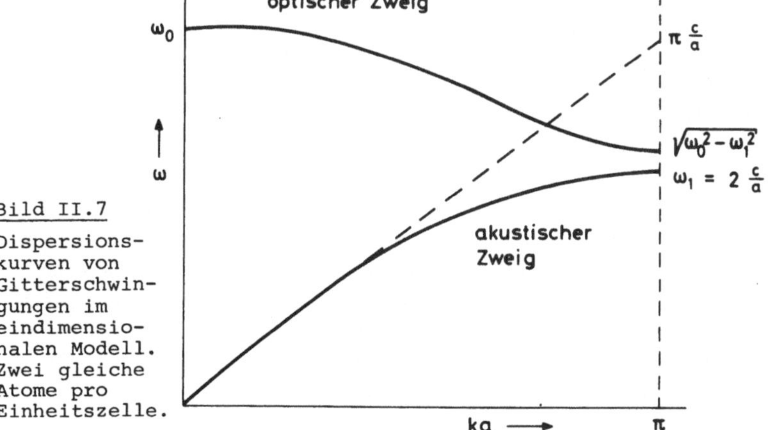

<u>Bild II.7</u>
Dispersions-
kurven von
Gitterschwin-
gungen im
eindimensio-
nalen Modell.
Zwei gleiche
Atome pro
Einheitszelle.

Neben den bisher diskutierten longitudinalen Schwingungen
sind in einem Festkörper auch transversale Wellen möglich.
In diesem Fall lassen sich die Bezeichnungen "akustisch" und
"optisch" sehr einfach illustrieren (Bild II.8). Bei Schwingungen des akustischen Zweiges für mittlere und lange Wellenlängen bewegen sich benachbarte Atome fast in Phase. Im optischen Zweig schwingen benachbarte Atome gegeneinander, so
daß - im Gegensatz zu den akustischen Schwingungen - bei entgegengesetzt geladenen Atomen ein elektrisches Dipolmoment
auftritt. Damit können Lichtwellen, die im Infraroten liegen,
optische Phononen anregen.

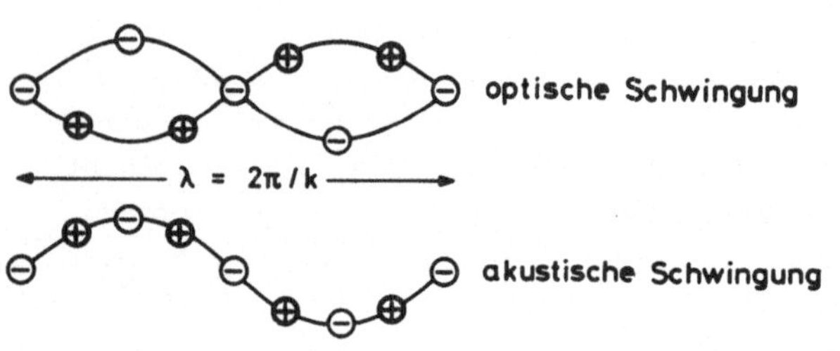

Bild II.8

Zur Veran-
schaulichung
optischer und
akustischer
Schwingungen
in einem ein-
dimensionalen
Modell mit
entgegenge-
setzt gelade-
nen Atomen.

In Bild II.9 ist das Phononenspektrum für Si aufgetragen
[II.9]. Die größere Steigung des longitudinal-akustischen
Zweiges LA gegenüber dem transversal-akustischen TA spiegelt
die größere Geschwindigkeit von Kompressions-Schallwellen
verglichen mit den Scherwellen wider.

Die Wechselwirkung der Elektronen mit den Phononen geschieht
über das sogenannte "Deformationspotential". Die potentielle
Energie der Wellenfunktionen der Elektronen ist eine Funktion des Gitterabstandes. Wenn sich lokal der Gitterabstand
infolge der Gitterschwingungen ändert, dann ändert sich auch
die Energie der Elektronen. Die Elektronen können also über
das Deformationspotential in Form von Gitterschwingungen
Energie ans Gitter abgeben. Diese Art der Streuung tritt
grundsätzlich bei allen Halbleitern auf.

Bei polaren Halbleitern wie z.B.
GaAs, das in einer Einheitszelle
mindestens zwei verschiedene
Atomsorten enthält, ist dagegen
meist die polare Wechselwirkung
dominant. Es tritt dann bei Gitterschwingungen ein elektrisches
Dipolmoment auf, das seine Wirkung auf die Bahn eines Ladungs-

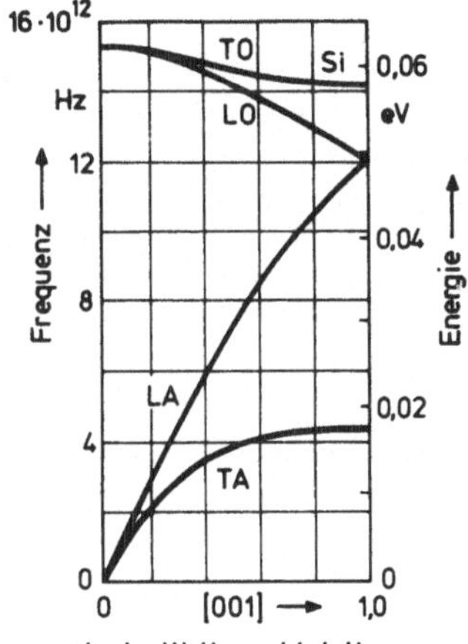

Bild II.9

Phononenspektrum von Silizium

TA   transversal-akustisch
LA   longitudinal-akustisch

TO   transversal-optisch
LO   longitudinal-optisch

trägers ausübt. Damit entsteht eine Streuung an akustischen
oder optischen Phononen. Man spricht häufig von piezoelektri-
scher Wechselwirkung, wenn die Untergruppe der akustischen
Phononen am Streuprozeß beteiligt ist.

In Analogie zu klassischen Teilchen können Phononen als mit
dem Impuls $\hbar\vec{k}$ und der Energie $\hbar\omega$ behaftet angesehen werden.
$\hbar$ ist das durch 2π dividierte Plancksche Wirkungsquantum.
Wenn ein Elektron vor der Wechselwirkung mit einem Phonon
(also vor der Streuung) mit dem Index a und nach der Streuung mit dem Index e bezeichnet wird, dann müssen Energie-
und Impulssatz in folgender Form gelten

$$\hbar\vec{k}_e = \hbar\vec{k}_a + \hbar\vec{k}_p \qquad \text{oder} \qquad \vec{k}_e - \vec{k}_a = \vec{k}_p$$

$$\hbar\omega_e = \hbar\omega_a \pm \hbar\omega_p \qquad \text{oder} \qquad \omega_e - \omega_a = \pm\omega_p .$$

Hierbei kennzeichnet der Index p das Phonon. In der Energie-
bilanz charakterisiert das Plus-Zeichen eine Streuung, bei
der das Elektron die Energie eines Phonons absorbiert hat.

Beim Minus-Zeichen hat das Elektron Energie an das Gitter abgegeben. Die beiden obigen Gleichungen heißen die Auswahlregeln, weil sie aus den vielen denkbaren Elektron-Phonon-Wech-
selwirkungen die auswählen, die auf Grund der physikalischen
Gesetze erlaubt sind.

Die Auswahlregeln können zu einer Abschätzung benutzt werden,
die die zwischen Elektron und Phonon ausgetauschte Energie
liefert.

Wir greifen die Elektronen auf den Energieniveaus W_1 und W_2
heraus (Bild II.10), die mit Phononen in Austausch treten.
Nach den Auswahlregeln ist dann der energetische Abstand der
beiden Niveaus
durch die Phononen-
energie $\hbar\omega_p$ gegeben.

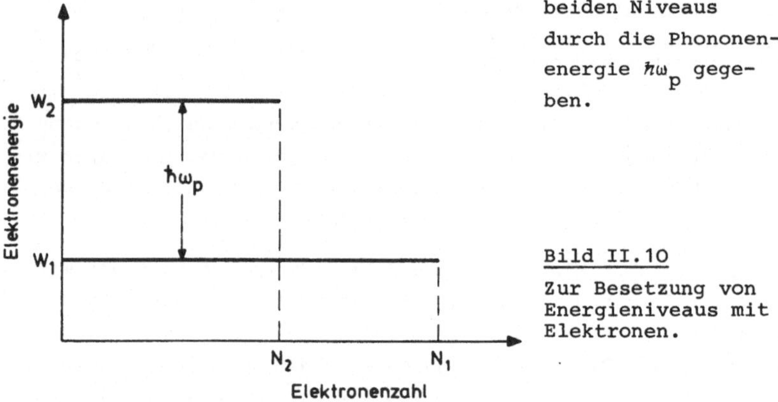

<u>Bild II.10</u>
Zur Besetzung von
Energieniveaus mit
Elektronen.

Die Besetzung der beiden Niveaus mit Elektronen wird durch
die Boltzmann-Verteilung bestimmt

$$N_1 = N_2 \exp (\hbar\omega_p / k_B T_e), \qquad (II.8)$$

wobei natürlich die Elektronentemperatur T_e zu nehmen ist.

Der Übergang von Elektronen vom Zustand 1 zum Zustand 2 ist
proportional zur Zahl der Elektronen N_1 und zur Dichte
$P(\omega_p, T_o)$ der Phononen, die zu diesem Prozeß benötigt werden,

also mit dem Proportionalitätsfaktor B_{12}

$$1 \to 2: \qquad B_{12}N_1(T_e)P(\omega_p,T_o).$$

Die in umgekehrter Richtung von den Phononen induzierten Übergänge sind entsprechend

$$2 \to 1: \qquad B_{21}N_2(T_e)P(\omega_p,T_o) + A_{21}N_2(T_e).$$

Hier ist als zweiter Term die spontane Emission hinzugekommen, die proportional zu N_2 ist. Im Gleichgewicht, wenn also die Elektronen und das Gitter dieselbe Temperatur haben ($T_e = T_o$), müssen Absorption und Emission übereinstimmen

$$B_{12}N_1(T_o)P(\omega_p,T_o) = B_{21}N_2(T_o)P(\omega_p,T_o) + A_{21}N_2(T_o),$$

oder unter Verwendung von Gl. (II.8)

$$P(\omega_p,T_o) = \frac{A_{21}}{B_{12}\exp(\hbar\omega_p/k_B T_o) - B_{21}}.$$

Nun gilt für Phononen das Plancksche Strahlungsgesetz, d.h. sie gehorchen in ihrer Besetzungswahrscheinlichkeit der Bose-Einstein-Statistik

$$P(\omega_p,T_o) = \frac{1}{\exp(\hbar\omega_p/k_B T_o) - 1}. \qquad (II.9)$$

Ein Vergleich der beiden letzten Formeln zeigt, daß die drei Proportionalitätsfaktoren für die stimulierten und spontanen Übergänge den gleichen Wert haben. Damit läßt sich der Energieverlust eines Elektrons pro Streuprozeß als die Differenz der Übergänge mit Emission eines Phonons und der Übergänge mit Absorption, bezogen auf die Gesamtzahl der Übergänge, angeben

$$\Delta W = \hbar\omega_p \frac{N_2(T_e)\left[P(\omega_p,T_o)+1\right] - N_1(T_e)P(\omega_p,T_o)}{N_2(T_e)\left[P(\omega_p,T_o)+1\right] + N_1(T_e)P(\omega_p,T_o)},$$

oder unter Verwendung von Gln. (II.8) und (II.9)

$$\Delta W = \hbar\omega_p \frac{\exp(\hbar\omega_p/k_B T_o) - \exp(\hbar\omega_p/k_B T_e)}{\exp(\hbar\omega_p/k_B T_o) + \exp(\hbar\omega_p/k_B T_e)} \quad . \qquad (II.10)$$

Dies gilt für den Fall, daß die Elektronentemperatur T_e, z.B. durch Aufheizen in einem elektrischen Feld, von der Gittertemperatur T_o verschieden ist. Wenn T_e und T_o dicht beieinanderliegen oder wenn die Phononenenergie $\hbar\omega_p$ klein gegen die mittlere Gitterenergie ist (fast thermalisierte Elektronen oder niederenergetische akustische Phononen), kann man die Exponentialfunktionen entwickeln und die Glieder ab zweiter Ordnung als klein vernachlässigen. Das Resultat ist

$$\Delta W = \frac{(\hbar\omega_p)^2}{2k_B T_e} \frac{T_e - T_o}{T_o} \quad .$$

Danach nimmt also der Energieverlust der Elektronen durch Innertalstreuung an akustischen Phononen mit zunehmender Elektronentemperatur zu. Nur diese sind für $T_e \approx T_o$ oder für kleine Phononenenergien $\hbar\omega_p$ nach den Auswahlregeln an den Streuprozessen beteiligt. Allerdings können die Elektronen über akustische Phononen nur wenig Energie verlieren, so daß mehr und mehr Elektronen in einem starken Feld höhere Energien annehmen, wenn nicht der sehr viel wirksamere Streumechanismus an optischen Phononen und an Phononen vom oberen Teil des akustischen Zweiges (vgl. Bild II.7 oder II.9) auftreten würde. Dann kann, wiederum nach den Auswahlregeln, ein Elektron seinen Impuls stark ändern, d.h. es kann zu Zwischentalstreuung kommen. Da insbesondere die optischen Phononen-Dispersionskurven sehr flach sind, kann man ihre Frequenz durch einen konstanten Wert ω_o angeben. Wenn T_e nur wenig höher als die Gittertemperatur T_o ist, dann erhält man als Energieübertragungsrate denselben Wert wie oben, nur aber mit $\omega_p = \omega_o$. Wenn allerdings die Elektronen schon stark aufgeheizt sind, also $\hbar\omega_p/k_B T_e \ll 1$, dann wird Gl. (II.10) zu

$$\Delta W \approx \hbar\omega_o \frac{\exp(\hbar\omega_o/k_B T_o)-1}{\exp(\hbar\omega_o/k_B T_o)+1} = \hbar\omega_o \tanh \frac{\hbar\omega_o}{2kT_o} \approx \hbar\omega_o,$$

denn schon für Argumente unter 1 nähert sich tanh sehr rasch dem Wert 1. Der konstante Wert $\hbar\omega_o$ ist insbesondere unabhängig von T_e, d.h. heiße Elektronen verlieren bei jedem Stoß mit einem optischen Phonon die konstante Energie $\hbar\omega_o$, die maximale Energie, die ein Phonon aufnehmen kann. Als Konsequenz folgt eine Sättigungsdriftgeschwindigkeit der Elektronen. Denn im Gleichgewicht muß die im Feld E aufgenommene Energie der bei der Streuung verlorenen Energie gleich sein

$$eEv = \Delta W/\tau.$$

τ ist die Zeit zwischen Stoßvorgängen, die der Energierelaxation entspricht.

Ebenso muß der Impuls erhalten bleiben

$$eE\tau = mv.$$

Aus diesen beiden Gleichungen folgt als Ladungsträgergeschwindigkeit

$$v = \sqrt{\Delta W/m} = \sqrt{\hbar\omega_o/m} = v_s.$$

In hohen elektrischen Feldern nehmen daher Ladungsträger in Halbleitern die Sättigungsdriftgeschwindigkeit v_s an. Wenn wir nach Bild II.9 die Frequenz optischer Phononen und die energiereicher akustischer Phononen als etwa 10^{13} Hz ansetzen, wenn wir weiterhin als effektive Masse m eines Ladungsträgers im Halbleiter etwa die halbe Elektronenruhemasse annehmen, dann erhält v_s die Größenordnung 10^7 cm/s. Dieser Wert deckt sich weitgehend mit den Meßwerten, die in Bild II.11 zusammengestellt sind. Oberhalb etwa 10^4 V/cm erreichen

- 34 -

fast alle Kurven ihre Sättigung. Oberhalb 10^5 V/cm beginnt
dann der Bereich merklicher Stoßionisation nach Bild II.3.

Die Meßkurve für GaAs in Bild II.11 unterscheidet sich durch
einen fallenden Abschnitt von den übrigen Kurven. Diese Besonderheit hat ihre Ursache in dem Transfer-Elektronen-
Effekt, auf den wir im Zusammenhang mit dem Gunn-Effekt aus-
führlich eingehen werden.

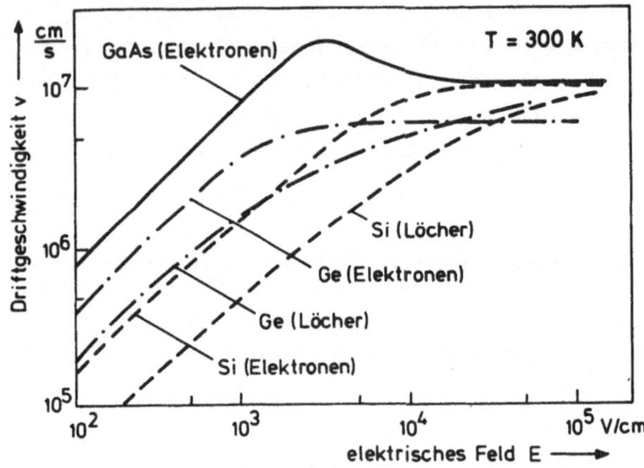

Bild II.11   Geschwindigkeits-Feldstärke-Kurven,
gemessen an einigen Halbleitern. Nach
einer Zusammenstellung in [II.10].

In der obigen, summarischen Ableitung der Sättigungsdriftgeschwindigkeit geht die Temperaturabhängigkeit von v_s ver-
loren. Tatsächlich sinkt v_s mit wachsender Temperatur. Ebenso stellt das Konzept der Relaxationszeit zwar eine nützli-
che Rechenhilfe dar, ist aber doch in vielen Fällen nur eine
Näherung. Auch in unserem Fall ist τ vom Feld und damit von
der Elektronentemperatur abhängig.

Insbesondere bei Überlagerung mehrerer unterschiedlicher
Streuprozesse ist man jedoch bemüht, die bequeme Beschreibung über Relaxationszeiten τ_ν zu verwenden. Wenn sich die

Streuprozesse nicht gegenseitig beeinflussen, überlagern sich
die Stoßwahrscheinlichkeiten additiv, d.h. die resultierende
Relaxationszeit τ für den Gesamtprozeß folgt aus

$$1/\tau = 1/\tau_1 + 1/\tau_2 \ldots$$

Da sich die zu jedem einzelnen Streuprozeß gehörende Beweglichkeit μ_ν aus der Stoßzeit τ_ν über

$$\mu_\nu = e\tau_\nu/m$$

ergibt, errechnet sich die für den Gesamtprozeß beobachtbare
Beweglichkeit μ aus

$$1/\mu = 1/\mu_1 + 1/\mu_2 + \ldots$$

Dies ist die Matthiessensche Regel, nach der der Streuprozeß
mit der niedrigsten Beweglichkeit die Gesamtbeweglichkeit bestimmt.

3. <u>Prinzip der Lawinenlaufzeit-Diode</u>

Read hat in seiner grundlegenden Arbeit 1958 [II.11] sehr
durchsichtig die Prinzipien der Lawinenlaufzeit-Diode klargelegt. Wie der Name besagt, sind der Lawinenprozeß und die
Verzögerung durch die Bewegung der Ladungsträger durch den
Driftraum die entscheidenden physikalischen Prozesse bei der
Read-Diode. Sie enthält einen pn-Übergang, der, in Sperrichtung gepolt, die Injektion der Ladungsträger in den Driftraum (eigenleitende Zone i) kontrolliert. Bild II.12 zeigt
den prinzipiellen Aufbau. Zu den Dimensionen sei gesagt, daß
der Laufraum um 10 µm, der Lawinenraum um 1 µm lang und die
n^+-Kontaktzone wenige Zehntel µm dick sein können. Je nach
Bauform ist das p^+-Substrat 10 bis 100 µm stark, während die
Größenordnung der Querdimension 100 µm beträgt. Diese Angaben können, bedingt durch den Anwendungsbereich, beträchtlich

variieren. Gegenüber Bild I.1 ist in Bild II.12 die Dotierung der Diodenbereiche vertauscht, wodurch im Prinzipiellen
die Funktion der Diode nicht beeinträchtigt wird. Welche Bauform vorzuziehen ist, richtet sich nach den Ionisationsraten
für den Halbleiter oder nach den technologischen Möglichkeiten (Dotierung, Bahnwiderstände u.ä.).

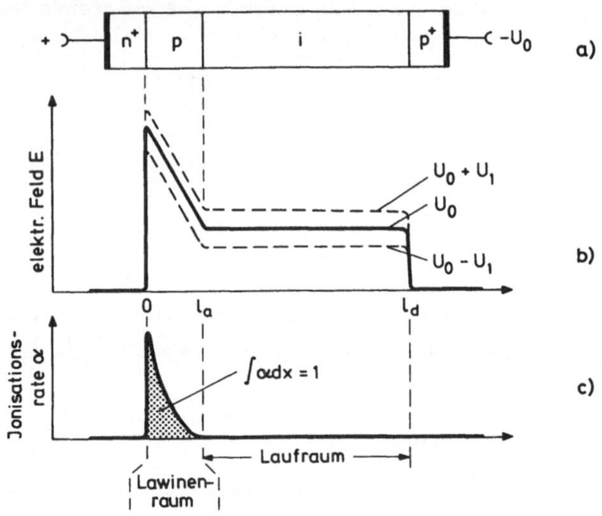

Bild II.12   (a) Prinzipieller Aufbau einer Lawinen-
                  laufzeit-Diode in der Bauform nach Read.
              (b) Feldverlauf für Vorspannungen ver-
                  schiedener Größe.
              (c) Verlauf der Ionisationsrate.

Wenn an der Diode eine Spannung in Sperrichtung anliegt, dann
wird die relativ schwach dotierte p-Zone (10^{16} bis 10^{17} cm^{-3})
ausgeräumt. Innerhalb der hoch dotierten n^+-Kontaktzone
(10^{20} cm^{-3}) fällt das Feld sehr rasch auf 0 ab, in der p-Zone
allerdings allmählich je nach dem Grad der Dotierung. Mit zunehmender Sperrspannung greift die Verarmungszone bis zum gegenüberliegenden p^+-Kontakt durch. Man spricht vom "punch-
through".

Da die eigenleitende Zone (i) nahezu keine festen Ladungen
(10^{13} cm^{-3} oder darunter) enthält, ist das Feld in diesem Bereich als konstant anzusehen, ehe es in der hochdotierten p$^+$-
Kontaktschicht (10^{20} cm^{-3}) wieder rasch auf 0 abfällt. Am pn-
Übergang entsteht also eine hohe Feldstärkespitze. Wenn die
Spannung an der Diode über der Durchbruchspannung U_B ("break-
down voltage") liegt, kann es dort zum Lawinendurchbruch kommen. Da die Ionisationsrate α exponentiell vom elektrischen
Feld abhängt, ist die Ladungsträgererzeugung in der Nähe des
pn-Übergangs konzentriert. Dieser Bereich heißt der Lawinenraum. Die dort erzeugten Elektronen werden sofort zum n$^+$-Kon-
takt abgesaugt, während die Löcher durch den anschließenden
Laufraum zur gegenüberliegenden Elektrode driften. Im Laufraum muß das Feld immer noch so groß sein (10^4 V/cm und größer), daß die Löcher mit der Sättigungsgeschwindigkeit v_s
driften.

Bild II.13 illustriert die dynamischen Verhältnisse. Die an
der Diode anliegende Spannung U_0 soll nahe der Durchbruchspannung U_B liegen oder ihr gleich sein (Bild II.13a). Es
würde dann durch die Diode nur der thermisch erzeugte, aber
vernachlässigbare Sättigungsstrom der gesperrten Diode fließen, wenn es nicht zum Lawinendurchbruch käme. Sobald aber
die der Gleichspannung U_0 überlagerte Wechselspannung der
Amplitude U_1 die Diodenspannung über U_B anhebt, wird mit den
thermisch erzeugten Ladungsträgern des Sperrstroms eine Lawine angestoßen. Die Aufbauzeit der Lawine wird durch das
Produkt aus dem Multiplikationsfaktor M (vgl. S. 15) und einer materialspezifischen Stoßzeit τ_1 gegeben, die proportional zur Laufzeit der Ladungsträger durch die Lawinenzone ist
und für Si zwischen 10^{-12} und 10^{-13} s liegt [II.12]. Bei
GaAs ist diese Zeit einige ps [II.13], was seine Ursache in
dem geringeren Unterschied der Ionisationsraten von Elektronen und Löchern und der niedrigen Sättigungsgeschwindigkeit
bei hohen Feldstärken in GaAs hat. Bei Multiplikationen um
100 wird damit leicht das Mikrowellengebiet erreicht.

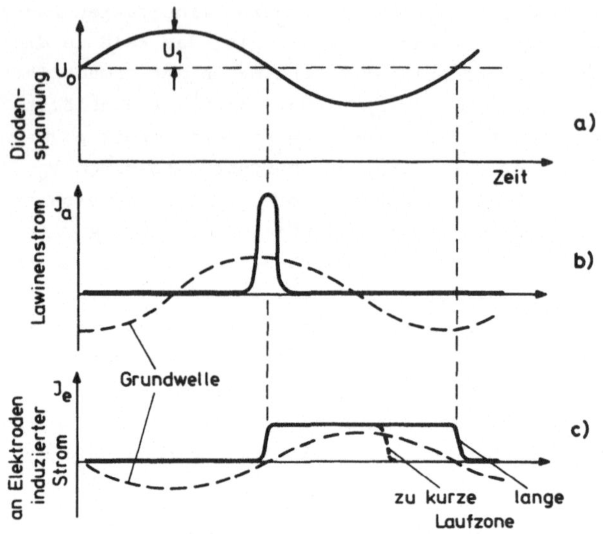

Bild II.13 Dynamische Vorgänge an einer Lawinen-
laufzeitdiode.

Da der Lawinenstrom im Lawinenraum proportional zum Feld und
den erzeugten Ladungsträgern ist, wächst der Lawinenstrom
während der ersten Halbwelle von U_1 exponentiell an und fällt
während der negativen Halbwelle exponentiell ab (Bild II.13b).
Deshalb hat der Lawinenstrom I_a eine scharfe Spitze beim
Nulldurchgang von U_1 (vgl. Kap. II.7). Die Grundwelle des
Lawinenstroms ist folglich um 90°, also induktiv, gegenüber
der Diodenspannung verzögert.

Die Löcher des Lawinenstroms driften durch den Laufraum. Während ihrer Bewegung zur gegenüberliegenden Elektrode induzieren sie an den Elektroden der Diode einen Strom I_e (Bild II.
13c), der je nach Länge des Laufraumes im Mittel um 90° gegenüber dem Lawinenstrom, also um 180° gegenüber der Diodenspannung verzögert sein kann. Die Diode besitzt folglich eine negative Impedanz, kann also Hochfrequenzleistung abgeben.

Nach dieser Diskussion muß der Laufraum eine passende Länge
haben, um für eine vorgegebene Frequenz optimale Verhältnisse
zu erhalten. Auch wird die Bezeichnung der Dioden mit dem
Akronym Impatt-Diode aus "impact-avalanche transit-time" verständlich.

Wir haben bisher die Ladungsträgerdichte als klein vernachlässigt. Bei großer Gleichspannung, d.h. bei hoher Ladungsträgerkonzentration, kann jedoch das Feld hinter der Ladungsträgerwolke so stark reduziert werden, daß die Lawinenmultiplikation unterbunden wird, noch ehe die Wechselspannung
durch Null geht. Folglich wird die durch den Lawinenprozeß
verursachte Phasenverschiebung reduziert; die Impatt-Diode
entfernt sich vom optimalen Betrieb. Im Extremfall sehr hoher
Ladungsträgerkonzentrationen kann das Feld hinter der Ladungsträgerwolke so weit abfallen, daß die Sättigungsgeschwindigkeit nicht mehr erreicht wird, und vor der Ladungsträgerwolke
so weit ansteigen, daß es dort zum Lawinendurchbruch kommt.
Auf diese Weise wird der gesamte Laufraum sehr rasch von einer Ionisationsfront durcheilt, die ionisierte Ladungsträger,
also ein Plasma, zurückläßt. Wegen des reduzierten Feldes bewegt sich das Plasma nur mit verminderter Geschwindigkeit aus
der Diode. Man spricht vom Trapatt-Modus (trapped-plasma ava-
lanche-triggered transit mode). Da beim Trapatt-Modus sowohl
Elektronen als auch Löcher am Stromtransport beteiligt sind,
kann es zu sehr hohen Wirkungsgraden (bis 60 %) kommen. Der
Trapatt-Modus kann als eine besondere Betriebsweise einer
Impatt-Diode aufgefaßt werden.

Impatt-Dioden nach dem Vorschlag von Read konnten wegen der
besonderen technologischen Schwierigkeiten erst in den 70er
Jahren zuverlässig hergestellt werden. Lange vorher hat man
jedoch Mikrowellen mit pn-Übergängen weniger anspruchsvoller
Bauart beobachtet. Prinzipiell hat Misawa [II.14] klargelegt,
daß an jedem pn-Übergang ein negativer Widerstand beobacht-
bar ist. Bei der Read-Diode sind Lawinen- und Laufraum voneinander getrennt. Bei der Misawa-Diode oder auch pin-Diode

fallen sie zusammen (Bild II.14). Die hochdotierten Kontaktzonen sind durch den eigenleitenden Bereich i getrennt. Die
Spannung an der Diode muß so hoch sein, daß das Feld in der
eigenleitenden Zone über der Ionisationsfeldstärke liegt,
also das Integral $\int \alpha dx$, über die i-Zone genommen, den Wert 1
erhält. Statistisch über die gesamte eigenleitende Zone hin-
weg kommt es zur Stoßionisation. Elektronen und Löcher tra-
gen zum Ladungstransport bei, so daß die Misawa-Diode einen
hohen Wirkungsgrad hat.

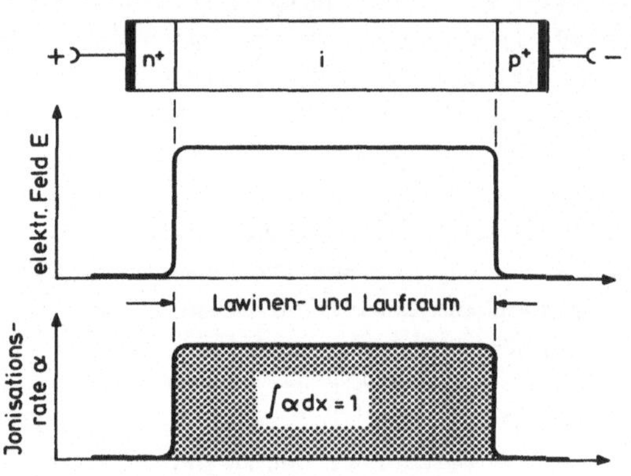

Read-Diode und Mi-
sawa-Diode sind
zwei Extremfälle
von Impatt-Dioden
verschiedenster
Bauart. Beide las-
sen sich relativ
einfach in analyti-
scher Form berech-
nen, was meist für
die zahlreichen an-
deren Varianten
nicht zutrifft.

Bild II.14   Zum Prinzip einer Misawa-
oder pin-Diode.

4. Kleinsignaltheorie der Read-Diode

Für die folgenden Rechnungen wollen wir uns auf ein eindimensionales Modell beschränken. Wir vernachlässigen Diffusionseffekte und betrachten Elektronen und Löcher insbesondere hinsichtlich ihrer Sättigungsdriftgeschwindigkeit v_s und Ionisationsrate α als gleich.

Für jede Stelle der Diode, so wie sie in Bild II.12 dargestellt ist, muß die Kontinuitätsgleichung gelten. Formuliert
für Elektronen besagt sie, daß die zeitliche Änderung der
Zahl der Elektronen in einem Volumenelement bestimmt ist durch

die Divergenz des Leitungsstromes der Elektronen, d.h. durch
die Differenz der ein- und ausströmenden Elektronen, und
durch die beim Lawinenprozeß erzeugten Elektronen. Diese
letzten können sowohl von Primärelektronen als auch Primär-
löchern erzeugt worden sein, welche das betrachtete Volumenelement dann erreichen, wenn sie sich höchstens im Abstand v
befinden, der zahlenmäßig gleich der Ladungsträgergeschwindigkeit ist. Danach gilt für die Elektronenkonzentration n

$$\frac{\partial n}{\partial t} = \frac{\partial}{\partial x}(nv) + \alpha(E)v(n+p). \qquad (II.11a)$$

Entsprechendes gilt für die Löcher

$$\frac{\partial p}{\partial t} = -\frac{\partial}{\partial x}(pv) + \alpha(E)v(n+p). \qquad (II.11b)$$

Die zu Elektronen und Löchern gehörenden Ströme sind

$$I_n = env \qquad \text{und} \qquad I_p = epv.$$

Sie addieren sich zur Gesamtstromdichte

$$I_c = I_n + I_p.$$

Die Addition der beiden Kontinuitätsgleichungen (II.11) liefert die Lawinengleichung

$$\frac{\partial}{\partial t}(I_n + I_p) = -v\frac{\partial}{\partial x}(I_p - I_n) + 2\alpha(E)v(I_n + I_p)$$

oder

$$\frac{\partial}{\partial t}I_c = -v\frac{\partial}{\partial x}(I_p - I_n) + 2\alpha(E)vI_c. \qquad (II.12)$$

Subtrahiert man dagegen die beiden Kontinuitätsgleichungen,
so folgt die Kontinuitätsgleichung für den Gesamtkonvektions-
strom

$$\frac{\partial I_c}{\partial x} + \frac{\partial \rho}{\partial t} = 0. \qquad (II.13)$$

Hier ist $\rho = e\,(p-n)$ die Raumladungsdichte. Die Read-Diode
zeichnet sich dadurch aus, daß die Stoßionisation nur in dem
relativ schmalen Lawinenraum der Dicke l_a erfolgt. Dort soll
auch die Feldstärke näherungsweise konstant angenommen werden. In dem anschließenden Driftraum der Dicke l_d soll keine
Ionisation mehr stattfinden. Weiterhin soll der Gesamtstrom
I_c im Lawinenraum nicht vom Ort, wohl dagegen von der Zeit
abhängen

$$I_c(x,t) = I_c(t)\,. \tag{II.14}$$

Natürlich variieren Elektronen- oder Löcherstrom jeder für
sich örtlich im Lawinenraum. So wächst der Löcherstrom, vom
pn-Übergang ausgehend, durch Stoßionisation an, der Elektronenstrom nimmt entsprechend ab.

Die Lawinengleichung (II.12) wird nun über den Lawinenraum
integriert. Wenn wir noch die Laufzeit $\tau_a = l_a/v_s$ der Ladungsträger durch den Lawinenraum einführen, ergibt sich

$$\frac{\mathrm{d}}{\mathrm{d}t}I_c = \frac{2}{\tau_a}I_c \int_0^{l_a} \alpha(E)\,\mathrm{d}x \;-\; \frac{1}{\tau_a}(I_p - I_n)\Big|_0^{l_a}\,. \tag{II.15}$$

Dabei haben wir zur Auswertung des Integrals auf der linken
Seite von Gl. (II.14) Gebrauch gemacht und das erste Integral
auf der rechten Seite über seine Stammfunktion gelöst. Der
letzte Term läßt sich aus den Randbedingungen des Lawinen-
raums bestimmen. An der Stelle $x = 0$, also am Übergang zum
n^+-Kontakt, besteht der Löcherstrom nur aus dem thermisch erzeugten Sperrstrom I_{ps} aus der n^+-Schicht. Wegen der Konstanz
des Gesamtstroms I_c in der Lawinenzone ist an derselben Stelle der Elektronenstrom die Differenz zwischen den beiden erwähnten Strömen

bei $x = 0$:   Löcherstrom $I_p\big|_0 = I_{ps}$

Elektronenstrom $I_n\big|_0 = I_c - I_p\big|_0 = I_c - I_{ps}$.

Analoge Verhältnisse gelten für das Ende des Lawinenraumes

bei $x = l_a$:   Löcherstrom $I_p\big|^{l_a} = I_c - I_{ns}$

Elektronenstrom $I_n\big|^{l_a} = I_{ns}$.

Folglich können wir schreiben

$$(I_p - I_n)\big|_0^{l_a} = (I_c - 2I_{ns}) - (2I_{ns} - I_c) = 2(I_c - I_s).$$

Hierbei haben wir I_{ns} und I_{ps} zum Gesamtsperrstrom I_s zusammengefaßt. Das Resultat kann nun in die Lawinengleichung (II.15) eingesetzt werden

$$\frac{\mathrm{d}}{\mathrm{d}t} I_c = \frac{2}{\tau_a} \left\{ I_c \left[\int_0^{l_a} \alpha(E)\,\mathrm{d}x - 1 \right] + I_s \right\}.$$

Wenn wir die Ionisationsrate durch ihren Mittelwert $\bar{\alpha}(E)$ im Lawinenraum ersetzen, folgt schließlich

$$\frac{\mathrm{d}}{\mathrm{d}t} I_c = \frac{2}{\tau_a} \left[I_c (\bar{\alpha}(E) l_a - 1) + I_s \right]. \qquad (II.16)$$

Wir wollen annehmen, daß, z.B. durch den Einbau der Diode in ein Oszillatorgehäuse, die elektrische Feldstärke sin-förmig um die Durchbruchfeldstärke E_c variiert

$$E = E_c + E_1 e^{j\omega t}.$$

Die Folge ist ein ebenfalls sin-förmiger Strom

$$I_c = I_0 + I_1 e^{j\omega t} \qquad\qquad (II.17)$$

und eine entsprechende Variation der Ionisationsrate

$$\bar{\alpha} = \bar{\alpha}(E_c) + \bar{\alpha}_o' E_1 e^{j\omega t} \quad \text{mit} \quad \bar{\alpha}_o' = \frac{d\bar{\alpha}}{dE} \Big|_{E=E_c}.$$

Die Diode soll bis zum Durchbruch vorgespannt sein, d.h. nach Gl. (II.3) $\bar{\alpha}(E)l_a=1$. Nach Einsetzen der periodischen Ansätze in die Lawinengleichung (II.16) und Vernachlässigung aller höheren Glieder und des Sperrstroms I_s ergibt sich

$$E_1 = j\omega \frac{1}{2v_s\bar{\alpha}_o' I_o} I_1. \tag{II.18}$$

Es zeigt sich also, daß der Wechselstrom I_1 der Wechselspannung mit einer Phasenverschiebung von 90° nacheilt: die Lawine verhält sich wie eine Induktivität.

Mit diesen Ergebnissen läßt sich das Kleinsignal-Ersatzschaltbild der Lawinenzone angeben. Der Wechselanteil I_{ges1} des Gesamtstroms durch die Lawinenzone setzt sich aus dem soeben berechneten Konvektionsstrom I_1 und dem Verschiebungsstrom zusammen. Wenn A der Querschnitt der Diode ist, gilt demnach

$$I_{ges1} = A(I_1 + j\omega\epsilon E_1).$$

I_1 läßt sich mit Gl. (II.18) ersetzen

$$I_{ges1} = Aj\omega\epsilon E_1(1 - \frac{2v_s\bar{\alpha}_o' I_o}{\epsilon\omega^2}) = j\omega\epsilon A E_1(1 - \frac{\omega_a^2}{\omega^2}) \tag{II.19}$$

mit $\omega_a = \sqrt{2v_s\bar{\alpha}_o' I_o/\epsilon}$ als Lawinenfrequenz.

Die an der Lawinenzone anliegende Spannung ist

$$U_{a1} = \int_o^{l_a} E_1 dx = E_1 l_a.$$

Damit folgt als Kleinsignalimpedanz der Lawine

$$Z_a = U_{a1}/I_{ges1} = \frac{l_a}{j\omega\varepsilon A}\,\frac{1}{1-(\omega_a/\omega)^2} = \frac{j\omega L_a}{1-\omega^2 L_a C_a} \quad . \quad (II.20)$$

Die Lawine läßt sich folglich als eine Parallelschaltung der Lawineninduktivität L_a und der Lawinenkapazität C_a auffassen. Die Ersatzelemente haben die Größe

$$C_a = \varepsilon A/l_a \quad \text{und} \quad L_a = l_a/(2v_s\bar{\alpha}_o' AI_o) \quad .$$

Die Lawine ist ein resonanzfähiges Gebilde, dessen Resonanzfrequenz $\omega_a \sim \sqrt{I_o}$ sich mit dem Strom durchstimmen läßt. Die Lawine allein kann jedoch noch keine Hochfrequenzleistung abgeben. Dazu ist der an die Lawinenzone anschließende Laufraum notwendig, in den die Ladungsträger vom Lawinenraum injiziert werden. Es muß deshalb jetzt der Driftraum behandelt werden, in dem das Feld so hoch ist, daß die Sättigungsdriftgeschwindigkeit von den injizierten Ladungsträgern erreicht wird. Wegen $\alpha = 0$ reduziert sich die Kontinuitätsgleichung (II.11b) auf

$$\frac{\partial p}{\partial t} = -\frac{\partial}{\partial x}(pv_s) \qquad \text{oder} \qquad \frac{\partial I_p}{\partial t} = -v_s\frac{\partial I_p}{\partial x}.$$

Der Lösungsansatz für diese Gleichung ist

$$I_p = I_{po} + I_{p1}e^{j\omega(t-x/v_s)},$$

denn die Stromdichte am Ort x im Driftraum ist gleich der, die zu einem um x/v_s früheren Zeitpunkt am Übergang zur Lawinenzone, d.h. am Ort $x = 0$, injiziert worden ist. Zur Bestimmung der Amplituden können wir die Grenzbedingung ausnutzen, daß bei $x = 0$ der Konvektionsstrom im Driftraum gleich dem im Lawinenraum sein muß. Es folgt mit Gl. (II.17) sofort

$$I_{po} = I_o \qquad \text{und} \qquad I_{p1} = I_1. \qquad (II.21)$$

Das Ziel der folgenden Rechnung ist, die Impedanz Z_d des Driftraumes zu berechnen. Um Z_d berechnen zu können, muß die Feldstärke im Driftraum bekannt sein. Der Gesamtwechselstrom I_{ges1} ist als Summe aus dem Wechselanteil des Löcherstromes und dem Verschiebungsstrom

$$I_{ges1} = A\left[I_{p1}e^{-j\omega x/v}s + j\omega\varepsilon E_1(x)\right].$$

Wir haben der Einfachheit halber den Zeitanteil weggelassen. Aus den beiden Beziehungen (II.18) und (II.19) folgt zusammen mit (II.21)

$$I_1 = I_{p1} = \frac{I_{ges1}}{A(1-\omega^2/\omega_a^2)}.$$

Dies in die vorhergehende Gleichung eingesetzt führt zu

$$E_1(x) = \frac{I_{ges1}}{j\omega\varepsilon A}\left[1 - \frac{e^{-j\omega x/v}s}{1-\omega^2/\omega_a^2}\right].$$

Dieser Ausdruck braucht nur noch über die Länge l_d des Driftraums integriert zu werden, um $Z_d = \int E_1 dx/I_{ges1}$ zu erhalten. Wir führen noch die Kapazität C_d und den Laufwinkel Θ des Driftraums über

$$C_d = \varepsilon A/l_d \qquad\text{und}\qquad \Theta = \omega l_d/v_s \qquad (II.22)$$

ein. Dann folgt

$$Z_d = \frac{1}{\omega\Theta C_d}\left[\frac{1-\cos\Theta}{1-\omega^2/\omega_a^2} + j\left(\frac{\sin\Theta}{1-\omega^2/\omega_a^2} - \Theta\right)\right].$$

Dieser Ausdruck braucht nur noch mit der Impedanz Z_a der Lawinenzone nach Gl. (II.20) zusammengefaßt zu werden, um die Gesamt-Kleinsignal-Impedanz der Diode zu erhalten

$$Z_D = R_s + \frac{1}{\omega\Theta C_d}\left[\frac{1-\cos\Theta}{1-\omega^2/\omega_a^2} + j\left(\frac{\sin\Theta}{1-\omega^2/\omega_a^2} - \Theta\right)\right] + \frac{j\omega L_a}{1-\omega^2 L_a C_a}.$$

$$(II.22a)$$

Der Vollständigkeit halber ist in dieser Gleichung noch der
Bahn- und Kontaktwiderstand R_s der Diode addiert. Sieht man
davon ab, dann ist offensichtlich, daß die Read-Diode einen
negativen Widerstand nur dann haben kann, wenn $\omega > \omega_a$ wird.
In diesem Fall gibt die Diode Wechselstromleistung ab. Von
dieser Diskussion müssen allerdings die Punkte ausgeschlos-
sen werden, bei denen Θ einem ganzzahligen Vielfachen von
2π gleich wird.

Der Ausdruck für die Diodenimpedanz wird übersichtlicher,
wenn wir für kleine Θ, d.h. für relativ kleine Laufzeiten
durch den Driftraum oder relativ kurze Driftzone, entwickeln.
Die Grenze, für die die folgende Formel gilt, liegt aber im-
merhin noch bei $\Theta \approx \frac{\pi}{4}$. Wir erhalten

$$Z_D = R_s + \frac{l_d}{2v_s C_d}\;\frac{1}{1-\omega^2/\omega_a^2} + j\,\frac{1}{\omega C_{ges}}\;\frac{1}{\omega_a^2/\omega^2-1} =$$

$$= R_D + jX_D. \qquad\qquad (II.23)$$

C_{ges} ist die Gesamtkapazität der Diode

$$\frac{1}{C_{ges}} = \frac{1}{C_a} + \frac{1}{C_d} = \frac{l_d+l_a}{\varepsilon A}.$$

Wieder zeigt sich an dem zweiten Glied, daß der Wirkwiderstand der Read-Diode nur oberhalb von ω_a negativ werden kann,
also nur oberhalb von ω_a Hochfrequenzleistung abgegeben werden kann. Aber auch diese Schwingungen können unterdrückt
werden, wenn der Bahnwiderstand R_s zu groß wird. Es ist ein
negativer Widerstand auch für Werte von Θ erreichbar, die

weit unter π liegen. Der Imaginärteil von Z_D kann ebenfalls positiv (induktiv) und negativ (kapazitiv) werden; er entspricht einer Parallelschaltung der Gesamtkapazität C_{ges} der Diode und einer Induktivität mit dem Wert $1/(\omega_a^2 C_{ges})$. Bild II.15a zeigt das Ersatzschaltbild der gesamten Diode. Der durch einen Pfeil als variabel angedeutete Widerstand entspricht dem zweiten Glied in Gl. (II.23) und ist für die Mikrowellenerzeugung notwendig. Bild II.15b zeigt den Frequenzverlauf der Impedanz, wobei allerdings der von der Bauform

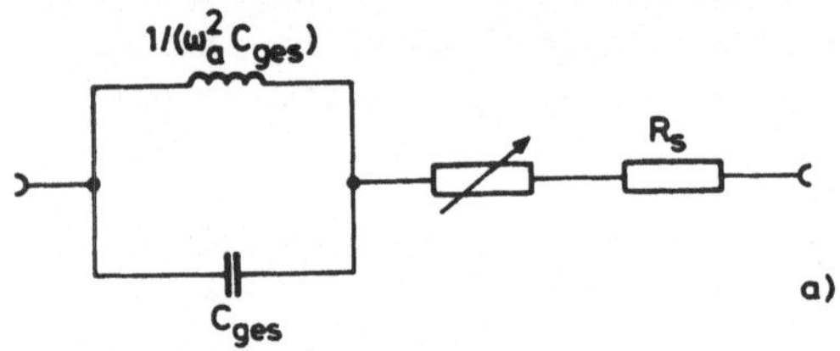

der Diode abhängige Widerstand R_S weggelassen ist. Bei ω_a ist eine Sprungstelle, oberhalb der eine Oszillation der Diode erst möglich wird.

Um in einem Beispiel die mit Gl. (II.19) eingeführte Lawinenfrequenz ω_a zu berechnen, setzen wir $I_O = 300$ A/cm^2. Für GaAs trifft am besten $\bar{\alpha}_O' = 0,31$ V^{-1} zu [II.5, 13]. Die Sättigungsdriftgeschwindigkeit liegt bei etwa 10^7 cm/s,

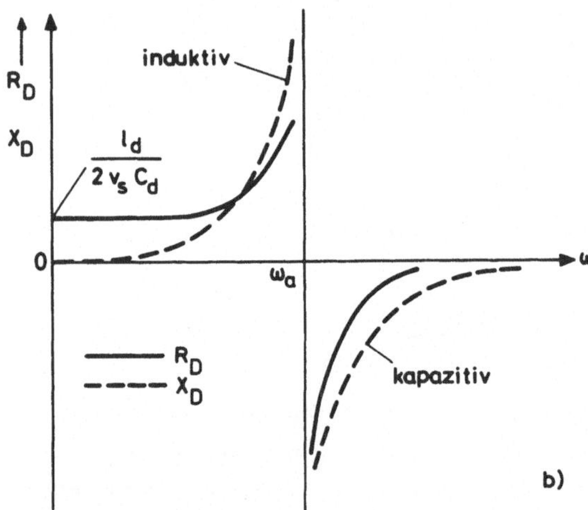

Bild II.15   (a) Ersatzschaltbild einer Read-Diode für relativ kleine Laufwinkel. (b) Frequenzverlauf der zugehörigen Kleinsignalimpedanz, aber unter Vernachlässigung des parasitären Widerstands R_S.

und im GHz-Bereich ist die relative Dielektrizitätskonstante gleich 13,18 [II.16]. Damit folgt

$$\omega_a \approx 2\pi \cdot 6 \cdot 10^9 \, \text{Hz},$$

d.h. die Schwingungsfrequenz einer solchen Diode liegt im GHz-Bereich.

5. Kleinsignaltheorie der pin-Diode

Obwohl die Read-Diode die physikalischen Prozesse bei Lawinenlaufzeit-Dioden am klarsten illustriert, sind die ersten, auf dem Lawinenprozeß basierenden Mikrowellenschwingungen nicht an Read-Dioden nachgewiesen worden. Dies liegt vor allem daran, daß Read-Dioden schwierig herzustellen sind. Tatsächlich kann man theoretisch zeigen, daß Schwingungserzeugung im Prinzip an jedem pn-Übergang möglich ist. Dies hat Misawa für die pin-Diode gemacht [II.14,15,17], bei der zwei hochdotierte Kontaktzonen (p^+ und n^+ etwa 10^{20} cm^{-3}) durch eine eigenleitende Zone (etwa 10^{13} cm^{-3}) der Länge l_d getrennt sind (Bild II.16). Man spricht daher auch gelegentlich von Misawa-Diode. Diese Struktur ist in Sperrrichtung vorgespannt, so

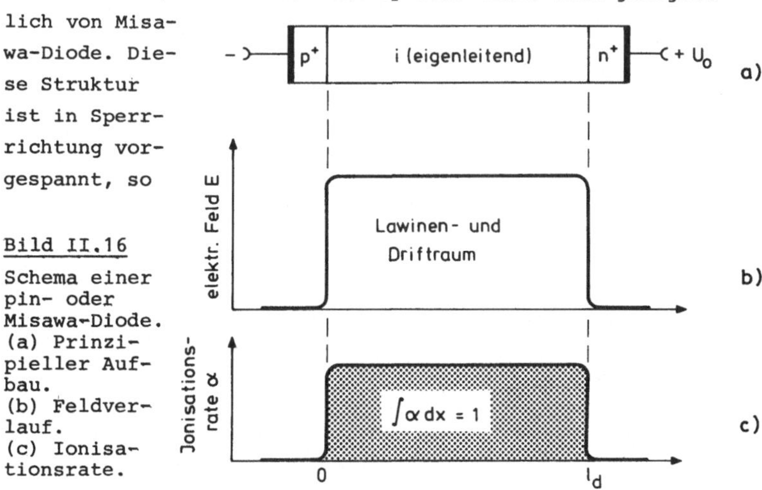

Bild II.16
Schema einer pin- oder Misawa-Diode. (a) Prinzipieller Aufbau. (b) Feldverlauf. (c) Ionisationsrate.

daß wegen der geringen Ladungsträgerkonzentration in der ei-
genleitenden Zone dort praktisch ein konstantes Feld herrscht
(Bild II.16b). Dieses Feld soll so hoch sein, daß es über der
Durchbruchfeldstärke liegt, also daß

$$\int\limits_{0}^{l_d} \alpha \; dx = 1$$

ist. Dann geschieht die Stoßionisation mit gleicher Wahrscheinlichkeit über die gesamte eigenleitende Zone verteilt.
Im Gegensatz zur Read-Diode fallen Lawinen- und Driftraum
bei der Misawa-Diode zusammen.

Wie es zu einem negativen Widerstand einer pin-Diode und, damit verbunden, zur Schwingungserzeugung kommt, wird qualitativ an Bild II.17 klar. Zu einem Zeitpunkt a soll in der Mit-

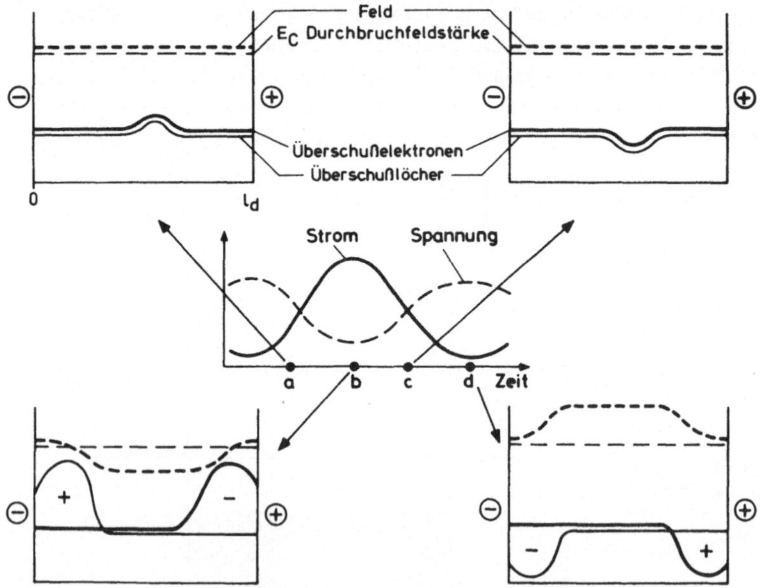

Bild II.17   Zur Erläuterung der dynamischen Verhältnisse in
            einer pin-Diode.

te der Diode ein geringfügiger Überschuß an Elektronen und
Löchern gegenüber dem normalen Zustand vorherrschen. Dieser
Ladungsträgerüberschuß bewegt sich mit Sättigungsgeschwindigkeit auf die jeweilige Elektrode zu, wobei wegen des Lawinenprozesses der Überschuß anwächst (Zeitpunkt b). Nahe der
Elektroden ist der Überschuß maximal, entsprechend auch das
damit verbundene Dipolfeld. Das Dipolfeld ist dem außen angelegten Feld entgegengesetzt, schwächt also die örtliche
Feldstärke in der Mitte der Diode. Damit wird die Spannung
an der Diode als dem Integral über die Feldstärke in der Diode minimal, gleichzeitig aber der Strom maximal, weil die
Ladungsträgerdichte ihr Maximum annimmt (Zeitpunkt b). Da
aber in der Mitte der Diode das Feld abgesunken ist, wird
dort der Lawinenprozeß, der wegen der über der Durchbruchfeldstärke E_c liegenden örtlichen Feldstärke normalerweise
stets vor sich geht, reduziert, d.h. es entsteht dort ein Ladungsträgerdefizit, das sich in seiner Bewegung zu den jeweiligen Elektroden hin verstärkt. Verbunden damit ist ein
Abfallen des Stroms (Zeitpunkt c), der schließlich sein Minimum erreicht, wenn das Ladungsträgerdefizit in die Nähe
der jeweiligen Elektroden kommt. Das zugehörige Dipolfeld
verstärkt das örtliche Feld in der Mitte der Diode, d.h. die
Spannung an der Diode erreicht ihr Maximum (Zeitpunkt d). Wegen des erhöhten Feldes in der Mitte der Diode beginnt ein
neuer Zyklus mit einem erneuten Überschuß an Löchern und
Elektronen wie vorher zum Zeitpunkt a. Das Ergebnis dieser
Diskussion ist, daß Strom und Spannung bei einer pin-Diode
in Sperrichtung um eine halbe Periode gegeneinander verschoben sind. Die Diode zeigt also einen negativen Widerstand
und kann folglich zur Schwingungserzeugung verwendet werden.

Wir wollen nun eine Kleinsignaltheorie der pin-Diode entwickeln, die zu analytischen Ergebnissen führt. Nach Gln.
(II.11) können wir die Kontinuitätsgleichungen für Elektronen und Löcher als

$$\frac{\partial}{\partial t} I_n = v_s \frac{\partial}{\partial x} I_n + \alpha v_s (I_n + I_p) \qquad\qquad \text{(II.24a)}$$

$$\frac{\partial}{\partial t} I_p = -v_s \frac{\partial}{\partial x} I_p + \alpha v_s (I_n + I_p) \qquad\qquad \text{(II.24b)}$$

formulieren. Analog zur Behandlung der Read-Diode können diese Gleichungen linearisiert werden, wenn die Feldstärke in der pin-Diode, z.B. durch ihren Einbau in einen Resonator, periodisch gemäß

$$E = E_c + E_1 \, e^{j\omega t}$$

um die Durchbruchfeldstärke variiert. Dies führt einerseits zu einer zeitlichen Variation der Ionisationsrate wie

$$\alpha = \alpha_o(E_c) + \alpha_o' \, E_1 \, e^{j\omega t}$$

und andrerseits, analog zu Gl. (II.17), zu Elektronen- und Löcherströmen wie

$$I_n = I_{no} + I_{n1} \, e^{j\omega t} \qquad\qquad I_p = I_{po} + I_{p1} \, e^{j\omega t}.$$

Gehen wir mit diesen Ansätzen in Gl. (II.24a) ein, dann ergibt sich

$$j\omega \, I_{n1} e^{j\omega t} = v_s \frac{\partial I_{no}}{\partial x} + v_s \frac{\partial I_{n1}}{\partial x} \, e^{j\omega t} +$$

$$(\alpha_o + \alpha_o' E_1 e^{j\omega t}) \, v_s \left[I_{no} + I_{po} + e^{j\omega t} (I_{n1} + I_{p1}) \right].$$

In dieser Gleichung müssen die Koeffizienten der zeitlich variablen Glieder für sich verschwinden, natürlich auch die der zeitunabhängigen Terme. In einer Kleinsignaltheorie ist erlaubt, nur die in erster Ordnung kleinen Glieder mitzunehmen, so daß folgt

$$- \frac{\partial}{\partial x} I_{n1} = \alpha_o (I_{n1} + I_{p1}) + \alpha_o' I_o E_1 - j \frac{\omega}{v_s} I_{n1}.$$

Ein entsprechendes Ergebnis läßt sich für den Löcherstrom ableiten

$$\frac{\partial}{\partial x} I_{p1} = \alpha_o (I_{n1} + I_{p1}) + \alpha_o' I_o E_1 - j \frac{\omega}{v_s} I_{p1}.$$

Subtraktion und Addition dieser beiden Kontinuitätsgleichungen liefern die Kontinuitätsgleichung für den Gesamtstrom $I_1 = I_{p1} + I_{n1}$

$$\frac{\partial}{\partial x} I_1 + jk (I_{n1} - I_{p1}) = 0 \qquad \text{mit} \quad k = \omega/v_s$$

und die Lawinengleichung

$$(II.25)$$

$$jk \, I_1 - 2 \, \alpha_o \, I_1 - \frac{\partial}{\partial x} (I_{n1} - I_{p1}) = h^2 \varepsilon v E_1$$

$$\text{mit} \quad h^2 = 2\alpha_o' I_o/(\varepsilon v_s). \qquad (II.26)$$

Der Wechselanteil I_{ges1} des Gesamtstroms ist gleich der Summe aus Konvektionsstrom und Verschiebungsstrom

$$\frac{I_{ges1}}{A} = I_1 + jk\varepsilon v E_1 \qquad (II.27)$$

mit A als der Diodenfläche.

Eine ganz entsprechende Linearisierung läßt sich mit der Poisson-Gleichung

$$\frac{\partial}{\partial x} E = \frac{e}{\varepsilon} (N_D - N_A + p-n) = \frac{e}{\varepsilon} (N_D - N_A) - \frac{I_p - I_n}{\varepsilon \, v_s}$$

durchführen. N_D und N_A sind die ortsfesten Raumladungen, die durch die ionisierten Donatoren bzw. Akzeptoren hervorgerufen werden. Die Geschwindigkeiten von Elektronen und Löchern sind entgegengerichtet, so daß die von ihnen getragenen Stromanteile wegen ihres entgegengesetzten Ladungsvorzeichens gleich werden. Das Ergebnis lautet

$$\frac{\partial}{\partial x} E_1 = \frac{I_{n1} - I_{p1}}{\varepsilon v_s}. \qquad\qquad (II.28)$$

Die vier Gleichungen (II.25-28) enthalten die fünf Variablen I_{n1}, I_{p1}, I_1, E_1 und I_{ges1}. Nach einfacher und durchsichtiger Algebra läßt sich eine Beziehung zwischen den beiden Größen E_1 und I_{ges1} ableiten

$$\left(-\frac{\partial^2}{\partial x^2} - j2\alpha_o k - k^2 + h^2 \right) \varepsilon v_s E_1 = (jk - 2\alpha_o) I_{ges1}/A.$$

Dies ist eine Wellengleichung mit einer anregenden Kraft, die vom Gesamtstrom I_{ges1} und damit von der Spannung an der Diode abhängt. Die Lösung setzt sich aus einem ortsunabhängigen Anteil und zwei gegeneinanderlaufenden Wellen zusammen. Nutzen wir die Symmetrie der Diode und insbesondere die gleichen Ionisationsraten und Geschwindigkeiten von Elektronen und Löchern aus, so können wir als Lösung ansetzen

$$E_1 = E_{10} e^{j\omega t} + E_{11} e^{j(\omega t + \beta x)} + E_{11} e^{j(\omega t - \beta x)}$$

$$= (E_{10} + 2E_{11} \cosh j\beta x)\, e^{j\omega t}. \qquad\qquad (II.29)$$

Gehen wir damit in die Wellengleichung ein, so folgt aus dem Verschwinden der Koeffizienten aller örtlich variabler Terme als Dispersionsrelation

$$\beta^2 = k^2 - h^2 + j2\alpha_o k. \qquad\qquad (II.30)$$

Das Ziel der folgenden Rechnung ist die Bestimmung der Impedanz der pin-Diode. Dazu wird es notwendig sein, die Feldstärke über die gesamte Diodenlänge l_d zu integrieren, um so die an der Diode liegende Wechselspannung U_1 zu finden. Die Symmetrie der Anordnung (vgl. Bild II.16), die nach unseren Annahmen nur hinsichtlich des Vorzeichens von Elektronen und

Löchern gestört ist, erlaubt es, den Feldverlauf durch einen
symmetrischen Anteil mit $E_s(x) = E_s(-x)$ und einen antisymme-
trischen Anteil mit $E_a(x) = -E_a(-x)$ zu beschreiben. Dabei
liegt die Symmetrieebene, von der die Ortsvariable x zu zäh-
len ist, in der Mitte der Diode. Bei der Integration über die
Diodenlänge liefert $E_a(x)$ keinen Beitrag, und die Wechselspannung ermittelt sich allein durch

$$U_1 = \int_{-l_d/2}^{+l_d/2} E_s(x)\,dx = 2\int_{o}^{l_d/2} E_s(x)\,dx.$$

Es reicht also völlig aus, wenn wir uns von vornherein auf
den symmetrischen Anteil beschränken. Die Kontinuitätsgleichung (II.25) läßt sich dann in Verbindung mit der Poisson-
Gleichung (II.28) in der Form

$$(jk-2\alpha_o)I_1 + \varepsilon v_s \frac{\partial^2}{\partial x^2} E_{1s} = h^2 \varepsilon v E_{1s}$$

oder $\qquad I_1 = \dfrac{h^2 - \partial^2/\partial^2 x}{jk - 2\alpha_o}\, \varepsilon v_s E_{1s}$ $\qquad\qquad$ (II.31)

schreiben. I_1 ist der zwischen dem p^+- und n^+-Gebiet als Elektroden fließende Strom (vgl. Bild II.16), der aus einer mit
der Geschwindigkeit v driftenden örtlichen Ladungsdichte ρ
resultiert. Die sich bewegenden Ladungen ρ influenzieren in
den Elektroden Ladungen, die durch den Strom in den Zuleitun-
gen zur Diode bereitgestellt werden müssen. Der durch In-
fluenz erzeugte Stromanteil I_e ist von außen nutzbar. Daneben
fließt im allgemeinen Fall noch ein Verschiebungsstrom, so
daß der Gesamtstrom durch

$$I = \rho v + \varepsilon \partial E/\partial t$$

gegeben ist. Bilden wir durch Integration über die gesamte
Diodenlänge l_d zwischen den Elektroden den Mittelwert, wobei

E als örtliche Ableitung des Potentials genommen wird, so
folgt wegen der örtlichen Konstanz des Gesamtstroms

$$I = \frac{1}{l_d} \int I\,dx = \frac{1}{l_d} \int \rho v\,dx + \frac{\varepsilon}{l_d} \frac{\partial U}{\partial t}.$$

U ist die an der Diode liegende Spannung. Über den kapazitiven Strom hinaus fließt der influenzierte Stromanteil

$$I_e = \frac{1}{l_d} \int \rho v\,dx, \qquad\qquad (II.32)$$

wobei das Integral über die gesamte Diodenlänge zu nehmen
ist. Diese Beziehung wird gelegentlich als der Satz von Ramo
und Shockley bezeichnet.

Wenden wir dieses Ergebnis auf Gl. (II.31) an, wobei wir die
Beziehung (II.29) ausnutzen, so folgt

$$I_{e1} = \frac{\varepsilon v_s h^2 U_1}{l_d(jk-2\alpha_o)} - \frac{2\varepsilon v_s}{l_d(jk-2\alpha_o)} \cdot 2E_{1s1} j\beta \sinh(j\beta x)\Big|_0^{l_d/2}$$

$$= \frac{\varepsilon v_s h^2 U_1}{l_d(jk-2\alpha_o)} - \frac{2j\varepsilon v_s \beta}{l_d(jk-2\alpha_o)} \cdot 2E_{1s1} \sinh(j\beta l_d/2).$$

$$(II.33)$$

U_1 ist die über der Diode liegende Wechselspannung. Zur Berechnung der Diodenimpedanz muß E_{1s1} über die Randbedingungen eliminiert werden. Aus Bild II.16a ersehen wir, daß der
am rechten Rand fließende Löcherstrom allein der aus dem n^+-
Gebiet injizierte Sperrstromanteil I_{ps} ist, der dann auf dem
Weg zum p^+-Gebiet durch Lawinenmultiplikation anwächst. Entsprechendes geschieht mit dem aus dem p^+-Gebiet injizierten
Elektronensperrstrom I_{ns}, der aus Symmetriegründen I_{ps}
gleich ist und der nach seiner Verstärkung zusammen mit I_{ps}
die Gesamtdriftstromdichte $I_1(l_d/2)$ am rechten Diodenrand
ausmacht. Also fließt dort der Elektronenstrom

$$I_n(l_d/2) = I_1(l_d/2) - I_{ps}.$$

Damit können wir die Poisson-Gleichung (II.28) auf den rechten Diodenrand spezialisieren

$$\varepsilon v_s \frac{\partial}{\partial x} E_{1s} \Big|^{l_d/2} = (I_{n1} - I_{p1}) \Big|^{l_d/2} ,$$

so daß in Verbindung mit dem Ansatz (II.29) die Beziehung

$$2\varepsilon v_s j\beta E_{1s1} \sinh(j\beta l_d/2) = \left[I_1(l_d/2) - I_{ps} \right] - I_{ps}$$

$$= I_1(l_d/2) - 2I_{ps}$$

$$= I_1(l_d/2) - (I_{ps} + I_{ns})$$

$$\text{(II.34)}$$

folgt. Zu dem Driftstrom ist noch der Verschiebungsstrom zu addieren, so daß der Gesamtwechselstrom I_{ges1}, bezogen auf die Diodenquerschnittsfläche A, in Verbindung mit Gl. (II.29) durch

$$I_{ges1}/A = I_1(l_d/2) + j\omega\varepsilon E_{1s}(l_d/2)$$

$$= I_1(l_d/2) + j\omega\varepsilon E_{1so} + j\omega\varepsilon 2E_{1s1} \cosh(j\beta l_d/2)$$

beschrieben werden kann. Spezialisieren wir diese Beziehung nicht auf den rechten Diodenrand, sondern wenden auf sie in allgemeiner Form den Satz von Ramo und Shockley an, so folgt bei Integration über die rechte Diodenhälfte

$$I_{e1} = \frac{2}{l_d} \int I_1 dx = I_{ges1}/A - j\omega\varepsilon E_{1so}$$

$$- \frac{2}{l_d} \cdot \frac{\omega\varepsilon}{\beta} \cdot 2E_{1s1} \sinh(j\beta l_d/2).$$

Mit den beiden letzten Gleichungen können wir I_{ges1}/A und E_{1so} eliminieren. In dem Resultat kann mit Gl. (II.34) die Größe $I_1(l_d/2)$ ersetzt werden, so daß schließlich zusammen mit Gl. (II.33) als Endergebnis folgt

$$I_{e1} = \frac{\alpha_o' I_o \left[1 + j\frac{k l_d}{2} F(j\beta l_d/2) \right] U_1 + (I_{ps} + I_{ns})}{\frac{l_d}{2}(jk - 2\alpha_o) + 1 + j\frac{k l_d^2}{4}(jk - 2\alpha_o) F(j\beta l_d/2)}$$

$$(II.35)$$

mit $\quad F(j\beta l_d/2) = \left[(j\beta l_d/2)\coth(j\beta l_d/2) - 1 \right] \Big/ (j\beta l_d/2)^2$

oder $\quad I_{e1} = \frac{1}{Z_{De}} U_1 + M_1(I_{ps} + I_{ns}).$

Das Resultat ist also eine elektronische Impedanz Z_{De} und ein Wechselstrom-Mulitplikationsfaktor M_1. M_1 wird zu dem schon im Kap. II.1 berechneten Gleichstrom-Multiplikationsfaktor M, wenn die Frequenz und damit $k = \omega/v_s$ zu Null werden

$$M_1 \to M = 1/ (1 - \textstyle\int \alpha dx) = \frac{1}{1 - \alpha_o l_d}.$$

Lawinendurchbruch tritt dann ein, wenn die Bedingung (II.3) erfüllt ist, wie wir voraussetzen wollen.

Die mit Gl. (II.35) eingeführte Funktion F läßt sich gemäß

$$F(x) = \frac{1}{3} - \frac{x^2}{45} + \frac{2x^4}{945} \cdots$$

in eine Reihe entwickeln. Diese Reihe kann für unsere Bedingungen bereits mit dem zweiten Grad abgebrochen werden, wenn wir voraussetzen, daß

$$\omega_a^2 \tau_d^2 \ll \omega^2 \tau_d^2 + 60 \qquad \text{mit} \qquad \tau_d = l_d/v_s$$

gilt. ω_a ist die Lawinenfrequenz nach Gl. (II.19), und τ_d ist die Laufzeit durch die Diode. Diese Ungleichheit bedeutet für die folgende Näherung keine Einschränkung weder für Frequenzen in der Nähe der Lawinenfrequenz ($\omega \approx \omega_a$), noch für solche in der Nähe der Laufzeitfrequenz ($\omega\tau_d \approx 1$). Es gilt zunächst

$$F(j\beta l_d/2) \approx \frac{1}{3} + j\, \frac{\omega l_d/2}{45\, v_s}.$$

Damit können wir in Gl. (II.35) eingehen

$$\frac{1}{Z_{De}} \approx \frac{1}{j\omega L}\,(1 - j\omega L/R)$$

mit $\qquad L = \tau_d/(3\alpha_o' I_o) \qquad$ und $\qquad R = 5/(\alpha_o' I_o).$

Damit ist die eigenleitende Zone einer pin-Diode als Parallelschaltung einer Induktivität L und eines Widerstandes R, der negativ ist, aufzufassen. Zu der Impedanz Z_{De} der eigenleitenden Zone ist nach Gl. (II.22) noch die Kapazität $C = \varepsilon A/l_d$ der Verarmungszone, also die durch Kathode und Anode gebildete, sogenannte kalte Kapazität, hinzuzufügen. Nach einfacher Umrechnung, zu der die Diode als Parallelschaltung von Verarmungskapazität C, Induktivität L und elektronischem Widerstand R der eigenleitenden Zone angesehen wird, folgt schließlich als Impedanz der pin-Diode nach Misawa

$$Z_D = -\,\frac{20\omega_i^2/(\alpha_o' I\omega^2)}{(1-\omega_r^2/\omega^2)^2 + 4\omega_i^2/\omega^2} - j\,\frac{\frac{1}{\omega C}(1-\omega_r^2/\omega^2)}{(1-\omega_r^2/\omega^2)^2 + 4\omega_i^2/\omega^2}$$

mit $\qquad \omega_r^2 = 3\alpha_o' I_o/(\tau_a C) \qquad$ und $\qquad \omega_i = \alpha_o' I_o/(10C).$

I_o ist der Gleichstrom durch die Diode. Nach dieser Formel hat die Diode über einen weiten Frequenzbereich einen negativen Widerstand, kann also Schwingungsleistung abgeben.

Bild II.18 zeigt die Frequenzabhängigkeit der Kleinsignalimpedanz einer pin-Diode aus Silizium mit einem Laufraum der Dicke l_d = 5 µm, der zu n = 10^{15} cm^{-3} dotiert ist [II.14]. Die Frequenz ist auf $v_s/(2\pi l_d)$ normiert. Die Impedanzachse ist auf den Wert $l_d^2/(v_s\varepsilon)$ normiert, der sich für eine pro Flächeneinheit berechnete Diodenkapazität bei der Normierungsfrequenz ergibt. Die verschiedenen Kurvenscharen gelten für Ströme, die auf den Sättigungsstrom env_s mit v_s = 8,5·10^6 cm/s bezogen sind. Der Realteil ist stets negativ. Der Imaginärteil ist jedoch zunächst induktiv, ändert aber sein Vorzeichen zu kapazitiv bei der Resonanzfrequenz, die etwa bei ω_r liegt. Wenn man zu Z_D noch den relativ geringen Gleichstromwiderstand des Bahngebietes der Diode und der Kontakte addiert, wird der Realteil von Z_D bei niedrigen und hohen Frequenzen po-

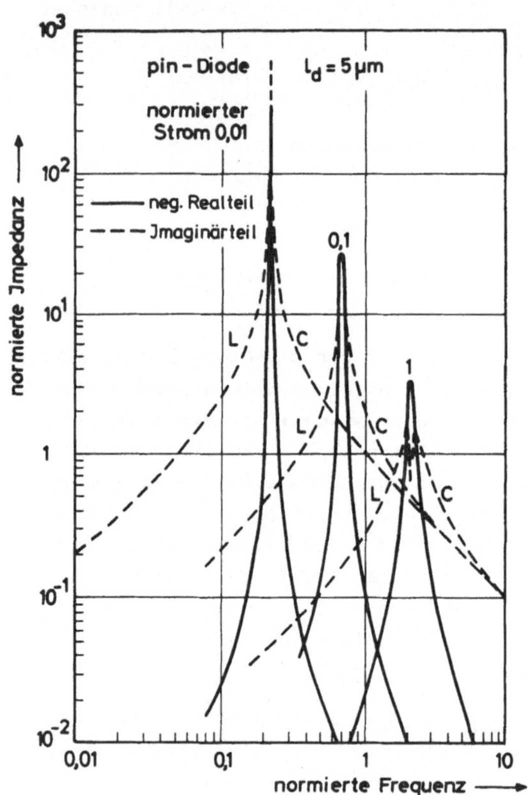

Bild II.18   Kleinsignalimpedanz einer 5 µm dicken pin-Diode. Der Realteil ist stets negativ, der Imaginärteil teils induktiv (L) und teils kapazitiv (C). Die Normierungsfrequenz ist $v_s/(2\pi l_d)$ [II.14].

sitiv. Die Resonanzfrequenz wächst mit zunehmendem Gleichstrom an, und zwar etwa proportional zur Wurzel des Stroms,
wie es auch aus der Formel für ω_r folgt.

6. Bauformen von Impatt-Dioden

Bisher haben wir zwei Extremfälle von Impatt-Dioden besprochen, nämlich die Read-Diode und die pin-Diode. Die Read-
Diode ist besonders geeignet, die physikalischen Phänomene
in aller Klarheit hervortreten zu lassen. Die pin-Diode ist
vom Aufbau her die einfachste, ihre analytische Beschreibung
ist jedoch kompliziert. Zwischen den beiden erwähnten Typen
liegt ein breites Spektrum von alternativen Bauformen, von
denen in diesem Abschnitt einige Repräsentanten beschrieben
werden sollen. Die analytische Behandlung dieser Mischformen
ist mit den Methoden möglich, die wir bereits skizziert haben. Die Dioden werden in Abschnitte zerlegt, die jeder für
sich als homogen aufgefaßt und getrennt behandelt werden.
Die Lösungen für die einzelnen Abschnitte werden an die von
den benachbarten Abschnitten vorgegebenen Randbedingungen
angepaßt. Aufsummieren über sämtliche Abschnitte liefert
schließlich das Ergebnis für die gesamte Diode.

Bild II.19 gibt in der oberen Reihe schematisch den Dotie-
rungsverlauf der Diode nach Read, der Diode mit einseitig
hoch dotiertem, abruptem pn-Übergang und der Diode mit ste-
tigem pn-Übergang wieder, bei dem sich die Dotierung örtlich
linear in der Nähe des Übergangs ändert. Durch die schraf-
fierte Unterlegung ist jeweils der ausgeräumte Bereich angedeutet. Die untere Reihe von Bild II.19 zeigt das resultierende elektrische Feld, das zur Erzielung hinreichender
Ionisation in dem Bereich von typisch einigen 10^5 V/cm liegt
(vgl. Bild II.3). Wegen der zu erwartenden starken Feldabhängigkeit der Ionsiationsrate α (vgl. Gl. (II.5) oder (II.6))
sind die Bereiche merklicher Ionisation stets stark am pn-
Übergang lokalisiert, aber immer so, daß die Bedingung Gl.
(II.3) erfüllt ist. Für die pin-Diode, die am anderen Ende

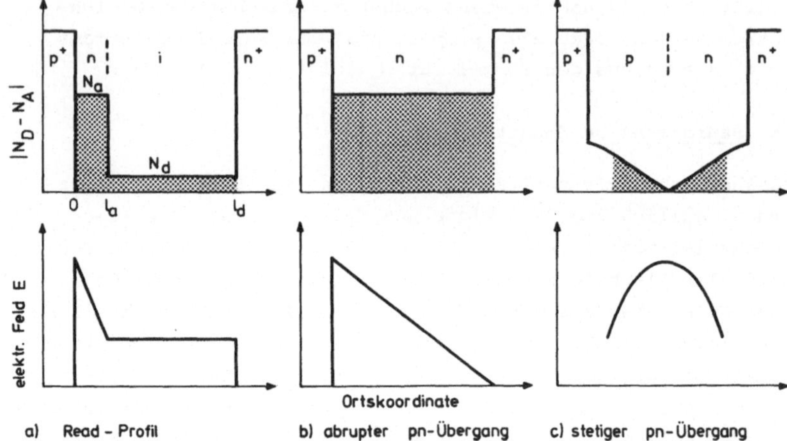

Bild II.19   Schematische Darstellung des Dotierungsprofils
(obere Reihe) und des Feldverlaufs (untere Reihe)
in Impatt-Dioden. (a) Profil nach Read; (b) ab-
rupter pn-Übergang mit beidseitig konstanter Dotierung; (c) stetiger pn-Übergang mit konstantem
Gradienten der Dotierung.

der Bauformen steht, gilt diese Lokalisierung gemäß Bild
II.16 natürlich nicht.

Die Dotierung der Kontaktbereiche p^+ und n^+ liegt im Bereich
von 10^{19} bis 10^{20} cm^{-3}. Mittlere Dotierungen z.B. vom Niveau
N_a der Lawinenzone in Bild II.19a sind um 10^{16} cm^{-3}, während
unter niedrigen Dotierungen, wie N_d, 10^{13} bis 10^{14} cm^{-3} zu verstehen ist. Als typischer Wert für den Dotierungsgradienten
in Bild II.19c kann 10^{22} cm^{-4} gelten.

Die wichtigsten Parameter für den Entwurf einer Read-Diode
(Bild II.19a) sind die Ladungsträgerkonzentration N_a in der
Lawinenzone, deren Länge l_a und die Länge des Driftraumes
$(l_d - l_a)$. Wenn l_a sehr klein wird, dann wird die Read-Diode
zu einer pin-Diode.

Wird $l_a > l_d(N_a)$, wobei $l_d(N_a)$ die natürlich von der Dotie-

rung abhängige Dicke der Verarmungszone eines abrupten pn-
Übergangs beim Durchbruch ist, dann wird die Read-Diode zu
einer Diode mit abruptem pn-Übergang. Für Zwischenwerte von
l_a, also für die eigentliche Read-Diode, läßt sich der Feldverlauf innerhalb der Diode aus der Poisson-Gleichung ableiten

$$E(x) = E_{max} - \frac{eN_a x}{\varepsilon} \qquad \text{für } 0 \leqq x \leqq l_a,$$

$$E(x) = E_{max} - \frac{eN_a l_a}{\varepsilon} - \frac{eN_d(x-l_d)}{\varepsilon} \qquad \text{für } l_a \leqq x \leqq l_d.$$

E_{max} ist dabei die maximale Feldstärke nahe am pn-Übergang.
N_d ist die i.a. sehr kleine Dotierung im eigenleitenden Teil,
weshalb das Feld dort als nahezu konstant angesehen werden
kann. Die Spannung über der Diode folgt durch Integration
über den Feldstärkeverlauf. Das Ionisationsintegral ergibt
sich seinerseits aus der Feldstärke. Wird schrittweise die
Feldstärke erhöht, bis schließlich Gl. (II.3) erfüllt ist,

dann liegt an der Diode die Durchbruchspannung U_B an.

Das Ergebnis einer solchen Iteration ist in Bild II.20 für Si dargestellt [II.18]. An der linken Seite der Graphik sind Dik-
ke und Durchbruchspannung einer pin-Dio-
de angegeben.

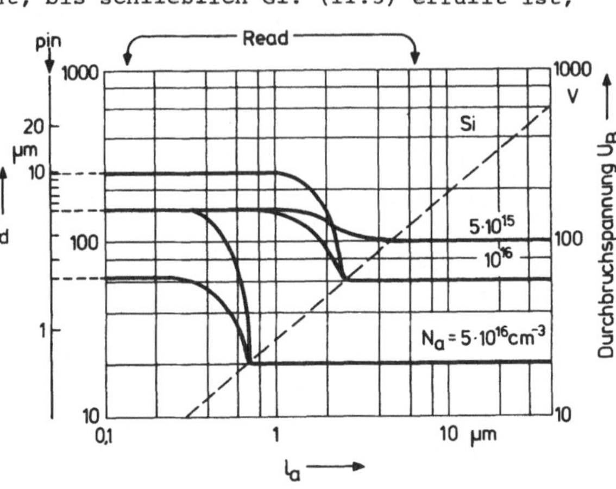

Bild II.20

Zusammenhang zwischen der Durchbruchspannung
und der Dicke bei Read-Dioden (Mitte) und pin-
Dioden (linke Ordinate) in Si. Parameter: Dotierung der Lawinenzone [II.18].

Zum Beispiel ist die Durchbruchspannung einer 3 µm dicken pin-Diode etwa 90 V, und etwas mehr als 60 V für eine 2 µm dicke Diode. Die Graphik bestätigt die Erwartung, daß für ein bestimmtes Parameterpaar N_a und l_d die Durchbruchspannung mit zunehmendem l_a abnimmt. Zum Beispiel ist die Durchbruchspannung etwa 100 V für eine Gesamtdicke von l_d = 10 µm bei einer Dotierung von N_a = 10^{16} cm^{-3}. Die gestrichelte Diagonale gibt an, wo die Lawinenzone l_a gleich dem Wert $l_d(N_a)$ wird. Für größere Werte von l_a ist die Durchbruchspannung natürlich von l_a unabhängig.

Um den Einfluß des Aufbaus der Diode auf die Lawinenzone zu beschreiben, verwendet man gelegentlich den Struktur- oder Durchreichfaktor S. Wählen wir eine Diode mit abruptem pn-Übergang als Beispiel, so können wir je nach Dotierung drei Zustände unterscheiden (Bild II.21). Die Diodendicke l_d sei vorgegeben. Bei hoher Dotierung ist die Verarmungszone dünn. Es kommt zum Durchbruch, bevor sich die Verarmungszone bis zum gegenüberliegenden Kontakt ausgedehnt hat. Im angelsächsischen Sprachgebrauch nennt man dies "break-down before punch-through". Bei abnehmender Dotierung wird ein Punkt erreicht, bei dem die Verarmungszone beim Durchbruch gerade

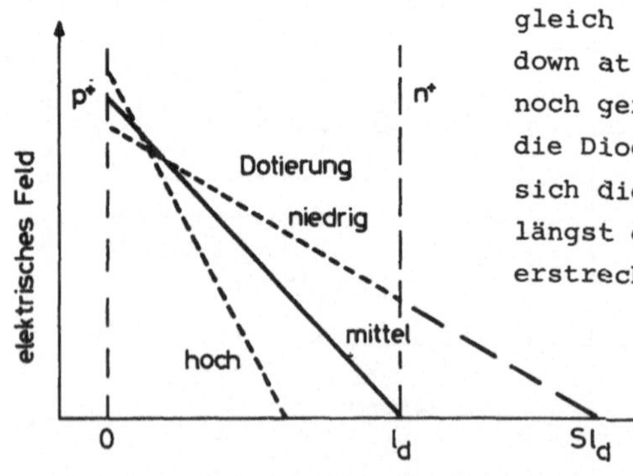

<u>Bild II.21</u> Zur Definition des Strukturfaktors S bei Dioden mit abruptem pn-Übergang.

gleich l_d ist. Dies ist "break-down at punch-through". Bei noch geringerer Dotierung bricht die Diode erst durch, nachdem sich die Verarmungszone schon längst durch die ganze Diode erstreckt ("break-down after punch-through"). Dann läßt sich auch der Strukturfaktor S definieren. Bei gerad-liniger Verlängerung des Feldverlaufs wird auf der Abzisse der

Schnittpunkt $S \cdot l_d$ markiert.

Es ist zu beachten, daß mit zunehmender Dotierung auch die maximale Feldstärke am pn-Übergang beim Durchbruch ansteigt [II.18].

Der Übergang von der Read-Diode zur Misawa-Diode ist dadurch charakterisiert, daß die Breite der Lawinenzone zunimmt. Wie die Rechnung für die beiden Extremfälle zeigte, nimmt auch der Bereich des negativen Realteils der Impedanz zu. Für Übergangsstrukturen ist dies in Bild II.22 in Abhängigkeit von der Frequenz oder dem Diodenlaufwinkel dargestellt [II.17].

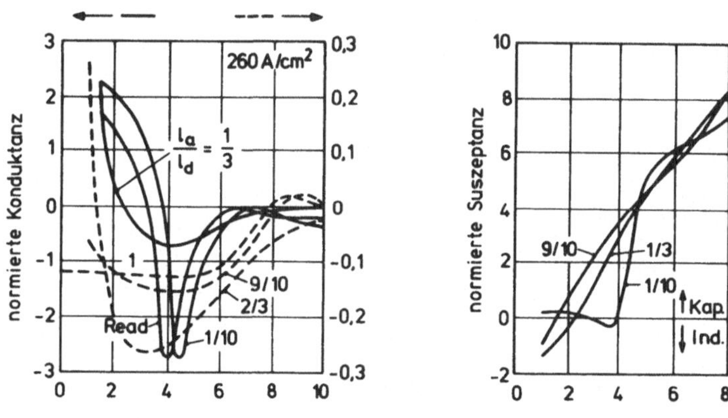

Bild II.22   Normierter Realteil (Konduktanz) und normierter Imaginärteil (Suszeptanz) der Admittanz $(1/Z_D)$ von Impatt-Dioden mit gleicher Gesamtdicke l_d, aber unterschiedlicher Lawinenzonendicke l_a.
——— linke Ordinate; - - - rechte Ordinate

Mit "Read" ist die Diode mit unendlich schmaler Lawinenzone bezeichnet. Mit zunehmender Dicke l_a der Lawinenzone nimmt der Bereich negativer Konduktanz zu, gleichzeitig zeigt sich aber die Tendenz zunehmender Konduktanz. Die Ursache liegt darin, daß mit wachsender Lawinenzone die Laufzeiten der Ladungsträger und damit ihre Verzögerung unterschiedlich werden. Große und sehr kleine Verzögerungen mitteln sich zu einer kleineren negativen Konduktanz.

Als Folgerung ergibt sich daraus, daß möglichst dünne Lawinenzonen vorteilhaft sind. Damit wird außerdem erreicht, daß die Verlustwärme geringer wird. Denn diese entsteht vorwiegend in den hohen Feldern der Lawinenzone, wo zumindest teilweise Strom und Spannung in Phase sind.

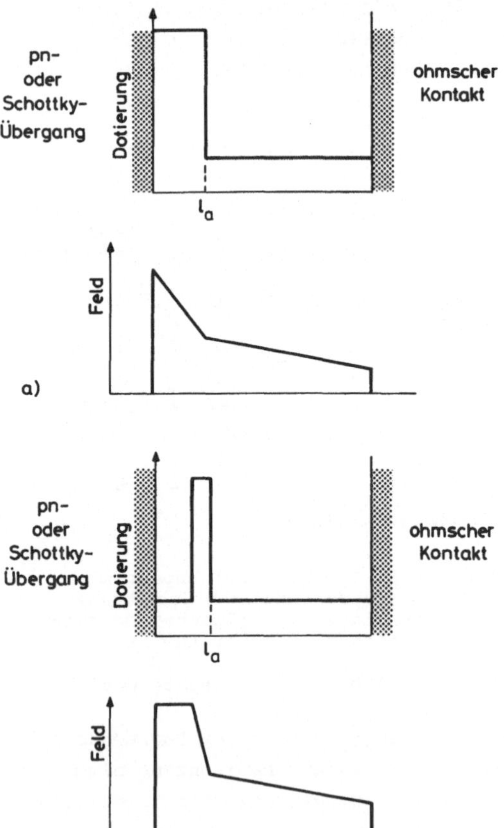

Um eine möglichst dünne Lawinenzone zu realisieren, wurden zwei Bauformen vorgeschlagen, die als sperrenden Kontakt einen Schottky-Kontakt, alternativ aber auch einen pn-Übergang verwenden. Dies ist in Bild II.23 in den oberen Teilbildern jeweils auf der linken Ordinate durch Rasterung angedeutet.

An der rechten Seite, ebenfalls durch Rasterung kenntlich gemacht, wird die Struk-

Bild II.23
Quasi-Read-Impatt-Dioden
(a) "Hi-Lo"-Profil;
(b) "Lo-Hi-Lo"-Profil.

tur durch einen ohmschen Kontakt abgeschlossen. Mit den Bauformen in Bild II.23 wird bewußt versucht, dem ursprünglichen
Vorschlag von Read, einer sehr kurzen Lawinenzone, mit modernen technologischen Mitteln möglichst nahe zu kommen. Daher
spricht man auch von Quasi-Read- oder auch Read-ähnlichen
Dioden oder auch einfach von Hochleistungsdioden.

Bild II.23a zeigt das "High-Low"- oder kurz "Hi-Lo"-Profil
mit der hohen Dotierung um $5 \cdot 10^{16}$ cm^{-3} im Lawinenbereich l_a
von rund 0,5 μm Dicke für Frequenzen zwischen 6 und 10 GHz.
Daran schließt sich ein niedrig dotierter Bereich von etwa
10^{15} cm^{-3} an [II.19]. Mit solchen Dioden wurden Wirkungsgrade von bis zu 31,4 % bei Leistungen zwischen 5 und 12 W erreicht.

In Bild II.23b ist das "Lo-Hi-Lo"-Profil ("clump doping"),
bei dem die Lawinenzone von ca. 0,3 μm Dicke durch einen
engen Bereich von etwa 500 Å mit hoher Dotierung (10^{17} cm^{-3}
und mehr) begrenzt wird. Die Ladungsträgerkonzentration in
diesem Bereich liegt bei $2 \cdot 10^{12}$ cm^{-2}, so daß dort das Feld
sehr rasch auf den geringeren Wert der Driftzone abfällt.
Damit wird für die Lawinenzone ein gleichmäßig hoher Feldwert erreicht. Mit "Lo-Hi-Lo"-Impatt-Dioden sind 3 - 8 W
Leistung bei 35,6 % Wirkungsgrad zwischen 8 und 10 GHz gemessen worden [II.19].

Alle zitierten Meßdaten zu den Profilen nach Bild II.23 gelten für GaAs-Dioden.

Die Doppeldrift-Dioden ("Double-Drift-Region"- oder DDR-Dioden) nutzen sowohl Elektronen als auch Löcher zur Mikrowellenerzeugung aus (Bild II.19c und II.24). Dies steht im Gegensatz zu den bisher behandelten "Single-Drift-Region"-
oder SDR-Dioden. Bild II.24b zeigt den Feldverlauf, der an
einer Diode bei 100 V Durchbruchspannung gemessen wurde
[II.13]. Daraus ergibt sich eine Lawinenzone, die auch weit
über dem Durchbruch noch auf 0,5 μm lokalisiert ist. DDR-

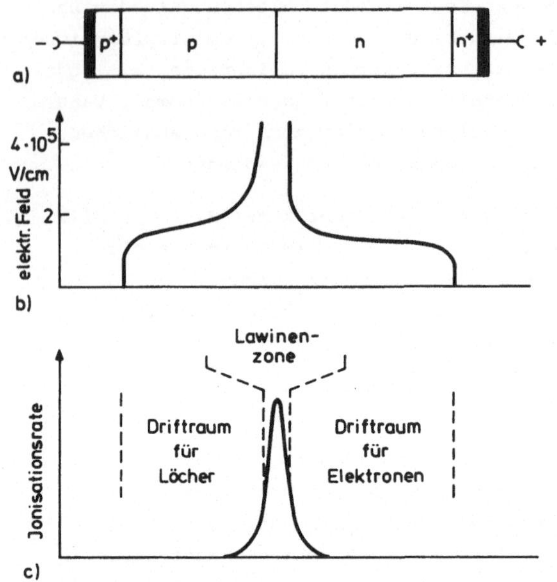

Bild II.24

Doppeldrift-Impatt-Diode: (a) prinzipieller Aufbau; (b) Feldverlauf bei Durchbruch
[II.13]; (c) qualitativer Verlauf der Ionisationsrate.

Dioden haben we-
gen des vergrös-
serten Elektroden-
abstands eine ge-
genüber herkömm-
lichen Bauformen
verdoppelte Reak-
tanz pro Flächen-
einheit, so daß
bei gleichem Im-
pedanzniveau eine
verdoppelte Dio-
denfläche möglich
wird. Wie wir spä-
ter zeigen werden,
kann damit eine
erhöhte Leistung
erwartet werden,
zumal beide La-
dungsträgersorten
wirksam werden.
Außerdem wird der
Bahnwiderstand
der DDR-Dioden we-
gen ihrer verdoppelten Fläche reduziert. Tatsächlich sind bei
ionenimplantierten Si-Impatt-Dioden, die für 50 GHz gebaut
wurden, verbesserte Leistungs- und Wirkungsgradwerte gemessen
worden, wenn sie eine DDR-Struktur besitzen. Die Vergleichs-
daten sind 1 W Leistung bei nahezu 14 % Wirkungsgrad gegenüber 0,5 W bei weniger als 10 % für einfache SDR-Profile
[II.20]. Wenn auch das Rauschen von DDR-Dioden geringer ist,
so muß doch als Nachteil ihre geringere thermische Belastbar-
keit erwähnt werden, weil die im Innern des Bauelements hauptsächlich am pn-Übergang erzeugte Wärme nicht sehr wirkungsvoll abgeführt werden kann.

Schließlich wollen wir einen Vorschlag [II.21] zitieren, der durch die Möglichkeiten moderner Materialpräparation wie Molekularstrahl- oder Flüssigphasen-Epitaxie seiner Realisierung näher kommt. Dabei wird von der Überlegung ausgegangen, daß in der Lawinenzone typisch 30 % der Gesamtspannung einer Impatt-Diode abfällt. Wenn daher in der Lawinenzone ein Material mit geringem Bandabstand und daher reduzierter Durchbruchfeldstärke (vgl. Kap. II.1) verwendet wird, kann der Spannungsverbrauch der Diode gesenkt und ihr Wirkungsgrad erhöht werden. Ein Kandidat dafür ist Ge mit einem Bandabstand von 0,67 eV gegenüber GaAs mit 1,43 eV. Zudem ist die Fehlanpassung der Gitterkonstanten beider Halbleiter mit 0,08 % relativ gering. In Bild II.25 deutet die durchgezogene Kurve den Feldverlauf einer Read-Struktur in GaAs an.

Wenn die Lawinenzone der Dicke $l_a \approx 0,5$ µm für das X-Band anstelle von GaAs in Ge gefertigt wird, dann kann man das stark verminderte Feld gemäß der punktierten Kurve erwarten. Die Rechnungen zeigen, daß bei einer solchen Heterostruktur um 5 bis 10 V niedrigere Lawinenzonenspannungen erforderlich sind. Da die Durchbruchspannung der Diode

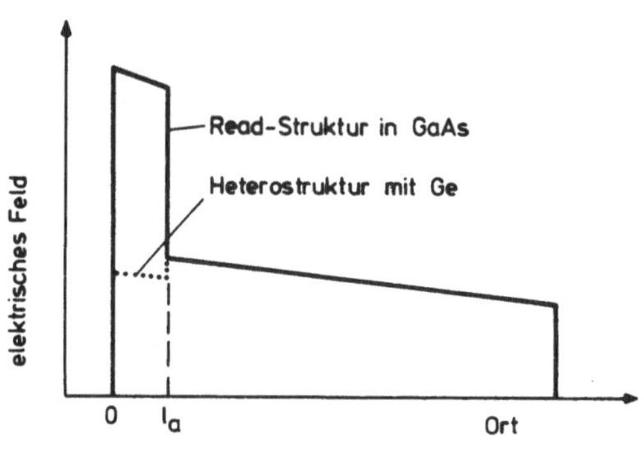

Bild II.25

Zum Vorschlag einer Heterostruktur-Impatt-Diode. Durchgezogene Kurve: Feldverlauf in einer Read-Diode in GaAs. Punktierte Kurve: geänderter Feldverlauf, wenn die Lawinenzone der Dicke l_a durch Ge anstelle von GaAs realisiert wird.

bei 50-60 V liegt, ist dies eine Spannungsreduzierung um typisch 20 %. Damit erhöht sich der Wirkungsgrad. Bei 80 %iger Spannungsmodulation wird eine Hochfrequenzleistung von 13 W bei 40 % Wirkungsgrad im X-Band erwartet. Experimentell lie-

gen die Schwierigkeiten in der Herstellung eines Heteroüber-
gangs von hinreichender Güte.

7. <u>Großsignaltheorie der Read-Diode</u>

Wir haben schon betont, daß eine Großsignaltheorie der Impatt-
Diode wegen der auftretenden Nichtlinearitäten sehr bald
schon zu Rechnerlösungen Zuflucht nehmen muß. Analytische
Lösungen sind nur mit einschränkenden Näherungen möglich. In
diesem Abschnitt wollen wir trotzdem die Prinzipien einer
analytischen Lösung für den Fall einer Read-Diode erläutern,
weil daran die physikalischen Vorgänge klar werden. Das Ziel
ist dabei einmal, die extreme Impulsform des Lawinenstroms,
wie sie bisher immer wieder benutzt wurde, abzuleiten, und
zum anderen, die Veränderungen der Diodenimpedanz mit wachsender Aussteuerung aufzuzeigen. An dem letzten Punkt wird
sichtbar, warum eine Impatt-Diode im Zusammenwirken mit einer Lastimpedanz zu stabilen Oszillationen führt.

Weitergehende Aussagen mit Hilfe analytischer Methoden sind
nicht mehr sinnvoll, da die dazu notwendig werdenden Abschätzungen und Näherungen auch nicht viel mehr an Einsich-
tigkeit bieten. Es ist dann besser, auf Rechnerlösungen zu-
rückzugreifen, die an numerischen Beispielen verläßliche Resultate liefern.

Als Ausgangspunkt einer Großsignaltheorie kann die Lawinengleichung aus Kap. II.4 dienen. Mittelt man über die sehr
dünne Lawinenzone, indem man dort ein konstantes Feld an-
setzt, dann lautet die Lawinengleichung (vgl. S. 43)

$$\frac{dI_c}{dt} = \frac{2}{\tau_a}\left[I_c\ (\bar{\alpha}(E)\cdot l_a - 1) + I_s\right].\qquad\qquad (\text{II}.16)$$

Dabei ist I_c der Lawinenstrom, l_a die Dicke der Lawinenzone,
τ_a die Laufzeit der Ladungsträger durch die Lawinenzone und
I_s der sehr kleine Sperrstrom, der thermisch erzeugt wird.

Die Gleichung zeigt zwei Nichtlinearitäten. Zum einen ist es
die nichtlineare Abhängigkeit des Lawinenstroms von der La-
dungsträgermultiplikation, zum anderen der nichtlineare Zusammenhang zwischen dem Ionisationskoeffizienten α und der
Feldstärke E. Beide Nichtlinearitäten haben wir in der Kleinsignaltheorie (Kap. II.4) durch Linearisierungsansätze be-
seitigt. Hier soll jedoch nur der Ionisationskoeffizient linearisiert werden $[\text{II.22}]$, indem $\bar{\alpha}$ im Arbeitspunkt E_c entwickelt wird

$$\bar{\alpha}(E) \;=\; \bar{\alpha}_o + \bar{\alpha}_o' \cdot (E - E_c).$$

Vernachlässigen wir I_s und benutzen $\bar{\alpha}_o l_a = 1$ (eine Folge aus
der Bedingung (II.3) $\int \alpha\, dx = 1$), so ergibt sich durch Einsetzen in (II.16)

$$\frac{dI_c}{dt} \;=\; \frac{2}{\tau_a}\, l_a \cdot \bar{\alpha}_o' \cdot I_c \cdot (E - E_c).$$

Wenn die Diode mit einem guten Resonator zusammenwirkt, können wir eine sinusförmige Variation der Feldstärke um die
Durchbruchfeldstärke E_c erwarten

$$E = E_c + E_1 \cos \omega t,$$

also
$$\frac{dI_c}{dt} \;=\; \frac{2}{\tau_a}\, l_a\, \bar{\alpha}_o'\, I_c\, E_1 \cos \omega t.$$

Eine Lösung dieser Gleichung ist

$$I_c = C\, e^{\,z \sin \omega t} \qquad \text{mit} \quad z = \frac{2 l_a \bar{\alpha}_o'}{\omega \tau_a}\, E_1. \qquad (\text{II.36})$$

z ist der Aussteuerparameter, der angibt, welche Wechsel-
spannungsamplituden an der Diode liegen. Große z bedeuten
große Feldstärkeschwankungen.

Die Integrationskonstante C ergibt sich aus der Bedingung, daß der Lawinenstrom im zeitlichen Mittel denselben Wert wie der Gleichstrom I_O haben muß

$$\frac{1}{T} \int_O^T C\, e^{z\sin \omega t}\, dt = C\, J_O(z) = I_O.$$

Die linke Seite ist die Integraldarstellung der modifizierten Besselfunktion $J_O(z)$ nullter Ordnung, wie sie in Bild II.26 dargestellt ist. Also folgt

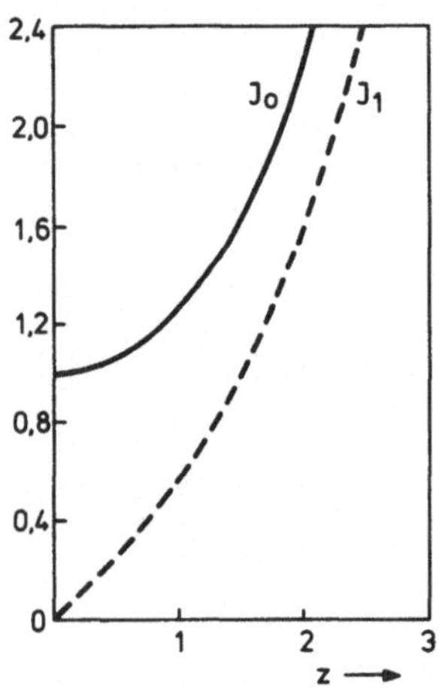

$$I_C = \frac{I_O}{J_O(z)}\, e^{z\sin \omega t}.$$

Diese Formel zeigt, daß der Lawinenstrom I_C mit zunehmendem Aussteuerparameter z sehr starke Spitzen zeigt. Es kommt also sehr rasch zu einer außerordentlich starken Bündelung der Ladungsträger (Bild II.27). Diese extreme Bündelung be-

<u>Bild II.26</u>
Modifizierte Besselfunktionen nullter Ordnung (J_O) und erster Ordnung (J_1).

rechtigt uns auch dazu, in Kap. II.3 und 4 von der Näherung scharfer Impulse auszugehen.

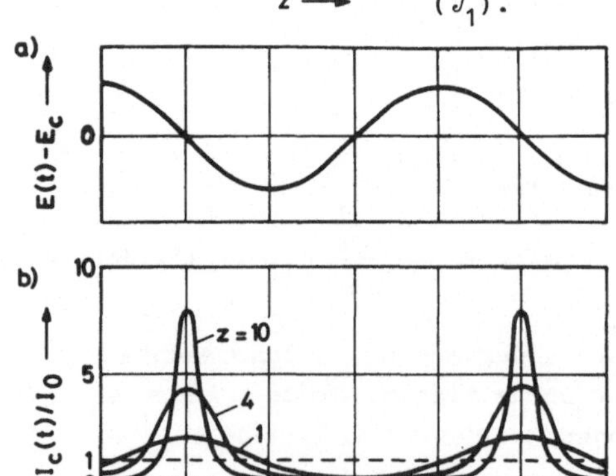

<u>Bild II.27</u>
Zeitlicher Verlauf des Lawinenstroms I_C für verschiedene Aussteuerung z (b) mit der dazugehörigen Wechselfeldstärke (a).

Zur Berechnung der Diodenimpedanz Z_D kann man sich auf die Grundschwingung beschränken, da im allgemeinen die höheren Harmonischen nicht interessieren. Gemäß der Entwicklung

$$I_c = I_o + I_1 \sin \omega t + \ldots$$

können wir die Amplitude der Grundschwingung berechnen als

$$I_1 = \frac{2}{T} \int_o^T I_c \sin\omega t = \frac{I_o}{J_o(z)} \frac{\omega}{\pi} \int_o^T e^{z\sin\omega t} \sin\omega t \, dt =$$

$$= 2I_o \frac{J_1(z)}{J_o(z)} \, .$$

Das Integral ist eine Darstellung der modifizierten Besselfunktion $J_1(z)$ erster Ordnung. Ihr Verlauf ist in Bild II.26 für den Anfangsbereich dargestellt. Wenn wir zur komplexen Schreibweise übergehen und dabei den induktiven Phasenzusammenhang zwischen Strom und Feld in der Lawinenzone berücksichtigen, so folgt

$$I_1 = - \, j2I_o \frac{J_1(z)}{J_o(z)}. \tag{II.37}$$

Der Gesamtstrom durch die Diode ist die Summe aus Lawinenstrom und Verschiebungsstrom, so daß wir schreiben können

$$I_{\text{ges}1} = A(I_1 + j\omega\varepsilon E_1) = AI_1(1 + j\omega\varepsilon E_1/I_1)$$

$$= AI_1\left(1 - \frac{\omega^2 \varepsilon \tau_a}{2l_a \bar{\alpha}_o' I_o} \cdot \frac{zJ_o(z)}{2J_1(z)}\right) = AI_1\left(1 - \frac{\omega^2}{\omega_a^2 \phi(z)}\right).$$

Hierbei haben wir nach Gl. (II.36) E_1 durch z ersetzt und aus Gl. (II.19) die Lawinenfrequenz ω_a übernommen, da $v_s = l_a/\tau_a$ gilt. Weiterhin haben wir die Funktion

$$\phi(z) = \frac{2J_1(z)}{zJ_o(z)}$$

eingeführt. Ein Vergleich mit der Kleinsignallösung (II.19) zusammen mit (II.18) zeigt, daß hier die Lawinenfrequenz ω_a durch $\omega_a\sqrt{\phi(z)}$ ersetzt ist. Mit derselben Substitution läßt sich dann sofort die Diodenimpedanz Z_D aus Gl. (II.22a) angeben, wobei sich die im allgemeinen kleine Impedanz der Lawinenzone vernachlässigen läßt

$$Z_D(\omega,z) = \frac{1}{\omega C_d \Theta}\left[\frac{1-\cos\Theta}{1-\omega^2/(\omega_a^2\phi(z))} + j\left(\frac{\sin\Theta}{1-\omega^2/(\omega_a^2\phi(z))} - \Theta\right)\right]$$

$$= R_D(z)+jX_D(z).\qquad\qquad(II.38)$$

Hierbei sind C_d und Θ die Kapazität bzw. der Laufwinkel des Driftraumes gemäß Gl. (II.22).

Die Funktion $\phi(z)$ hat folgende Eigenschaften (vgl. z.B. [II.23]).

$$\phi(z) \rightarrow 1 \qquad \text{für } z \rightarrow 0;$$

$$\phi(z) \rightarrow \frac{2}{z} \qquad \text{für große } z.$$

Wie es sein muß, gewinnen wir für geringe Aussteuerungen (für kleine z) aus Gl.(II.38) die Kleinsignallösung zurück. Die Großsignallösung ist also dadurch charakterisiert, daß die Lawinenfrequenz als $\omega_a\sqrt{\phi(z)}$ von der Aussteuerung abhängig wird. Die Lawinenfrequenz, d.h. die Frequenz, oberhalb der man einen negativen Realteil der Impedanz erwarten kann, nimmt mit wachsender Aussteuerung ab. Da $\phi(z)$ stets kleiner als 1 ist, wird der Realteil $R_D(z)$ für $\omega > \omega_a$ stets negativ; es sind also Oszillationen möglich. Für kleine Aussteuerungen, also für $z \rightarrow 0$, geht $R_D(z)$ gegen das $R_D(0)$ der Kleinsignallösung, wie man es auch erwartet. Für große Aussteuerungen ($z \rightarrow \infty$) und sehr weit oberhalb der Kleinsignal-lawinenfrequenz ($\omega \gg \omega_a$) nähert sich $R_D(z)$ dem Wert $\frac{2}{z}R_D(0)$, wird also immer kleiner. Bild II.28 zeigt den Verlauf von

$R_D(z)$, normiert auf den Kleinsignalwert $R_D(0)$, für verschiedene Aussteuerungen bei der Frequenz $\omega = \sqrt{2}\,\omega_a$.

Durch die Abnahme von $R_D(z)$ für große Aussteuerungen wird es überhaupt nur möglich, daß die Diode in einem Resonator (Koaxial oder Hohlleiter) stabile

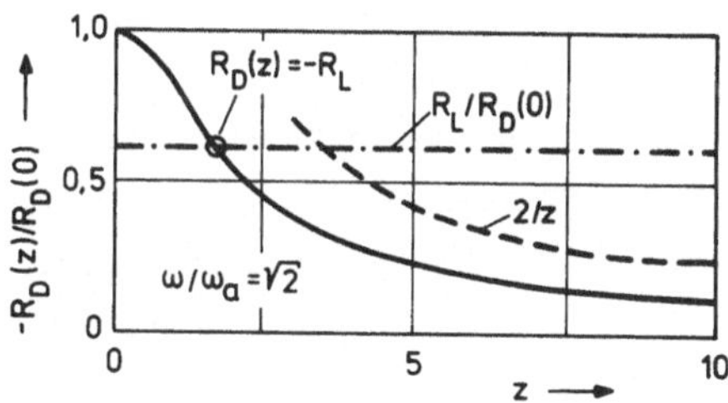

<u>Bild II.28</u>

Verlauf des normierten, negativen Großsignal-Wirkwiderstandes in Abhängigkeit von der Aussteuerung z für $\omega/\omega_a = \sqrt{2}$.

Oszillationen liefert. Denn wenn die Diode mit einer Lastimpedanz $Z_L = R_L + j X_L$ beschaltet wird, dann muß nach den Kirchhoffschen Regeln die Gesamtimpedanz Z_{ges} in diesem Kreis verschwinden, wenn stabiler Betrieb erreicht sein soll

$$Z_{ges} = Z_D + Z_L = R_D + R_L + j(X_D + X_L) = 0.$$

Aus dem Verschwinden des Realteils folgt, daß

$$R_D = - R_L$$

sein muß. Falls $R_L < |R_D(0)|$ ist, läßt sich diese Bedingung wegen der monoton fallenden Charakteristik von $-R_D(z)$ stets erfüllen. Aus dem Verschwinden des Realteils läßt sich demnach die Amplitude der Oszillation ermitteln. Die Oszillationsfrequenz bestimmt sich im wesentlichen aus dem Verschwinden des Imaginärteils.

Genauere Einsichten in das Verhalten von Impatt-Dioden gewinnt man erst nach Rechnersimulationen. Sie erlauben, daß Effekte, die bei analytischen Behandlungen vernachlässigt werden müssen, miteingeschlossen werden können. Dazu gehören:

- der Beitrag der Minoritätsladungsträger zu Strom, Impedanz
  und Wirkungsgrad;

- der Beitrag der Diffusion der freien Ladungsträger im La-
  winenimpuls;

- die Feldabhängigkeit der Driftgeschwindigkeit; diese Größe
  kann insbesondere bei hohen Strömen in der Driftzone reduziert werden;

- die Abhängigkeit der Beweglichkeit von der Dotierung;

- die unterschiedlichen Ionisationsraten für Löcher und
  Elektronen.

Besonders anschauliche Beispiele sind in einer Arbeit von
Scharfetter und Gummel [II.24] enthalten, die den Dotierungs-
verlauf einer Read-Diode optimiert haben. An dieser Diode
haben sie dann den zeitlichen Verlauf der Ströme und des
Feldes berechnet. Schließlich haben sie die Ergebnisse in
einem Impedanzfeld zusammengefaßt. Die Resultate der beiden
Autoren sind in Bild II.29 dargestellt.

Nach Bild II.29a ist die Diode etwa 6 µm lang und hat zum n^+-
Kontakt hin abfallende Dotierung. Diese Besonderheit wird im
Zusammenhang mit Bild II.29g klar werden. Im stationären Zustand, wenn keine Schwingung angeregt ist, ergibt sich dann
der im Teilbild b gezeigte Feldverlauf. Der Strom wird vorwiegend von Elektronen getragen, von dem pn-Übergang ab aber
zunehmend von den Löchern übernommen. Bei höheren Stromstärken, z.B. bei 1000 A/cm^2, ergibt sich im wesentlichen dasselbe Feldstärkebild, nur daß die Feldstärke im n-Bereich um
bis zu 50 % erhöht ist.

Die gezeigte Folge von Bildern beginnt mit dem Zustand maximaler Diodenspannung U und verschwindendem Diodenstrom I
(Bild II.29d). Wegen der hohen Feldstärke am pn-Übergang
setzt der Lawinenprozeß ein. Es kommt zur Ausbildung eines
Elektronenpaketes am pn-Übergang, das etwa eine viertel Pe-

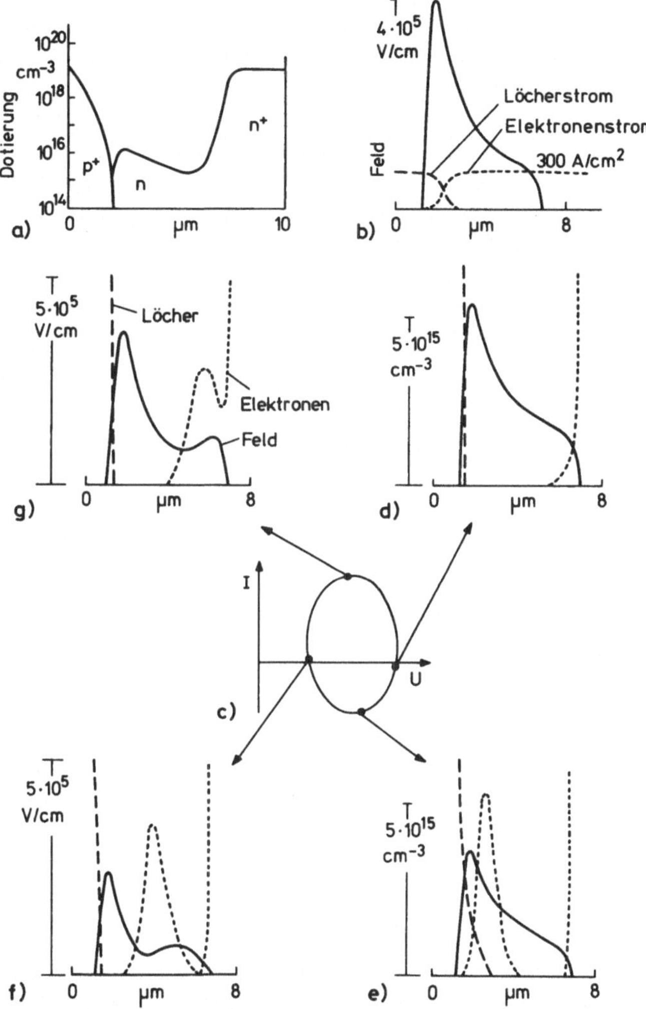

Bild II.29

(a) und (b) Dotierungs- und Feldverlauf im stationären Fall
für geringe Stromdichten. (d) - (g) Ladungsträgerverteilung
und Feldverlauf in optimierter Read-Diode zu vier verschiedenen Zeiten während einer Periode (I_0 = 1000 A/cm²); f = 13,4
GHz; η = 9 %).

riode (Teilbild e) später am größten wird und zum minimalen Strom führt. Gleichzeitig bilden sich am pn-Übergang Löcher, die aber sehr rasch zum p^+-Kontakt hin abgesaugt werden. Die Raumladung des Elektronenbündels verringert die Feldstärke am pn-Übergang zunächst wenig, aber zunehmend stärker. Eine weitere viertel Periode später (Teilbild f) ist dieser Raumladungseffekt am stärksten, wenn das Elektronenbündel etwa bis zur Mitte der Diode gewandert ist. Das Bündel ist auf Grund der Diffusionseffekte etwas breiter geworden. Hinter ihm in Richtung auf den pn-Übergang ist das Feld erheblich reduziert, da die vom n^+-Kontakt ausgehenden Feldlinien von der Raumladung der Elektronen abgeschirmt werden. Zu diesem Zeitpunkt ist die Spannung über der Diode minimal.

Wieder eine viertel Periode später (Teilbild g) beginnt das Elektronenpaket in den n^+-Kontakt zu wandern. Nun wird das Ansteigen des Feldes vor dem Elektronenbündel nahe des n^+-Kontaktes maximal. Das Feld vor dem Kontakt kann so groß werden, daß es dort zum Lawinendurchbruch kommt. Die dann erzeugten Ladungsträger wären aber in Phase mit der Diodenspannung, würden also Verlustleistung erzeugen und damit den Wirkungsgrad der Diode reduzieren. Um dies zu verhindern und ein übermäßiges Ansteigen des Feldes zu vermeiden, nimmt auch die Dotierung zum n^+-Kontakt hin ab.

Die Bilder zeigen noch einen weiteren Effekt der Raumladung des Elektronenpakets. Die Feldstärke in der Driftzone kann unter dem Wert absinken, der zur Aufrechterhaltung der Sättigungsgeschwindigkeit der Elektronen erforderlich ist. Dies führt zu einer Verlangsamung der Elektronenbewegung und damit zu einer Reduzierung des Wirkungsgrades.

In dem folgenden Bild II.30 ist die Admittanz (Kehrwert der Impedanz) für die optimierte Diode mit etwa 1 µm Lawinenzone und etwa 5 µm langem Laufraum aufgetragen. Wie wir aus der Großsignaltheorie erwarten würden, sinkt die negative Konduktanz mit zunehmender Aussteuerung ab. Der Wirkungsgrad η

nimmt mit der Aussteuerung (zunehmende Wechselspannung U_1 an
der Diode) zu, und zwar am stärksten im Frequenzbereich zwischen 7 und 9 GHz. Dies ist der Bereich um die Laufzeitfrequenz, die in diesem Fall den Wert

$$f = \frac{v_s}{2l_d} \approx \frac{10^7}{2\cdot6\cdot10^{-4}} \approx 8 \text{ GHz}$$

hat. Dies ist der Be-
reich optimalen Wirkungs-
grades, wie wir aus der
Kleinsignaltheorie abge-
leitet haben.

Ähnliche Simulationen
finden sich für "Hi-Lo-"
und besonders für "Lo-Hi-
Lo-"Profile bei Bauhahn
und Haddad [II.25].

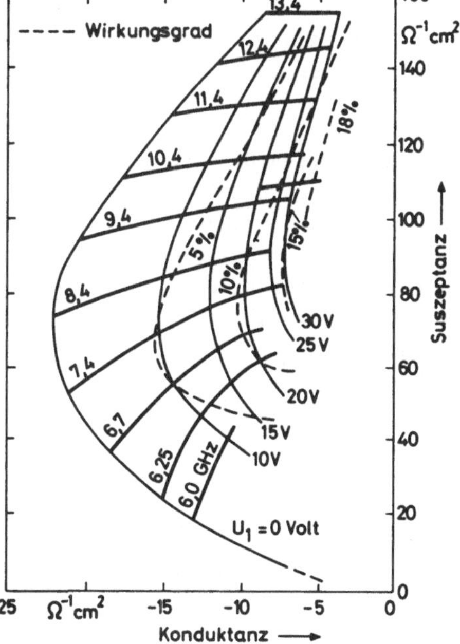

Bild II.30
Admittanz für die opti-
mierte Read-Diode nach
Bild II.29a (200 A/cm²)

8. Leistungs- und Frequenzgrenze

Wenn man die Frage nach den Grenzen der Leistungsfähigkeit
einer Impatt-Diode stellt, dann reichen die bisherigen Betrachtungen nicht mehr aus. Wegen der zahlreichen, extremen
Nichtlinearitäten in den beteiligten Prozessen ist es sehr
schwierig, eine einsichtige Antwort zu geben. Der Vergleich

mit dem Experiment ist ohnehin im allgemeinen nur nach einer
Rechnersimulation möglich. Die für eine geschlossene analytische Behandlung notwendigen Vereinfachungen sind zu drastisch,
als daß man mehr als eine qualitative Deutung von Tendenzen
im experimentellen Befund erwarten darf.

Trotzdem sind auch grobe analytische Abschätzungen insofern
lehrreich, als daß sie die zugrundeliegenden physikalischen
Prozesse illustrieren. Wir wollen in diesem Kapitel ein paar
pauschale Regeln formulieren mit dem Ziel, die Leistungs- und
Frequenzgrenzen einer Impatt-Diode abzuschätzen. Dazu gehört
auch der Wirkungsgrad η.

Die wichtigsten Eigenschaften, die die von einem Halbleitermaterial abgegebene Leistung begrenzen, sind die kritische
Feldstärke E_c des Lawinendurchbruchs und der Sättigungswert
v_s der Driftgeschwindigkeit. E_c begrenzt die Amplitude der
Spannung an der Diode und v_s die Amplitude des Stroms. Beide
Werte wirken also letztlich auf die maximal erreichbare Leistung ein.

Wir haben in Kap. II.1 als Gl. (II.6) gezeigt, daß der Ionisationskoeffizient durch

$$\alpha = \alpha_0 (E/E_0)^n \qquad\qquad\qquad \text{(II.6)}$$

approximiert werden kann. Nach Gl. (II.3) lautet die Bedingung für den Durchbruch

$$\int_0^{l_d} \alpha\, dx = 1 \qquad\qquad \text{oder} \qquad\qquad \int_0^{l_d} \alpha_0 (E/E_0)^n\, dx = 1.$$

$$\text{(II.39)}$$

Die Durchbruchspannung U_B errechnet sich aus

$$\int_0^{l_d} E(x)\, dx = U_B.$$

l_d ist die gesamte Länge der Diode. Die Ausgangsleistung der Diode wird dann maximal, wenn die Wechselspannungsamplitude an der Diode maximal wird. Dazu muß aber auch die Durchbruchspannung maximal werden. Da in der Durchbruchbedingung (II.39) das in E stark nichtlineare α enthalten ist, macht man sich leicht klar, daß U_B unter Berücksichtigung der Durchbruchbedingung dann seinen Höchstwert annimmt, wenn E konstant über der Diode ist, also

$$E(x) = \text{const.} = E_c.$$

Nun läßt sich das Ionisationsintegral berechnen, und es folgt aus (II.39)

$$E_c = E_o \cdot (\alpha_o l_d)^{-1/n},$$

womit sich nun der Maximalwert U_m für die Durchbruchspannung U_B angeben läßt

$$U_m = E_c \cdot l_d = E_o \alpha_o^{-1/n} l_d^{\,1-1/n}. \qquad (\text{II.40})$$

Damit ist der erste Faktor, der in der Hochfrequenzleistung enthalten ist, bekannt.

Nun wollen wir den maximalen Strom I_m abschätzen. Hohe Ströme sind gleichbedeutend mit großen Raumladungsdichten. Da bei Impatt-Dioden die Konvektionsströme extrem gebündelt sind, ist mit jedem Ladungsträgerstoß eine starke Feldverzerrung ΔE in der Diode verbunden (Bild II.31). Der Konvektionsstrom I_c in der Driftzone, in der die Sättigungsdriftgeschwindigkeit v_s garantiert sein soll, hat die Größe

$$I_c = \rho v_s A,$$

wobei ρ die Raumladungsdichte und A der Diodenquerschnitt sind. Nach der Poisson-Gleichung ist mit der gebündelten Raumladung ρ ein Feldgradient verknüpft

$$\varepsilon\,\frac{\partial E}{\partial x} = \rho = \frac{I_{\mathrm{c}}}{v_{\mathrm{s}}A}$$

oder nach Integration

$$\Delta E\,(x) = \frac{I_{\mathrm{c}}x}{\varepsilon v_{\mathrm{s}}A}\;.$$

Der Feldsprung ΔE darf nicht größer werden als E_{c}. Diese Annahme läßt sich dadurch plausibel machen, daß einerseits das
Feld in der Lawinenzone nicht zu stark unterdrückt werden

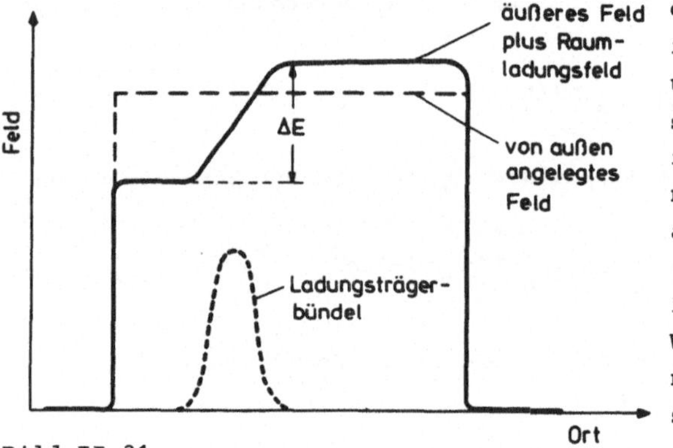

darf (keine Stoß-
ionisation mehr!)
und daß anderer-
seits das Feld
in der Driftzone
nicht zu stark
ansteigen darf
(Lawinenbildung
in der Driftzone!).
Wir dürfen also
näherungsweise
setzen

$$\Delta E \approx E_{\mathrm{c}}\;.$$

Bild II.31
Zur Felderniedrigung in der Lawinenzone
durch ein Elektronenbündel

Damit folgt als Maximalwert des Stromes

$$I_{\mathrm{m}} \approx \frac{\varepsilon v_{\mathrm{s}}A E_{\mathrm{c}}}{l_{\mathrm{d}}}\;. \tag{II.41}$$

In dieser Abschätzung ist enthalten, daß die räumliche Ausdehnung des Ladungsträgerbündels von der Größenordnung der
Diodendicke l_{d} ist.

Fassen wir die beiden Gleichungen (II.40) und (II.41) zusammen, so folgt als obere Leistungsgrenze

$$P_m = I_m \cdot U_m \approx \varepsilon v_s A E_c^2.$$

Die Forderungen an das Halbleitermaterial sind also möglichst hohe Durchbruchfeldstärke E_c und Sättigungsdriftgeschwindigkeit v_s. Durch ihre geometrischen Abmessungen sind mit der Diode eine Kapazität C und folglich bei der Frequenz f auch eine Reaktanz X_D verknüpft

$$C = \frac{\varepsilon A}{l_d} \qquad \text{und} \qquad X_D = 1/(2\pi f C).$$

Wir nehmen für diese Abschätzung als obere Grenze die Frequenz $f = 1/(2\pi\tau)$ an, die der Laufzeit $\tau = l_d/v_s$ durch die Diode entspricht. Dann gilt unter Verwendung der eingeführten Größen

$$P_m = \frac{v_s^2 E_c^2}{(2\pi)^2} \cdot (2\pi)^2 \tau^2 \cdot \frac{\varepsilon A \cdot 2\pi f}{l_d} = \frac{v_s^2 E_c^2}{(2\pi)^2} \cdot \frac{1}{f^2} \cdot \frac{1}{X_D}$$

$$\text{oder} \qquad P_m X_D \cdot f^2 = \left(\frac{E_c v_s}{2\pi}\right)^2. \tag{II.42}$$

Das Produkt aus maximal abgebbarer Leistung P_m und Quadrat der Frequenz ist eine Konstante, die von den Eigenschaften des Halbleitermaterials abhängt. Anders ausgedrückt bedeutet dies aber auch, daß die maximale Ausgangsleistung mit $1/f^2$ variiert. Diese Tendenz wird in der Tat durch Bild II.32 bestätigt, in dem die Resultate mehrerer Laboratorien zusammengestellt sind. Die Messungen wurden stets im Dauerbetrieb gemacht und gelten für GaAs und Si, so daß Gl. (II.42) streng genommen mit den jeweils zutreffenden Materialparametern anzusetzen ist. Die Entwicklung von Impatt-Dioden ist in den letzten Jahren derart ausgereift, daß sich die Leistungsgrenze nach Bild II.32 kaum verschoben hat [II.26]. Wir wollen

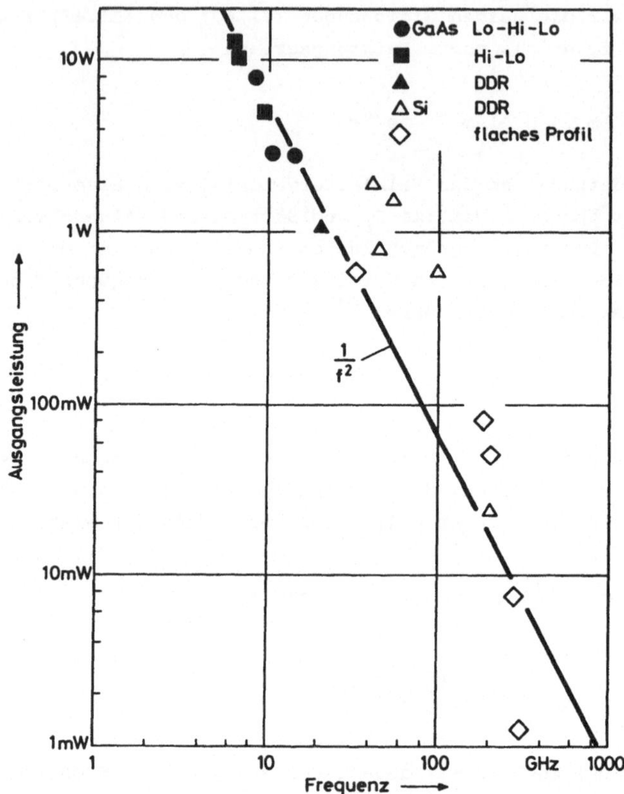

Bild II.32 Zusammenstellung der Maximalleistung im Dauerbetrieb. Ergebnisse mehrerer Laboratorien.

anmerken, daß der schaltungstechnisch bedingte Verlauf mit $1/f^2$ bei niedrigen Frequenzen in eine $1/f$-Abhängigkeit übergeht, die sich aus thermischer Begrenzung ergibt.

Um den Wirkungsgrad η als das Verhältnis von abgegebener Wechselstromleistung und Gleichstromleistung angeben zu können, wollen wir an die prinzipielle Wirkungsweise einer Read-Diode erinnern (Bild II.13). An der Diode liegt, der Gleichspannung

U_o überlagert, eine Wechselspannung mit der Amplitude U_1. Auf
Grund des Lawinenprozesses verläßt nach einer halben Periode
ein Ladungsträgerbündel die Lawinenzone und induziert an den
Elektroden der Diode einen gegenüber der Wechselspannung U_1
um 180° phasenverzögerten Strom. Dieser rechteckförmige Strom
mit dem zeitlichen Mittelwert I_o läßt sich nach Fourier zer-
legen

$$I_e = I_o + I_1 \sin \omega t + \ldots = I_o + \frac{4 I_o}{\pi} \sin \omega t + \ldots$$

Mitteln wir nur über die Grundwelle und vernachlässigen die
höheren Harmonischen, so folgt

$$\eta = \frac{I_1 U_1}{2} \Big/ (I_o U_o) = \frac{2}{\pi} \frac{U_1}{U_o}. \tag{II.43}$$

Ohne eine genauere Analyse mit Hilfe eines Rechners kann man
nicht viel über die Amplitude U_1 der Wechselspannung aussagen. Nach derartigen Analysen [II.24] ist es angebracht,
$U_1 \approx \frac{1}{2} U_o$ zu setzen. Dieser Wert ist allerdings, wie die folgenden Ergebnisse zeigen, wahrscheinlich eine konservative
Schätzung [II.19]. Aus Gl. (II.43) folgt damit ein maximaler
Wirkungsgrad von etwa 30 %. Tatsächlich sind im Experiment
weit höhere Werte erreicht worden, wie Bild II.33, das für
die Dioden von Bild II.32 gilt, demonstriert. Insbesondere
zeigt sich bei hohen Frequenzen, daß der Wirkungsgrad nahezu umgekehrt proportional zur Frequenz verfällt [II.27].

9. Trapatt-Dioden

Etwa 1966 [II.28] wurden zum ersten Mal an Si-Dioden Schwingungen mit einem sehr viel höheren Wirkungsgrad als von Impatt-Dioden beobachtet. Später wurden Wirkungsgrade bis zu
60 % bei Frequenzen gefunden, die Subharmonischen der Impatt-
frequenz entsprachen. Die darauf folgenden eingehenden Analysen führten schließlich zum Auffinden des Trapatt-Modus.
Es stellte sich heraus, daß Trapatt-Dioden im Prinzip nichts

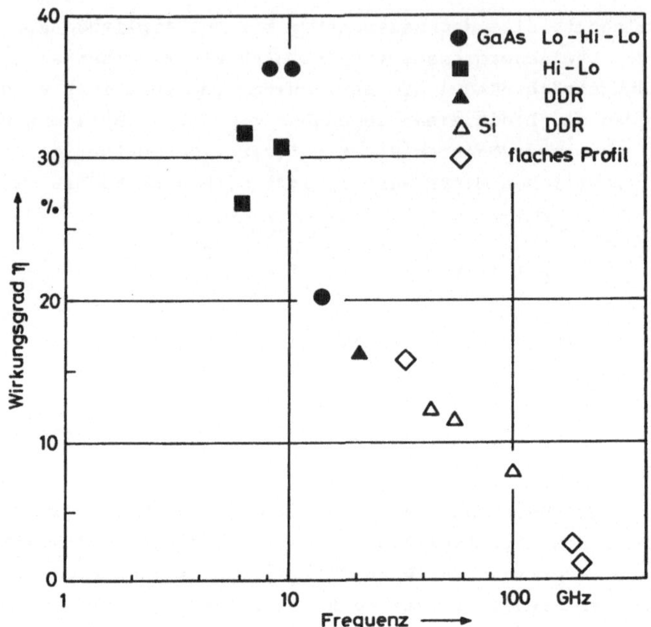

Bild II.33 Maximaler Wirkungsgrad in Abhängigkeit von der Frequenz für die Dioden von Bild II.32.

anderes sind als Impatt-Dioden, die aber bei sehr hohen Stromstärken betrieben werden. Zum Verständnis der Trapatt-Diode muß man also ihr Großsignalverhalten untersuchen. Tatsächlich zeigen Trapatt-Dioden keinen negativen Kleinsignalwiderstand, wenn sie im Trapatt-Modus arbeiten. Wesentlich für Schwingungen im Trapatt-Modus ist das Zusammenwirken von Diode und Schaltkreis. Der Resonanzkreis, der mit der Diode verkoppelt ist, muß reaktiv für die Impatt-Schwingung sein, d.h. die Impatt-Schwingung wird in geeigneter Phasenlage auf die Diode reflektiert. Im Innern der Diode kommt es daraufhin zu Feldüberhöhungen und zum Lawinendurchbruch, so daß eine Ionisierungsfront sehr rasch durch die Diode läuft. Es bleibt ein Elektron-Loch-Plasma in der Diode zurück, über der daraufhin

die Spannung zusammenbricht. Das Plasma wird anschließend bei
hohem Strom ausgeräumt, womit eine Periode der Schwingung be-
endet ist.

Die Vorgänge in der Trapatt-Diode lassen sich mit Bild II.34
[II.29] illustrieren. Wenn die Spannung an der Diode ansteigt,
wächst auch der Strom an. Dies gilt auch noch für Spannungen,
die über der Durchbruchspannung U_B liegen. Ab einem gewissen
Strom jedoch (in diesem Fall bei etwa 5A) bricht die Spannung
über der Diode plötzlich zusammen. Das Absinken der Spannung
erfolgt entlang der Arbeitsge-
raden des Lastwiderstandes und
findet seine Erklärung in der
Entstehung des Elektron-Loch-
Plasmas, das während dieser
Zeit die Diode ausfüllt. Danach nimmt auch der Strom ab,
wobei aber die Spannung niedrig bleibt. Denn wegen der
bei niedrigen Feldstärken auch
niedrigen Ladungsträgergeschwindigkeit (vgl. Bild II.11)
wird das Plasma nur langsam
ausgeräumt. Schließlich er-
holt sich die Diodenspannung
bei niedrigem Strom wieder.

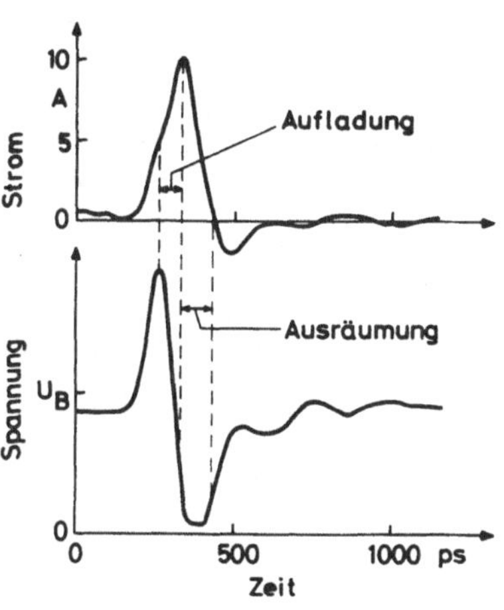

Bild II.34

Strom und Spannung bei einer Trapatt-Diode

Im Trapatt-Modus kann man zwei
wesentliche Phasen unterschei-
den. Der eigentlichen Schwingung geht zunächst der Spannungs-
aufbau voran (Kurven a und b in Bild II.35), bis es zum Lawinendurchbruch nahe am gesperrt gepolten pn-Übergang kommt
(Kurve c). Darauf läuft die Lawinenfront außerordentlich rasch
durch die Diode (Kurve d und e) und läßt ein Elektron-Loch-
Plasma zurück; dabei bricht die Spannung über der Diode zusammen. Die Diode wird also mit einem dichten Plasma aufgeladen. In der zweiten Phase wird das Plasma ausgeräumt, indem

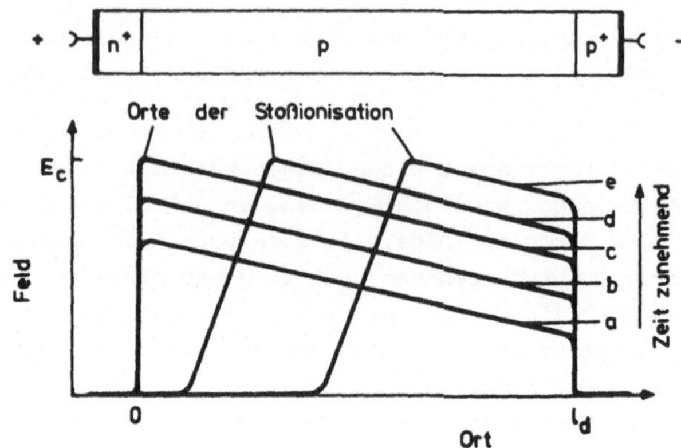

__Bild II.35__ Feldverlauf mit zunehmender Zeit in
einer Trapatt-Diode während der Aufladungsphase.

Löcher und Elektronen bei niedriger Spannung zu entgegengesetzten Elektroden abgesaugt werden.

Um zu einem Verständnis des Trapatt-Modus zu kommen, betrachten wir eine n^+pp^+-Struktur, die in Sperrichtung gepolt ist
(Bild II.35). Wird der Diode ein Strom eingeprägt, so ist
dieser rein kapazitiv, so lange als die Diode noch nichtlei-
tend ist. Nach der Beziehung

$$\frac{\partial E}{\partial t} = \frac{I(t)}{\varepsilon}$$ (II.44)

für den Verschiebungsstrom $I(t)$ muß auch das Feld E in der
Diode steigen, wobei der Feldgradient in der Diode nach der
Poisson-Gleichung durch die Dotierung festgelegt wird. Wir
setzen noch voraus, daß die Diode erst nach völliger Ausräumung durchbricht. In der Tat werden Trapatt-Dioden meist so
entworfen, daß ihr Strukturfaktor S (Bild II.21 in Kap. II.6)
groß ist. Das Feld steigt in der Diode gleichförmig an, bis
an einer Stelle, dies ist der pn-Übergang, die Durchbruchfeldstärke E_c erreicht wird. Dort kommt es zur Stoßionisation. Wenn nach Voraussetzung wegen des hohen eingeprägten
Stroms die Feldstärke weiterhin rasch ansteigt, dann muß sich
der Ort der Stoßionisation vom pn-Übergang weiter in die Dio-

de hinein bewegen. Die sich außerordentlich rasch durch die
Diode bewegende Lawinenfront läßt ein Elektron-Loch-Plasma
zurück, in dem wegen des hohen Ionisationsgrades das Feld sehr
klein wird. Schließlich ist die gesamte Diode ionisiert und
die Spannung über ihr zusammengebrochen. Wegen der geringen
Feldstärke in der Diode ist das Plasma "eingefangen". Daraus
erklärt sich der Name der Diode: "TRApped Plasma Avalanche
Triggered Transit diode".

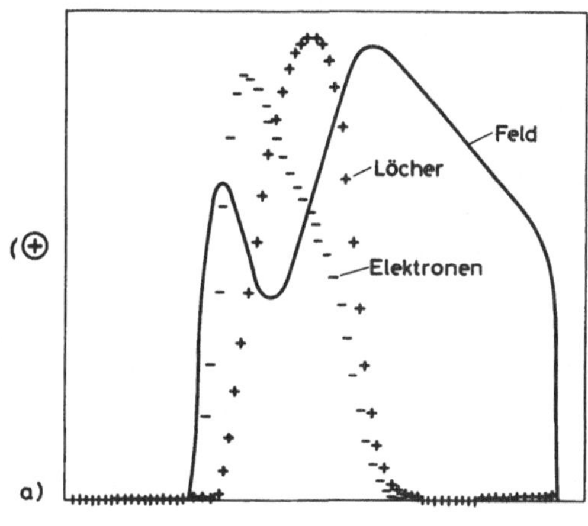

Bild II.36 ist das
Resultat einer Rech-
nersimulation [II.30].
Nachdem die Diode
ausgeräumt ist, be-
ginnt die Lawinen-
multiplikation am
pn-Übergang (Teil-
bild a). Teilbild b)
zeigt den Zustand,
in dem die Ionisa-
tionsfront bis in
das Innere der Dio-
de fortgeschritten
ist. Im Plasmabe-
reich, in dem die

Bild II.36 a) u. b)
Räumliche Verteilung
von Feld, Elektronen-
und Löcherkonzentra-
tion während der Auf-
ladung einer Trapatt-
Diode [II.30].
(a) Beginn der Auf-
ladungsphase durch
Stoßionisation am
pn-Übergang;
(b) Stoßionisation
front mitten in der
Diode;
(c) siehe nächste
Seite.

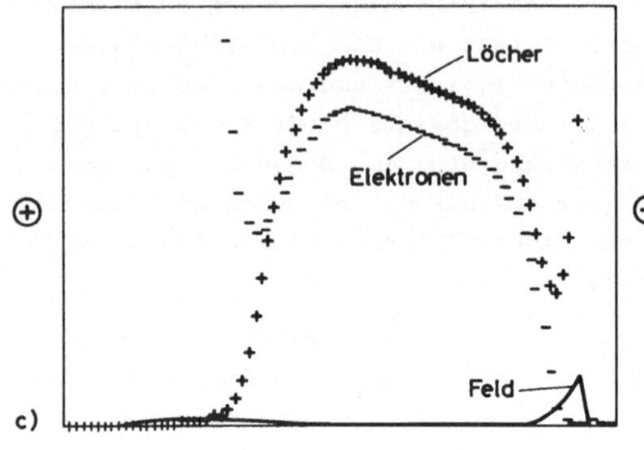

<u>Bild II.36</u> c)
Ende der Aufladungsphase

Feldstärke niedrig ist, wird die Ladungsträgerkonzentration über: $n + N_{\mathrm{A}} = p$ mit der Akzeptorenkonzentration N_{A} und durch den Strom bestimmt, während an der Ionisationsfront die Ionisationsraten und die Teilchengeschwindigkeit maßgebend sind. Schließlich bleibt ein dichtes Plasma nach dem Durchlauf der Ionisationsfront übrig (Teilbild c).

Die Geschwindigkeit v_{f}, mit der sich die Stoßionisationsfront durch die Diode bewegt, läßt sich aus dem Feldgradienten in der Diode ableiten. Die Poisson-Gleichung lautet

$$\frac{\mathrm{d}E}{\mathrm{d}x} = \frac{e}{\varepsilon} N_{\mathrm{A}}.$$

Zusammen mit Gl. (II.44) folgt dann

$$v_{\mathrm{f}} = \frac{\mathrm{d}x}{\mathrm{d}t} = \frac{I}{e N_{\mathrm{A}}}.$$

Als Voraussetzung für eine Trapatt-Oszillation, bei der das Plasma als praktisch stationär gegenüber der rasch beweglichen Stoßionisationsfront angesehen werden kann, muß also

$$v_{\mathrm{s}} \ll v_{\mathrm{f}} = \frac{I}{e N_{\mathrm{A}}} \qquad \text{oder schwächer} \qquad v_{\mathrm{s}} < \frac{I}{e N_{\mathrm{A}}}$$

erfüllt sein. Denn das Plasma kann sich höchstens mit der

Sättigungsgeschwindigkeit v_s bewegen.

Am Ende der Aufladungsphase liegt ein hochionisiertes Plasma bei niedriger Feldstärke vor. Es beginnt das Abwandern des Plasmas zu den Elektroden hin. Dort zeigt sich zuerst eine Abweichung von der Ladungsneutralität und damit verbunden ein Anwachsen des Feldes, wie in Bild II.37 dargestellt ist. Im Innern des Plasmas herrscht das Feld E_o, so daß der Strom

$$I_\mathrm{r} = e\mu E_\mathrm{o}\ (n+p) \tag{II.45}$$

fließt. Zu den Kontakten hin steigt das Feld linear an, wobei es an den Orten x_2 und x_2' den Wert E_s annimmt, bei dem Sättigungsgeschwindigkeit v_s der Ladungsträger gewährleistet ist. Zwischen den Orten x_1 und x_1' haben die Ladungsträger die Geschwindigkeit μE_o. Zwischen x_1 und x_2 bzw. x_1' und x_2' wächst die Geschwindigkeit auf v_s an

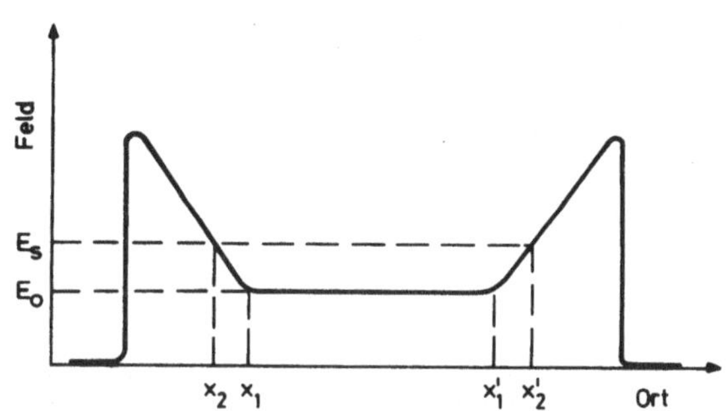

Bild II.37

Feldverlauf in einer Trapatt-Diode zu Beginn der Ausräumungsphase.

und bleibt jenseits von x_2 und x_2' auf dem Wert v_s.

E_o bestimmt hauptsächlich die Dauer des Ausräumungsvorganges. Denn wenn die relativ kurzen Bereiche $x_1 x_2$ und $x_1' x_2'$ vernachlässigt werden, bewegen sich die Punkte x_1 und x_1' mit der Geschwindigkeit μE_o ins Innere der Diode. Bei einer Diodendicke l_d wird dazu die Zeit

$$\tau_1 = \frac{l_\mathrm{d}}{2\mu E_\mathrm{o}}$$

benötigt. Wenn kurz darauf die Punkte x_2 und x_2' die Diodenmitte erreicht haben, brauchen die restlichen Ladungsträger
die Zeit

$$\tau_2 = \frac{l_d}{2v_s},$$

um die Diode zu verlassen. Damit die Diode völlig vom Plasma
ausgeräumt wird, muß also die Zeit

$$\tau_1 + \tau_2 = \frac{1}{2}l_d\left(\frac{1}{\mu E_o} + \frac{1}{v_s}\right)$$

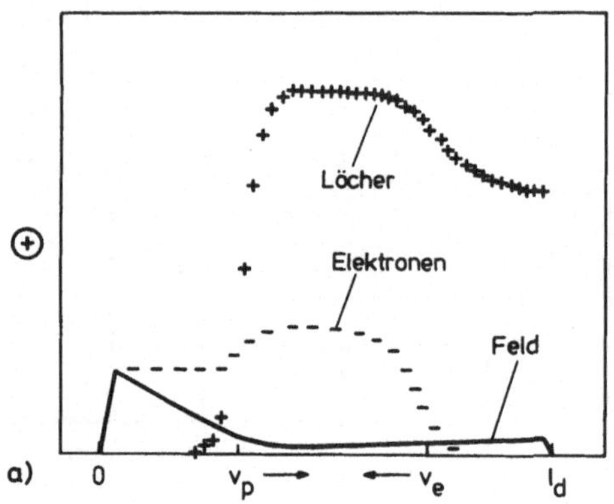

verstreichen. τ_1 ist
dabei der Hauptteil.
Damit ist auch klar,
daß der Trapatt-Modus
langsamer ist als die
Impatt-Schwingung,
denn bei dem Impatt-
Betrieb ist die maxi-
mal erreichbare Ge-
schwindigkeit v_s be-
stimmend.

Das Resultat einer
Rechnersimulation
[II.30] des Ausräu-
mungsvorgangs ist in
Bild II.38 dargestellt.
In Teilbild a) sind
die elektrodennahen
Bereiche bereits von
jeweils einer Träger-

Bild II.38   Phasen der Ausräumung des Plasmas in einer Trapatt-
Diode [II.30]. a) Ausräumung mit der Geschwindigkeit des Plasmas, b) Ausräumung mit Sättigungsgeschwindigkeit.

sorte ausgeräumt. Diese Bereiche dehnen sich mit den Geschwindigkeiten v_p und v_n ins Innere der Diode aus. v_p und v_n sind
die Geschwindigkeiten von Löchern bzw. Elektronen im Plasma,
die durch E_o bestimmt sind. Sobald sich die Grenzen der Bereiche in der Diodenmitte treffen (Teilbild b), geschieht
die weitere Ausräumung mit der Sättigungsgeschwindigkeit v_s.
Nachdem das Plasma aus der Diode zu den Elektroden hin abgesaugt ist und nachdem sich die Spannung wieder über der Diode
aufgebaut hat, kann ein zweiter Trapatt-Zyklus beginnen.

Die Trapatt-Oszillation ist das Zusammenwirken von Diode und
Schaltkreis. Ein Teil des Schaltkreises muß die Funktion übernehmen, einen Impuls, der einen neuen Trapatt-Zyklus auslöst,
auf die Diode zurückzureflektieren. Dieser Teil des Dioden-
kreises läßt sich schematisch darstellen durch eine am ent-
fernten Ende kurzgeschlossene Verzögerungsleitung (Bild II.39).
Am Kurzschluß
wird ein Impuls
auf die Diode re-
flektiert, in der
durch diese Über-
spannung eine La-
winenfront ausge-
löst wird. Da-
durch wird die

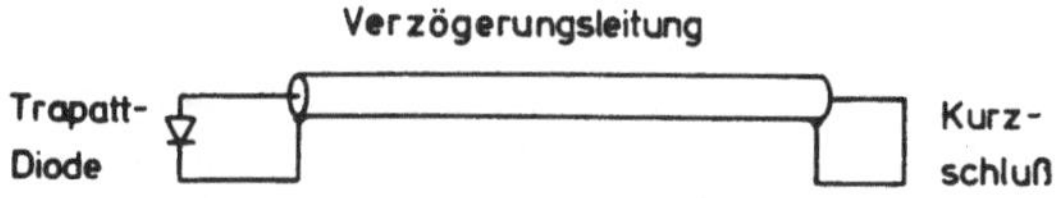

Bild II.39

Schematische Darstellung eines Schaltkreises für Trapatt-Oszillationen.
Gleichspannungsversorgung ist weggelassen.

Diode selbst zu einem Kurzschluß. Ein umgekehrter Spannungs-
impuls läuft daraufhin entlang der Verzögerungsleitung und
wird am Kurzschluß reflektiert und umgekehrt. Während dieser
Zeit wird das Plasma aus der Diode abgesaugt. Danach kann die
Diode durch den reflektierten Impuls zu einem weiteren Trapatt-Zyklus angeregt werden.

Der Trapatt-Modus ist ein Großsignaleffekt, bei dem kein negativer Kleinsignalwiderstand notwendig ist. Danach ergibt
sich die Frage nach dem Anschwingen. Bild II.40 zeigt ein ex-
perimentelles Beispiel, das folgendermaßen interpretiert wird
[II.29]. An den Schaltkreis mit der Diode wird eine gepulste

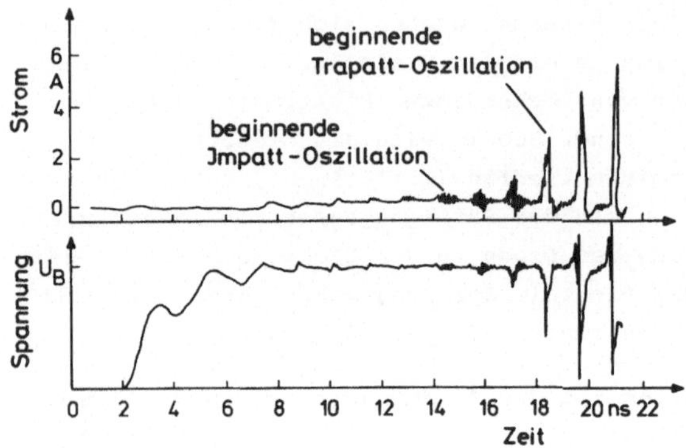

<u>Bild II.40</u>
Anschwingvorgang bei einer Trapatt-Diode
[II.29].

Vorspannung gelegt, die sich relativ langsam aufbaut. Wenn die Vorspannung die Impatt-Schwelle erreicht, beginnen Impatt-Oszillationen, die aber wegen der damit verbundenen Modulation der Vorspannung relativ rasch abklingen. Allerdings laufen gleichzeitig damit einige Impatt-Schwingungen die Verzögerungsleitung entlang, werden an deren Ende reflektiert und treffen in einer solchen Phasenlage auf die Diode, daß die nächste Gruppe von Impatt-Oszillationen verstärkt angefacht wird. Mehrere solcher aufeinander folgender Reflexionen verstärken die Impatt-Oszillationen so sehr, daß schließlich die Trapatt-Schwingungen einzusetzen beginnen.

Bild II.41 zeigt das Beispiel einer Schaltung aus diskreten Komponenten, die erfolgreich für Trapatt-Oszillationen bis

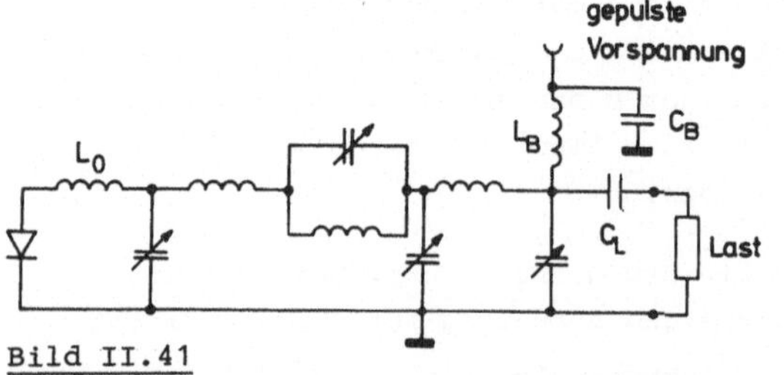

<u>Bild II.41</u>
Trapatt-Schaltkreis aus diskreten Bauelementen, der bis ins L-Band geeignet ist
[II.31].

ins L-Band (1030-1250 MHz) eingesetzt wurde und die vier Einstellmöglichkeiten bietet [II.31]. L_B und C_B dienen zum Abblocken der Hochfrequenz vom Vorspannungskreis, während C_L den Vorspannungsimpuls von der Last abkoppelt. Die Induktivität L_o von 3 nH sorgt dafür, daß die Diode bei höheren Frequenzen als der Trapatt-Oszillation im wesentlichen einen offenen Kreis sieht. Die übrigen Komponenten wirken als Tiefpaßfilter und haben die Aufgabe, die höheren Harmonischen von der Last fernzuhalten und nur die Trapatt-Schwingung auf die Last zu geben. Die Kondensatoren werden typisch zwischen 3 und 8 pF eingestellt. Schaltkreise, die prinzipiell dieselbe Funktion haben wie der beschriebene, können auch koaxial aufgebaut werden [II.32].

Wie in fast allen Fällen wird auch die beschriebene Schaltung impulsmäßig betrieben. Dies liegt an den außerordentlich hohen Leistungen, die in einer Trapatt-Diode umgesetzt werden. Wenn wir ähnlich wie in Gl. (II.45) den Strom im Trapatt-Modus mit der Sättigungsdriftgeschwindigkeit abschätzen, dann ist die Leistungsdichte in einer Trapatt-Diode durch

$$P \simeq U_\mathrm{B} \cdot e v_\mathrm{s} N_\mathrm{A}$$

gegeben. Setzen wir typische Daten ein (U_B bis 200 V; N_A nahe 10^{15} cm^{-3}), dann kommen wir leicht auf 10^5 bis 10^6 W/cm^2. Diese riesigen Leistungsdichten haben auch den weitergehenden Einsatz von Trapatt-Dioden verhindert. Es kommen nur gepulste Anwendungen in Frage. Ein Beispiel für gepulsten Trapatt-Betrieb ist mehr als 1 kW Mikrowellenleistung im L-Band bei fünf in Reihe geschalteten Dioden [II.33]. In diesem Frequenzbereich kann man einen Wirkungsgrad von 60 % erwarten [II.34]. Bei 570 MHz und drei parallelgeschalteten Dioden wurden 75 % erreicht mit nahezu 400 W gepulster Ausgangsleistung [II.35]. Zu höheren Frequenzen hin fällt die Leistung sehr rasch ab, so daß man über 10 GHz wohl kaum Trapatt-Schwingungen erwarten kann. Als Ursache für den raschen Verfall wird vermutet, daß sich die notwendigen Impatt-Oszillationen immer schwieriger wirkungsvoll anregen lassen.

10. <u>Baritt-Diode</u>

Wie wir in Kap. II.3 diskutiert haben, wird bei Impatt-Dioden
an einem gesperrt gepolten pn-Übergang in hohem Feld durch
Lawinendurchbruch eine Gruppe von Ladungsträgern erzeugt, die
dann durch die Driftzone laufen und dabei einen Strom an den
Elektroden induzieren. In dieser Zeit durchläuft die Wechselspannung an der Diode die negative Halbwelle, ohne daß aber
die Gesamtspannung an der Diode so weit absinkt, daß keine
Sättigungsgeschwindigkeit der Ladungsträger in der Driftzone
mehr gewährleistet ist. Auf diese Weise liefert die Impatt-
Diode eine Phasenverschiebung zwischen Strom und Spannung
oder - in anderen Worten - einen negativen Widerstand.

Die prinzipielle Arbeitsweise der Baritt-Diode ist die gleiche, nur wird hier ein Bündel von Minoritätsladungsträgern
(vorzugsweise Löcher in ein n-Gebiet) über eine Barriere, wie
z.B. pn- oder Schottky-Übergang, injiziert. Dieses Bündel
läuft dann ebenso wie bei der Impatt-Diode durch eine Driftzone und ruft dieselben Effekte hervor. Im Gegensatz zur
Impatt-Diode wird also bei der Baritt-Diode die Lawinenmultiplikation verhindert und stattdessen die Injektion über
eine Barriere ausgenutzt. Daraus resultiert auch der Name:
BARrier Injection Transit Time Diode.

Da bei der Baritt-Diode der Lawinendurchbruch geradezu vermieden wird, ist sie aus n-Material aufgebaut, das beidseitig mit p^+-Material kontaktiert ist. Denn über die Barriere
des pn-Übergangs werden Löcher injiziert, und Löcher haben
nach Bild II.3a in Si einen niedrigeren Ionisationskoeffizienten. Die Verhältnisse bei der Baritt-Diode sind in Bild
II.42 skizziert. Wenn keine Spannung an der Diode anliegt
($U = 0$), befinden sich vor beiden pn-Übergängen Verarmungszonen, die in das n-Gebiet hineinreichen. Denn die n-Dotie-
rung ist wesentlich geringer als die p^+-Dotierung (einseitig
abrupte Übergänge). Legen wir nun eine Spannung an, etwa so,
daß der linke pn-Übergang gesperrt ist, dann fließt, bestimmt

durch den gesperrten
Übergang, der Sperr-
strom. Wegen seines
größeren differen-
tiellen Widerstandes
ist der gesperrte
Übergang bestimmend
gegenüber dem in
Flußrichtung gepol-
ten. Vom gesperrten
Übergang ausgehend,
dehnt sich die Ver-
armungszone mit
wachsender Spannung
durch die n-Zone hin-
durch aus, bis der
ganze Kristall aus-
geräumt ist. Man
spricht vom Durch-
griff oder "punch-
through" mit der zu-
gehörigen Spannung
U_{pt}. Ab U_{pt} nimmt
der Diodenstrom
rasch zu, weil in
zunehmendem Maß Lö-

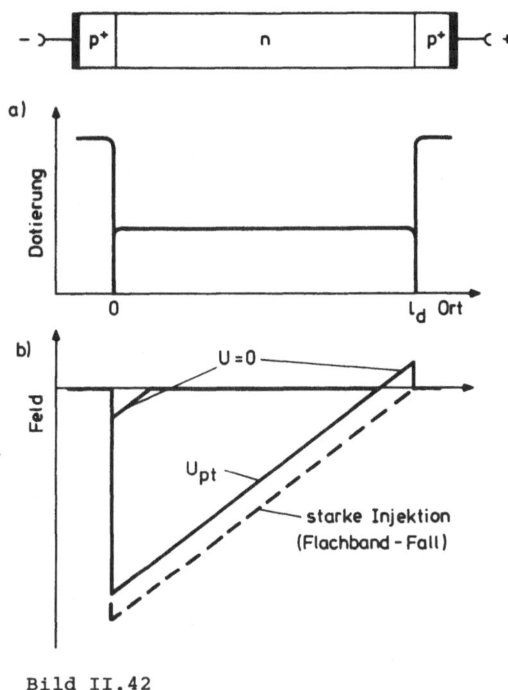

Bild II.42

Zum Prinzip der Baritt-Diode.
(a) Aufbau und Dotierung
(b) Feldverlauf bei verschiedenen
    Vorspannungen.

cher über den rechten Übergang injiziert werden (Bild II.42b).
Die Barriere über dem rechten, in Durchlaßrichtung gepolten
pn-Übergang wird zunehmend abgebaut (gestrichelte Kurve),
und es kommt zu starker Injektion von Löchern. Dies ist der
sogenannte Flachband-Fall. Die injizierten Löcher driften
durch das n-Gebiet mit seinem hohen Feld, auch wenn die Dio-
denwechselspannung ihre negative Halbwelle durchläuft.

Wenn die Injektion beginnt, dann liegt die Begrenzung des
Stromflusses in der Raumladung, die durch die injizierten La-

dungsträger aufgebaut wird [II.36]. Diese Raumladung befindet sich unmittelbar vor dem injizierenden Kontakt und kann zunächst einmal als stationär angesehen werden (Bild II.43).

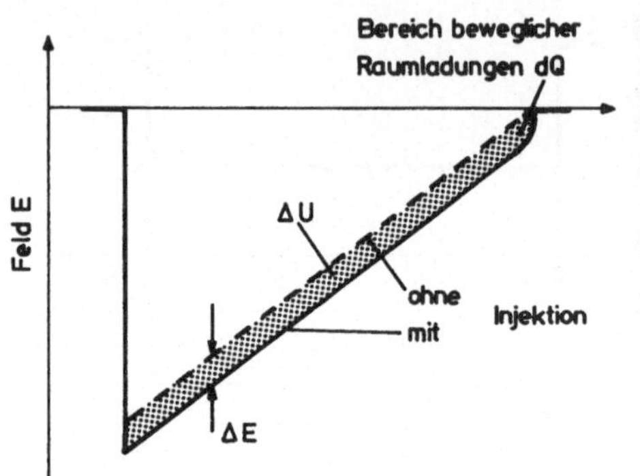

Bild II.43

Feldverlauf in einer Baritt-Diode vor der Injektion und bei Injektion

Wenden wir den Gaußschen Satz ($\int \mathrm{div}\, \vec{E}\,\mathrm{d}v = \oint E_n\,\mathrm{d}f$) auf die zweite Maxwellsche Gleichung ($\mathrm{div}\, \varepsilon\vec{E} = \rho$) an, so folgt für eine infinitesimale Ladung $\mathrm{d}Q$ bei Spezialisierung auf die Flächeneinheit

$$\varepsilon\,\mathrm{d}E = \mathrm{d}Q = I_p(t)\,\mathrm{d}t.$$

$$(II.45)$$

ε ist die Dielektrizitätskonstante. $\mathrm{d}E$ ist der Feldzuwachs, der von der kleinen injizierten Ladung $\mathrm{d}Q$ hervorgerufen wird. $\mathrm{d}Q$ hinwiederum ist von dem injizierenden Löcherstrom $I_p(t)$ während der Zeit $\mathrm{d}t$ aufgebaut worden.

Das Ziel der folgenden Überlegungen ist die Berechnung der Admittanz der Baritt-Diode. Dazu müssen wir eine Verbindung zwischen Diodenstrom und -spannung herstellen. Die Diode soll mit der Gleichspannung U_o vorgespannt sein, der eine Wechselspannung $U_1\cos\omega t$ überlagert ist (Bild II.44a). Zur Zeit $-t_p$ wird die Spannung U_{pt} erreicht, die nahe bei der Flachbandspannung liegt, so daß die Injektion beginnt. Dann liegt also die Wechselspannung mit ihrem Momentanwert $U_1\cos\omega t_p$ an. Nach Gl. (II.45) ist die durch den Injektionsstrom verursachte Feldänderung durch

$$\Delta E(t) = \frac{1}{\varepsilon}\int_{-t_p}^{t} I_p(t)\,\mathrm{d}t$$

Bild II.44

Zu den dynamischen Vorgängen an einer Baritt-Diode: Zeitlicher Verlauf von (a) Spannung, (b) Löcherstrom und (c) an den Elektroden induzierter Strom.

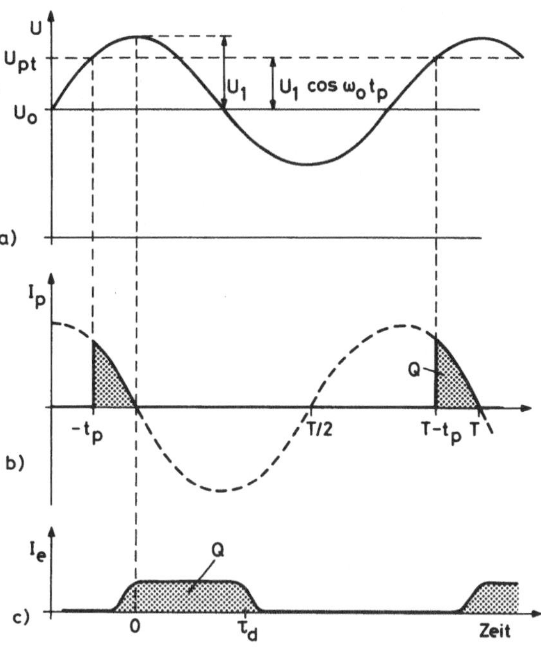

gegeben. Wenn wir annehmen, daß die Injektion nur über einen kurzen Zeitraum im Vergleich zur Driftzeit τ_d der Löcher durch die Diode erfolgt, dann ist das Löcherpaket zunächst auf die Nähe des injizierenden Kontaktes konzentriert. Die Feldänderung ΔE erfolgt nur über einen sehr kurzen Bereich verglichen mit der Diodendicke l_d. Dann gilt angenähert

$$\Delta U(t) \approx \Delta E(t) l_d = \frac{l_d}{\varepsilon} \int_{-t_p}^{t} I_p(t)\, dt.$$

Dieser Spannungszuwachs (gerasterte Fläche in Bild II.43) wird an den Diodenkontakten durch den Teil der Wechselspannung aufgebracht, der über U_{pt} hinausgeht (Bild II.44a)

$$\Delta U(t) = U_1 (\cos\omega t - \cos\omega t_p).$$

Kombinieren wir beide Gleichungen und differenzieren, dann folgt die gesuchte Beziehung zwischen Strom und Spannung

$$I_p(t) = \frac{\varepsilon}{\tau_d} \frac{d}{dt} \Delta U(t)$$

$$= \begin{cases} \dfrac{\varepsilon\omega}{\tau_d} U_1 \sin\omega t & \text{für } (nT - t_p) < t < nT \\[3ex] 0 & \text{für } nT < t < \left[(n+1)T - t_p\right]; \end{cases}$$

$$n = 0,1,2\ldots$$

Zu den Zeiten T und darüber hinaus bis zum nächsten Durchgreifen der Verarmungszone muß der Injektionsstrom verschwinden, da die Löcher nicht in umgekehrter Richtung fließen können. Das Resultat ist also die ausgezogene Kurve in Bild II.44b. Die insgesamt injizierte Ladung errechnet sich zu

$$Q = \int_{-t_p}^{0} I_p(t)\,dt = \frac{\varepsilon}{\tau_d} U_1 (1-\cos\Theta_p). \qquad (II.46)$$

$\Theta_p = \omega t_p$ wird als Injektionswinkel bezeichnet. Andererseits ist die pro Zyklus injizierte Ladung Q mit dem Löchergleichstrom I_{po} über

$$Q = I_{po}T = I_{po} \frac{2\pi}{\omega} \qquad (II.47)$$

verknüpft. Damit sind alle Gleichungen gegeben, um die Admittanz der Diode zu berechnen, wobei wir aber noch einige Vereinfachungen machen müssen. Zunächst wollen wir noch einmal anhand von Bild II.44 die Situation diskutieren. Die Wechselspannung, die der Vorspannung überlagert ist, verläuft nach einer cos-Funktion. Während eines kurzen Zeitraumes von $-t_p$ bis 0 (kurz gegenüber der Periode T) wird eine Ladung Q injiziert, die dann während der Driftzeit τ_d durch die Verarmungszone der Diode läuft und an den Elektroden einen Stromimpuls I_e induziert. Wir nehmen an, daß die Feldstärke im Driftraum stets groß genug bleibt, daß sich die Löcher mit ihrer Sättigungsgeschwindigkeit v_s bewegen. Nach Gl. (II.32), die den induzierten Strom aus der Ladung im Laufraum ableitet, ist zusammen mit Gl. (II.47) bei rechteckförmigem Verlauf die Amplitude I_{po} des injizierten Stromes mit der Amplitude I_e des induzierten Stromes über

$$\frac{I_{po}}{I_e} = \frac{\tau_d}{T}$$

verbunden. Anders ausgedrückt bedeutet dies die Greichheit der in Bild II.44 gerasterten Flächen.

Zur Berechnung der Admittanz der Grundwelle müssen der cos-Anteil (für den Realteil) und der sin-Anteil (für den Imaginärteil) des induzierten Stromes mit der Grundwelle der Spannung in Beziehung gesetzt werden. Führen wir eine Fourier-Analyse von I_e durch, so sind die Amplituden der cos- und der sin-Grundwelle durch

$$2\,I_{po}\,\frac{\sin\Theta}{\Theta} = \frac{Q\omega}{\pi}\,\frac{\sin\Theta}{\Theta} \qquad \text{(II.48a) für den cos}$$

$$-\,2\,I_{po}\,\frac{1-\cos\Theta}{\Theta} = -\,\frac{Q\omega}{\pi}\,\frac{1-\cos\Theta}{\Theta} \qquad \text{(II.48b) für den sin}$$

gegeben. Hierbei ist Θ der schon mit Gl. (II.22) eingeführte Laufwinkel des Driftraumes

$$\Theta = \omega l_d/v_s = \omega\tau_d. \qquad\qquad \text{(II.22)}$$

Die Voraussetzung der Sättigungsdriftgeschwindigkeit v_s für die Löcher kann entweder durch ein stets hinreichend hohes Feld im Driftraum garantiert werden oder dadurch, daß das Dotierungsprofil geeignet gestaltet wird [II.36].

Durch Zusammenfassen der bisher abgeleiteten Gleichungen (II.46-48) folgen nun Realteil G und Imaginärteil B der Admittanz einer Baritt-Diode

$$G(\omega) = \frac{A}{U_1}\, 2I_{po}\, \frac{\sin\Theta}{\Theta} = \omega C_d\, \frac{\sin\Theta}{\pi\Theta}\, (1-\cos\Theta_p) \qquad (II.49)$$

$$B(\omega) = \frac{A}{U_1}\, 2I_{po}\, \frac{\cos\Theta-1}{\Theta} + \omega C_d = \omega C_d \left\{ \frac{\cos\Theta-1}{\pi\Theta}\, (1-\cos\Theta_p)+1 \right\}.$$

Die Kapazität $C_d = \varepsilon A/l_d$ der Diode wurde hier ebenso hinzuge-
zählt, wie früher bei der Impatt-Diode in Kap. II.4 und 5. A
ist der Diodenquerschnitt.

Die Baritt-Diode kann nur dann eine negative Konduktanz $G(\omega)$
annehmen, wenn $\sin\Theta/\pi\Theta$ oder wenn $\sin\Theta$ negativ werden, also
im Bereich

$$\pi < \Theta < 2\pi \qquad \text{oder mit Gl.(II.22)} \quad \frac{v_s}{2l_d} < f < \frac{v_s}{l_d}.$$

Differenzieren wir Gl. (II.49) nach Θ und setzen das Ergebnis
zu Null, dann erhalten wir den Laufwinkel mit der größten negativen Konduktanz, für die Θ nahezu den Wert $3\pi/2$ annimmt.
Dazu gehört nach Gl. (II.22) die optimale Frequenz

$$f_{opt} = \frac{3}{4}\, \frac{v_s}{l_d} \qquad \text{oder entsprechend} \quad \tau_d = \frac{3}{4}T. \qquad (II.50)$$

Die Hauptkennzeichen einer Baritt-Diode lassen sich im Vergleich zu Impatt-Dioden in den folgenden Punkten zusammenfassen:

- geringer Wirkungsgrad von weniger als 2 %, meist sehr viel
  weniger;

- starke Temperaturabhängigkeit der maximalen Ausgangsleistung;

+ Frequenzstabilität bei Temperaturänderung;

+ geringes Rauschen, weil der wesentlich statistische Lawinenprozeß vermieden wird;

+ gute Verträglichkeit von Überspannungen, ohne daß die Diode
  zerstört wird.

Wir wollen anhand von Bild II.44 Wege zur Verbesserung von Baritt-Strukturen diskutieren, indem wir den Injektionswinkel Θ_p nach Gl.(II.46) heranziehen. Wenn Θ_p - oder entsprechend t_p - verschwindet, dann werden keine Löcher mehr injiziert und I_e wird zu Null. Lassen wir andererseits Θ_p auf $\pi/2$ - oder entsprechend t_p auf $T/4$ - anwachsen, dann wird während der gesamten ersten Halbperiode injiziert. Das Resultat ist eine lückenlose Aufeinanderfolge von I_e-Impulsen. Es fließt nur ein erhöhter Gleichstrom, und der Wirkungsgrad der Diode wird zu Null. Das Optimum liegt zwischen den beiden erwähnten Extremen nahe bei $\Theta_p = \pi/6$ [II.37/38].

Eine Verbesserung in der Leistung um etwa eine Größenordnung wird mit einem geänderten Dotierungsprofil erwartet, durch das der Beginn der Injektion in das Intervall von 0 bis $T/4$ verzögert wird (vgl. Bild II.44) [II.38]. Damit nähern wir uns den Verhältnissen bei Impatt-Dioden an. Nach den Rechnungen sollten etwa 10 mW bei 100 GHz erzeugt werden können, wobei die Leistung nach $1/f^2$ mit der Frequenz variiert. Das Dotierungsprofil hat gemäß $n^+ip^+in^+$ eine dünne, hochdotierte Schicht p^+ im aktiven Bereich. Die gesamte ip^+-Zone am injizierenden Kontakt ist nur wenige hundert Å dick und sorgt durch ein hohes Feld für die gewünschte Verzögerung der Injektion. Die demgegenüber dicke, zweite eigenleitende Zone i zwischen dem gegenüberliegenden Kontakt und der p^+-Schicht dient als Driftraum.

Der zweite Vorschlag zu einer Verbesserung der Baritt-Struktur nutzt die Möglichkeit, Halbleitermaterialien mit besonderen Eigenschaften zu synthetisieren [II.37]. Es handelt sich um die theoretische Studie einer Heterostruktur-Diode aus GaAs und $Ga_{0,6}Al_{0,4}As$. In diesen beiden Materialien haben die Sättigungsdriftgeschwindigkeiten unterschiedliche Werte, die bei etwa $8\cdot10^6$ bzw. $3\cdot10^6$ cm/s liegen [II.39]. Als Bezeichnung wurde daher Dovett-Diode vorgeschlagen ("DOuble VElocity Transit Time diode"). Betrachten wir eine Struktur, die aus den beiden oben angegebenen Mischkristallen zusammen-

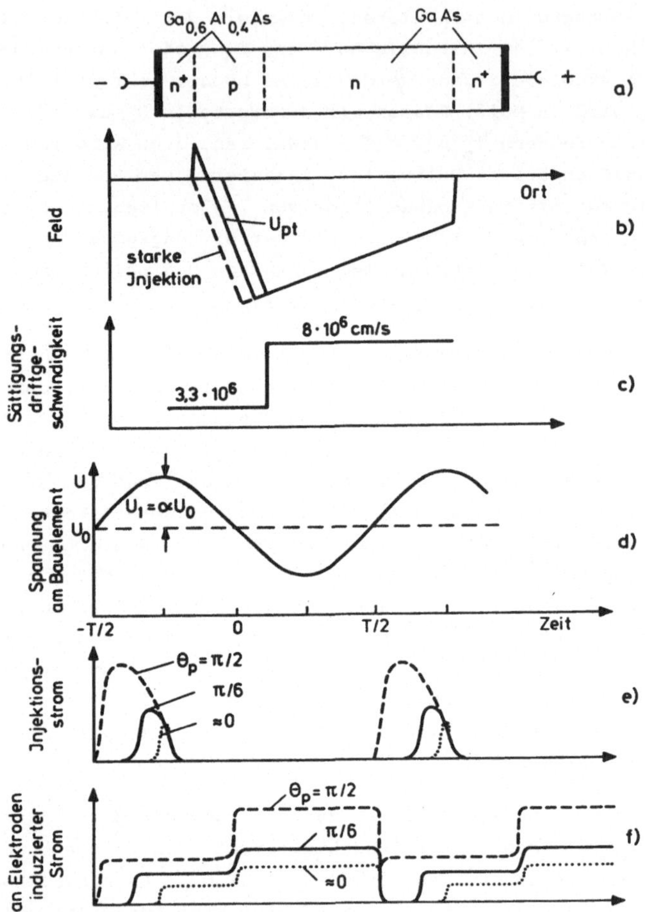

Bild II.45

Zum Prinzip der Dovett-Diode. (a) Aufbau, (b) Feldverteilung für verschiedene Vorspannungen, (c) Sättigungsdriftgeschwindigkeit in den beiden Halbleitermaterialien, (d) zeitlicher Spannungsverlauf, (e) Injektionsimpulse für verschiedene Injektionswinkel, (f) zugehöriger Strom an den Elektroden.

gesetzt ist (Bild II.45a). Wegen der hohen Beweglichkeit der
Elektronen in GaAs wählen wir n-leitendes Material. Bei der
angegebenen Vorspannung sind p- und n-Bereich ausgeräumt,
wenn nur die Spannung einen hinreichend hohen Wert hat. Dies
ist bei der Durchreichspannung U_{pt} der Fall, jenseits derer zunehmend stärker Injektion einsetzt (Bild II.45b). Über den
linken n^+p-Übergang, der in Durchlaßrichtung gepolt ist,
können Elektronen injiziert werden, die in GaAlAs langsam,
in GaAs jedoch schnell laufen (Teilbild c). Entsprechend
wird der an den Elektroden induzierte Strom aufgrund von
Gl. (II.32) ($I_e \sim env_s$) einen stufenförmigen Verlauf annehmen (Teilbild f). Damit erhalten wir selbst dann schon eine
gegenphasige Stromkomponente, wenn der Injektionswinkel
$\Theta_p = \pi/2$ (bzw. $t_p = T/4$) wird, also starke Injektion möglich
ist. Dies ist ganz im Gegensatz zu konventionellen Baritt-
Strukturen. Gemeinsam ist beiden Strukturen, daß für nahezu
verschwindendes Θ_p auch die Injektion sehr gering wird.

Die Ergebnisse einer Rechnung für ein Verhältnis der Sättigungsdriftgeschwindigkeit
von 0,4 sind in Bild
II.46 in Abhängigkeit
vom Injektionswinkel Θ_p
aufgetragen [II.37].
Der Wirkungsgrad η ist
auf den Modulationsgrad
α (vgl. Bild II.45d)

Bild II.46

Ergebnis einer Simula-
tionsrechnung für eine
Dovett-Diode im Ver-
gleich zur konventio-
nellen Baritt-Diode.
Angenommenes Verhält-
nis der Sättigungs-
driftgeschwindigkeiten
bei 0,4 [II.37].
α Modulationsparameter
(vgl. Bild II.45d)

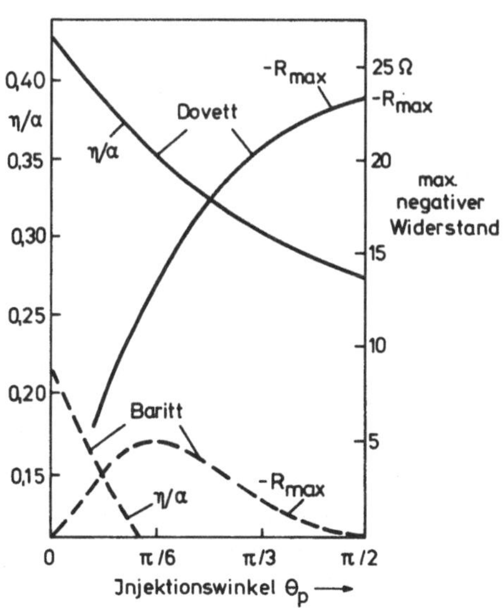

normiert. Wie der Vergleich mit der Baritt-Diode demonstriert, kann man von der Dovett-Diode überlegene Ergebnisse erwarten, falls ihre praktische Realisierung gelingt.

Wenn Impatt-Dioden für immer höhere Frequenzen gebaut werden, dann muß die Dicke l_a der Lawinenzone beständig geringer werden. Bei zu kleinen Werten von l_a kann sich die Lawine nicht mehr vollständig aufbauen, weil die Ladungsträger während ihrer kurzen Laufzeit durch l_a nicht mehr hinreichend Zeit zum Ionisieren durch Stoß haben (vgl. Kap. II.3, S.37). Damit sinkt die Multiplikation. Demgegenüber steigt bei immer kleineren l_a-Werten der Tunnelstrom an [II.40,41]. Die Arbeitsweise der Impatt-Diode ähnelt von daher gesehen der einer Baritt-Diode, weil die Injektion in den Laufraum nicht mehr nach einer halben Periode erfolgt (vgl. Bild II.13), sondern bereits nach einer viertel Periode (vgl. Bild II.44). Man nennt diese Betriebsweise daher Tunnett-Mode nach "TUNNEl Transit Time". Zwischen Impatt- und Tunnett-Betrieb treten Tunnel- und Lawinenstrom gemischt auf (Mitatt-Betrieb nach "MIxed Tunneling-Avalanche Transit-Time Mode"). Von Impatt- zu Tunnett-Betrieb sinkt der Wirkungsgrad, allerdings kann man erheblich reduziertes Rauschen erwarten [II.41].

11. Silizium-Technologie

Die Bauelemente, die wir bisher besprochen haben, nämlich die Impatt-Diode in ihren verschiedenen Bauformen und Betriebsweisen sowie die Baritt-Diode, werden überwiegend aus Silizium hergestellt. Dies gilt insbesondere für den höheren Frequenzbereich. Demgegenüber findet GaAs seine hauptsächliche Anwendung bei Bauelementen, die auf dem Elektronen-Transfer-Effekt beruhen und die wir im folgenden Hauptabschnitt behandeln wollen, sowie in der Optoelektronik. Aus diesem Grund beschreiben wir in diesem Kapitel die Technologie des Si, die doch in einigen Punkten von der des GaAs abweicht. Auf die Technologie des GaAs werden wir dagegen später (Kap. III.9) im Zusammenhang mit dem Elektronen-Transfer-Effekt zurückkommen.

Der Aufbau der bisher besprochenen Bauelemente ist zwar im
einzelnen sehr unterschiedlich. Die wesentlichen Schritte bei
der Herstellung der Bauelemente sind jedoch bis auf Variatio-
nen gleich. Die Herstellungsschritte lassen sich grob in drei
Gruppen einteilen:

1. Bearbeitung des Wafers: dazu gehören die ersten mechanischen und chemischen Bearbeitungen und die Herstellung
   der geeigneten Dotierungsprofile.

2. Metallisierung und Herstellung der Chips: die Wafer werden unter Zuhilfenahme von photolithographischen Techniken mit Kontaktmetallen versehen, und anschließend werden
   die einzelnen Chips herausgearbeitet.

3. Montage der Chips in Gehäusen: hier spielen thermische
   (Abführung der Wärme) und elektrische Gesichtspunkte (Verminderung der parasitären Kapazitäten) die Hauptrolle.

Zur Illustration wollen wir die Herstellung einer einfachen
Impatt-Diode für das X-Band (8,2 bis 12,4 GHz) mit p^+-n-n^+-
Profil beschreiben. Die Driftzone muß dann eine Länge von
3 bis 4 µm haben. Die Dotierung der n-Zone sollte bei etwa
10^{16} cm^{-3} liegen. An die p^+- und n^+-Kontaktzonen ist die
Forderung zu stellen, daß sie möglichst dünn und möglichst
hochdotiert sind, um den zusätzlichen Serienwiderstand möglichst klein zu halten.

<u>Bearbeitung des Wafers</u>

Wir gehen von einem Si-Kristall aus, der möglichst hoch dotiert ist, etwa n^+ mit dem spezifischen Widerstand $\rho \approx$
0,01 Ωcm. Dies entspricht $n^+ \approx 5 \cdot 10^{18}$ cm^{-3}. Der Kristall soll
möglichst frei von Kristallbaufehlern sein. Dies bedeutet
u.a. auch eine Begrenzung für den Dotierstoff, der nur bis
genügend weit unter der Löslichkeitsgrenze des Dotierstoffes
(P oder As) in Si eingebaut werden darf. Meist wird P dem As
wegen dessen hohem Dampfdruck vorgezogen. Aus dem n^+-Kristall

werden mit einer Innenlochsäge Kristallscheiben herausgeschnit-
ten, die mechanisch und chemisch bis auf spiegelnde Oberfläche
bearbeitet werden, ohne daß an dem bearbeiteten Wafer Kristall-
störungen zurückbleiben dürfen. Nach einer letzten Reinigungs-
ätzung sind die Wafer fertig für eine Gasphasenepitaxie, mit
der der n-Kristall aufgebaut wird.

Für die Epitaxie stehen eine Reihe von Si-Verbindungen zur
Verfügung, die bei hohen Temperaturen in einer Wasserstoffatmosphäre zu Si, H_2 und HCl zerfallen. Dies sind:

SiH_4 (Monosilan)
SiH_3Cl
flüssig bei Zimmertemperatur

SiH_2Cl_2
$SiHCl_3$ (Trichlorsilan oder Silico-chloroform)
$SiCl_4$ (Siliziumtetrachlorid)
gasförmig bei Zimmertemp.

Diese Substanzen sind besonders geeignet, weil sie sich durch
fraktionierte Destillation sehr gut reinigen lassen. $SiHCl_3$
und $SiCl_4$ zerfallen mit guter Ausbeute erst bei Temperaturen
oberhalb 1200 ^{0}C, so daß die Epitaxie erst in diesem Tempe-
raturbereich durchgeführt wird. $SiHCl_3$ ist der bei weitem
wichtigste Stoff zur großtechnischen Si-Produktion nach der
Reaktion

$$SiHCl_3 + H_2 \rightarrow Si + 3HCl.$$

Dieses Reaktionsgleichgewicht läßt sich übrigens durch geeignete Wahl von Temperatur und Prozeßparametern umkehren,
so daß Si auch angeätzt werden kann. Eine analoge Gleichung
wird bei der Epitaxie in den ersten Minuten zum Anätzen und
Reinigen des Substrats ausgenutzt.

Da SiH_4 und SiH_2Cl_2 bei 1000 bis 1100 ^{0}C zerfallen, kommen
sie für eine Epitaxie insbesondere dann in Frage, wenn scharfe n^+-n-Übergänge gefordert werden. Durch Zusatz von Stoffen
wie z.B. BCl_3, PCl_3 oder PH_3, die ebenfalls bei hohen Temperaturen zerfallen, kann dotiert werden. Für eine präzise Kon-

trolle der Ladungsträgerkonzentration muß allerdings das Dotiergas gegenüber dem H_2-Trägergas, das in bei weitem größerer Menge zugeführt wird, sehr genau dosiert zugegeben werden. Am Ende dieses Prozesses steht ein n-dotierter epitaktischer Film auf einem n^+-Substrat.

Die n^+-n-Struktur muß mit einer p^+-Kontaktschicht versehen werden. Es muß also der Kontakt hergestellt werden. Dazu stehen eine Reihe von Möglichkeiten zur Verfügung, die alle ihre Vor- und Nachteile haben.

1. p^+-Epitaxie.

2. Flache Diffusion von B aus der Gasphase.

3. Ionenimplantation und anschließendes Ausheilen der Kristallzerstörungen bei 900 $^{\circ}$C. Es ergeben sich wohldefinierte p^+n-Übergänge, aber möglicherweise zerstörte Kristalle. Hohe Konzentrationen sind schwierig herstellbar.

4. Bildung eines Schottky-Kontaktes durch Aufdampfen eines Metalls. Dafür sind Pt oder Pd geeignet, wenn sie anschließend bei erhöhten Temperaturen (um 600 $^{\circ}$C) ihre Silicide bilden können.

<u>Metallisierung</u>. Das n^+-Substrat und die p^+-Kontaktschicht müssen nun mit metallischen Schichten versehen werden, um schließlich die fertigen Bauelemente elektrisch anschließen zu können. An eine metallische Kontaktschicht müssen folgende Forderungen gestellt werden.

1. Sie muß ohmsche Kennlinien mit geringem Serienwiderstand liefern.

2. Das Metall muß auf Si einerseits und an den Zuleitungsdrähten andererseits sehr gut haften.

3. Es darf keine Alterung auftreten, insbesondere nicht bei den erhöhten Betriebstemperaturen, wie sie bei Mikrowellenbauelementen entstehen.

Die Gründe, die unter den aufgezählten Anforderungen zur Auswahl brauchbarer Metallstrukturen führen, wollen wir nun im einzelnen aufführen, weil sich daran die Argumentation bei technologischen Problemen deutlich machen läßt.

Die erste Anforderung einer ohmschen Kennlinie ist bei p^+-Si von einer Reihe von Metallen relativ leicht erfüllbar. Gute Haftfestigkeit liefern dagegen nur wenige Metalle, z.B. Ti, Cr, Al, W oder Mo. W und Mo sind wegen ihres hohen Schmelzpunktes (3380 ^{o}C bzw. 2620 ^{o}C) jedoch für einen Aufdampfprozeß wenig geeignet. Al neigt bei erhöhten Temperaturen zur Materialwanderung und liefert relativ hohe Serienwiderstände auf n-Si; es wird deshalb für Hochfrequenzbauelemente nicht eingesetzt. Cr läßt sich allein nicht bonden, weil es eine stabile Oxidhaut bildet.Dasselbe geschieht zwar bei Al auch, aber die Oxidhaut läßt sich mit Ultraschall- oder Thermokompressionsbondgeräten durchstoßen, so daß Al weite Anwendung bei üblichen integrierten Schaltungen findet.

Zur Lösung dieser Probleme könnte man an Doppelschichten denken, etwa Cr-Au oder Ti-Au (Bild II.47). Beide Systeme zeigen einen geringen Serienwiderstand, gute Haftfestigkeit und sind gut zu bonden. Sie versagen aber bei erhöhten Temperaturen, weil es zur Materialwanderung kommt. So diffundiert Cr bei Temperaturen oberhalb 300 ^{o}C rasch in Au und bildet an der Oberfläche eine nicht mehr durchstoßbare Oxidhaut (Teilbild a). Oder es diffundiert in den gebondeten Golddraht und macht ihn spröde. In jedem Fall kommt es zu einer starken Erhöhung des Serienwider-

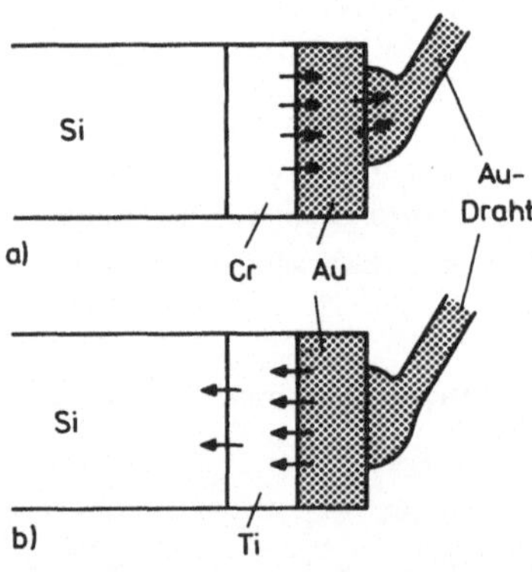

Bild II.47

Probleme bei Zweischichtenkontakten auf Si. (a) Materialwanderung von Cr in Au; (b) Materialwanderung von Au in Ti und Si.

standes. Umgekehrt wandert Au in Ti und bildet bei 370 $^\circ$C mit
Si das Eutektikum 31Au69Si (Teilbild b). Es kommt zu einer ka-
tastrophalen Verschlechterung der Halbleitereigenschaften.

Die wohl besten und zuverlässigsten Kontakte gewinnt man mit
einem Dreischichtensystem, bei dem das mittlere Metall die
Interdiffusion der beiden angrenzenden Metalle ineinander verhindert (Bild II.48). Ti oder Cr sorgen für einen guten ohmschen Kontakt zum Si. Pd oder Pt verhindern die Interdiffusion. Au schließlich garantiert
gute Bondbarkeit und niedrigen
Serienwiderstand. An Cr-Pt-Au-
Metallisierungen, die für Si-
Impatt-Dioden für 36 bis 40 GHz
entwickelt wurden, konnten bei
280 $^\circ$C Lebensdauern (MTF, "medium time to failure") von
$4 \cdot 10^5$ h gemessen werden [II.41].
Die Aktivierungsenergie der Ursache des Ausfalls wurde zu

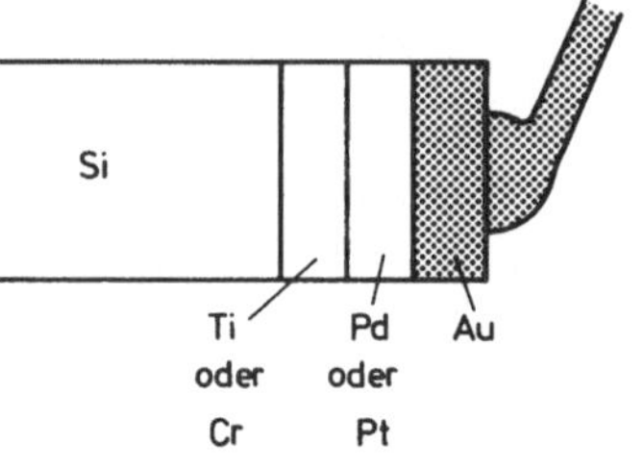

Bild II.48
Dreischichtenkontakt.

1,25 eV bestimmt. Ein weiteres Beispiel für das System Ti-
Pt-Au ist $4 \cdot 10^4$ h bei 275 $^\circ$C [II.42] mit einer Aktivierungs-
energie von 1,8 eV. Diese Metallisierung wurde an GaAs-Impatt-
Dioden bei 38 GHz eingesetzt.

Obwohl die technologischen Schritte zur Herstellung eines guten Kontaktes im allgemeinen sehr wohl beherrscht werden, soll
dies nicht darüber hinwegtäuschen, daß die detaillierten physikalischen Vorgänge noch keineswegs geklärt sind.

Nachdem der Wafer kontaktiert ist, wird das Bauelement in geeigneter Form mit Hilfe photolithographischer Techniken herausgeätzt. Durch Trennen der Bauelemente voneinander entstehen schließlich die Chips, die in einem Gehäuse untergebracht
werden müssen.

<u>Montage der Chips</u>: Das dabei dominierende Problem ist die Abführung der bei Hochfrequenzbauelementen beträchtlichen Verlustwärme in eine Wärmesenke. Die optimale Stromdichte bei der betrachteten X-Band-Impatt-Diode liegt zwischen 500 und 1000 A/cm^2. Wenn wir eine Durchbruchsparnung von nahe 100 V annehmen, dann ist die Leistungsdichte P im Bauelement nicht weit von 10^5 W/cm^2 entfernt. Die im Betrieb erzeugte Temperaturerhöhung sollte nicht mehr als $\Delta T = 100\ ^{\circ}$C betragen. Mit diesen Werten können wir die maximalen Dimensionen des Bauelementes abschätzen.

Wir gehen von der idealisierenden Annahme aus, daß das Bauelement mit extrem gutem Wärmekontakt an eine unendlich ausgedehnte Wärmesenke aus Kupfer (Wärmeleitfähigkeit $\kappa_{Cu} = 3,86$ W/cm K) angeschlossen ist. Wenn das Bauelement den Durchmesser d hat, dann kann die Wärmesenke nur eine begrenzte Wärmemenge abführen, d.h. die gewählte Geometrie führt zu einem Wärmewiderstand der Größe [II.44]

$$R_{th} = 1/(2\kappa_{Cu}d) .$$

Wenn in dem Bauelement die Wärmemenge $P \cdot \pi d^2/4$ erzeugt wird, dann muß es zu einer Temperaturerhöhung

$$\Delta T = R_{th} \cdot \frac{P\pi d^2}{4} = \frac{P\pi d}{8\kappa_{Cu}}$$

kommen. Nach Auflösung nach d und Einsetzen der angegebenen Zahlenwerte folgt der maximale Durchmesser des Bauelementes

$$d_m = \frac{8\kappa_{Cu}\Delta T}{P\pi} = \frac{8 \cdot 3,86 \cdot 100}{10^5 \cdot \pi} \simeq 100\ \mu m .$$

Für diesen Wert rückgerechnet ist der Wärmewiderstand

$$R_{th} = \frac{1}{2 \cdot 3,86 \cdot 10^{-2}} \simeq 13\ \frac{K}{W} .$$

Dies ist natürlich eine untere Grenze, weil der Wärmeübergang
vom Bauelement zur Wärmesenke ideal angenommen wurde. Wenn
die Wärmeerzeugung in der Lawinenzone entfernt von dem Rand
der Wärmesenke erfolgt, dann ist zu dem Engewiderstand R_{th}
noch der Wärmewiderstand im Si hinzuzurechnen. Hat die Lawinenzone von der Wärmesenke den Abstand a, muß also die Wärme
über die Strecke a durch Si zur Senke abgeführt werden, und
hat das Bauelement wie vorher den Durchmesser d_m, dann ist
dieser zusätzliche Wärmewiderstand [II.44]

$$\Delta R_{th} = \frac{4a}{\pi d_m^2 \kappa_{Si}} \cdot \qquad (\kappa_{Si} = 1{,}45 \ W/cm \ K)$$

Wählen wir $a = 1 \ \mu m$, so folgt

$$\Delta R_{th} = \frac{4 \cdot 10^{-4}}{\pi \cdot 10^{-4} \cdot 1{,}45} \approx 0{,}9 \ K/W.$$

Der Wärmewiderstand wird also pro 1 μm-Si-Strecke um fast
1 K/W erhöht. Dies illustriert sehr gut, wie gravierend
das Problem der Wärmeabführung ist. Die erste wichtige Folgerung ist, daß die wärmeerzeugende Zone so dicht wie möglich an die Wärmesenke herangebracht werden muß. Eine Möglichkeit ist die Montage "upside down" (Bild II.49).

Dabei wird das Halbleiter-
scheibchen, dessen Au-Kon-
takt noch elektrolytisch
verstärkt worden ist, mit
der wärmeerzeugenden Seite,
nämlich dem Bauelement, auf
die Wärmesenke gepreßt. Die
Wärmesenke selbst ist im
allgemeinen vergoldet mit
einer darunterliegenden Ni-
Schicht zur besseren Haftfestigkeit. Bei erhöhten

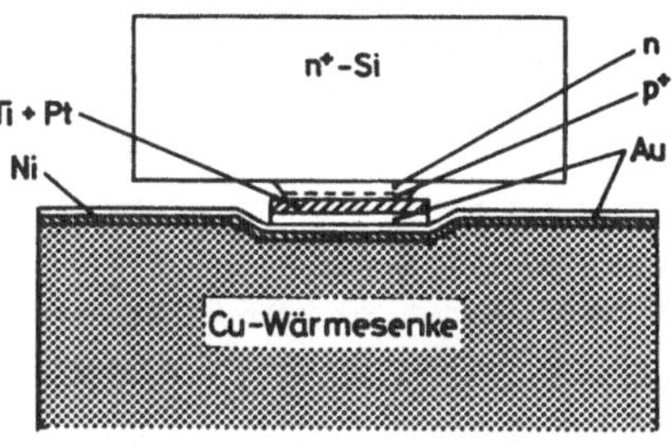

Bild II.49
"Upside-Down"-Montage einer
Diode auf einem Kupfer-Kühl-
körper.

Temperaturen reagieren unter Druck die beiden Goldschichten
und bilden eine Verbindung. Lot ist nicht geeignet, weil es
meist eine schlechte Wärmeleitfähigkeit hat. Wie Bild
II.49 zeigt, wird bei diesem Verfahren das Bauelement leicht
in die Wärmesenke eingedrückt. Durch eine geeignete Ätzung
müssen anschließend die Ränder freigelegt werden, um Kurz-
schlüsse zu vermeiden.

Das Verfahren der Thermokompression führt wegen der Druck-
beanspruchung unter erhöhten Temperaturen leicht zu einer
Beschädigung des Bauelementes. Deshalb wird häufig eine scho-
nendere Technik des Einbaus angewandt. Dazu wird die Kontakt-
seite mit einer dicken, elektrolytisch gewachsenen Gold-
schicht (bis einige 10 µm dick) versehen (Bild II.50). Das

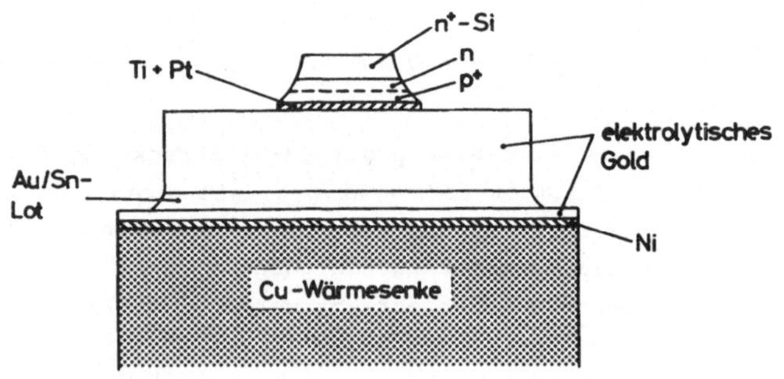

<u>Bild II.50</u>

Montage einer Diode mit Hilfe von elektrolytisch
verstärktem Gold.

Substrat wird danach bis auf 20 - 30 µm oder manchmal noch
weniger heruntergeätzt. Mit photolithographischen Techniken
wird in einem weiteren Ätzschritt das Si so geformt, bis
das Bauelement als Mesa übrigbleibt. Die Bauelemente werden
voneinander getrennt, indem das elektrolytische Gold durch-
geschnitten wird. Mit einem weichen Lot wird das Bauelement
auf die Wärmesenke aufgelötet, ohne daß die Wärmeableitung
behindert wird, weil das elektrolytische Gold die Verlustwärme auf eine große Fläche verteilt.

Der Einbau des Bauelementes in ein Gehäuse ist der letzte
Schritt. Das Gehäuse muß mechanischen Schutz bieten und
gleichzeitig eine inerte Atmopshäre garantieren. Beides ist
für eine lange Lebensdauer des Bauelementes erforderlich.
Hochfrequenzmäßig muß das Gehäuse möglichst geringe parasi-
täre Kapazitäten und Induktivitäten bieten.

Ein sehr häufig benutztes Gehäuse ist in Bild II.51 abgebil-
det. Die Diode ist auf die beschriebene Weise an die Wärmesenke angelötet. Der zweite Kontakt erfolgt über ein oder

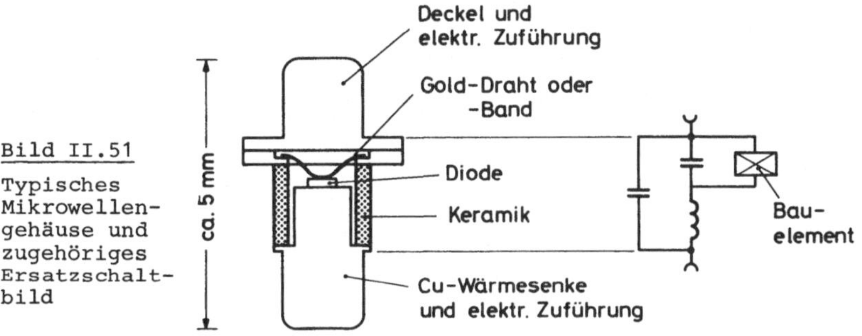

Bild II.51

Typisches
Mikrowellen-
gehäuse und
zugehöriges
Ersatzschalt-
bild

mehrere Golddrähtchen (oder besser Goldband) zum Gehäuse. Der
mechanische Kontakt wird über Thermokompressionsbonden hergestellt. Diese Goldverbindungen zwischen Diode und Gehäuse
sind die Hauptursache für die zusätzlichen Serieninduktivi-
täten und sollten deshalb möglichst dick sein. Die Gehäuse-
enden dienen gleichzeitig der elektrischen Verbindung zur
äußeren Schaltung. Sie haben gegeneinander ebenfalls eine
Kapazität, die unvermeidbar ist. Ihre Zuleitungsinduktivi-
tät kann im allgemeinen gegen die Goldzuleitungen vernachlässigt werden. Insgesamt kommt man so zu dem skizzierten Ersatzschaltbild von Bild II.51, das bis in das untere X-Band
brauchbar ist. Das endgültige Kapseln des Gehäuses geschieht
entweder durch Schweißen oder Löten in einer sauberen, kon-
trollierten Atmosphäre.

III. Elektronen-Transfer-Bauelemente

1. Der Gunn-Effekt

1964 sind von theoretischer und experimenteller Seite Ergebnisse mitgeteilt worden, die intensive nachfolgende Untersuchungen auslösten. Dies führte schließlich zu einem völlig neuartigen Mikrowellenbauelement. Die Experimente sind mit dem Namen J.B. Gunn verbunden und die theoretischen Analysen mit den Namen B.K. Ridley, T.B. Watkins und C. Hilsum. Die Interpretation der Experimente Gunns mit Hilfe der Vorschläge von Ridley, Watkins und Hilsum ist H. Kroemer zu verdanken. Das Auftreten von Hochfelddomänen in einem geeigneten Halbleiter (vgl. Abschnitt I) bezeichnet man als den Gunn-Effekt. Das zugrundeliegende physikalische Prinzip der Streuung von Elektronen in einen Zustand verminderter Beweglichkeit und dem damit verbundenen Auftreten einer negativen differentiellen Beweglichkeit bezeichnet man als den Elektronen-Transfer-Effekt. Ein anschauliches Verständnis der wesentlichen Züge des Gunn-Effektes ist relativ leicht möglich. Es läßt sich auch eine phänomenologische Beschreibung in analytischer Form geben, die gut mit Rechnerergebnissen übereinstimmt. Trotzdem sind viele - auch grundlegende - Parameter selbst mit großem Aufwand nicht rechnerisch zu erfassen.

Der Gunn-Effekt ist eine Folge der besonderen Bandstruktur, wie sie z.B. in einem Halbleiter wie GaAs auftritt. Der Verlauf der Elektronenenergie in Abhängigkeit vom Wellenvektor ist für viele III-V-Halbleiter qualitativ derselbe, wie dies Bild III.1 für GaAs und InP illustriert [III.1]. Dargestellt ist ein Umlauf in der Brillouinzone, der bei dem kristallographischen Ursprung Γ beginnend zunächst in [100]-Richtung zum X-Punkt und von dort zur Grenze U der Zone in der [411]-Richtung verläuft. Von dem äquivalenten Zonengrenzpunkt K in der [101]-Richtung geht es wieder zurück zum Γ-Punkt. Jeweils die linken Seiten der Diagramme stellen die Verläufe in [111]-Richtung zum L-Punkt hin dar. Sowohl die Energiekurven des

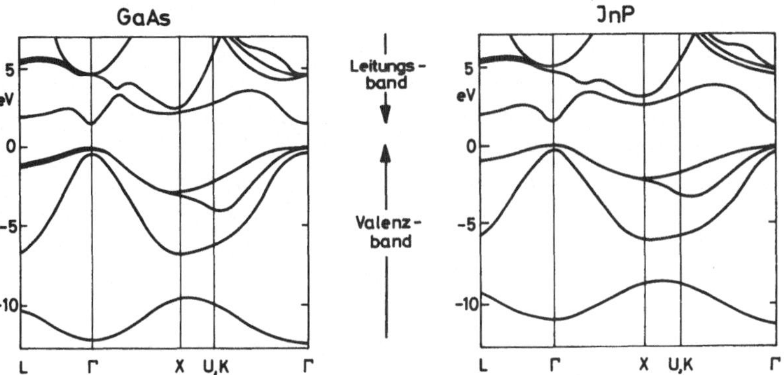

Bild III.1 Rechnerisch ermittelte Elektronenenergie in Abhängigkeit vom Wellenvektor in den III-V-Halbleitern GaAs und InP [III.1].

Valenzbandes als die des Leitungsbandes oberhalb der verbotenen Zone stimmen nahezu bis auf Einzelheiten überein. Für den Elektronen-Transfer-Effekt sind die Besonderheiten des Leitungsbandes wichtig, die in Bild III.2 verdeutlicht sind.

Bild III.2

Energie W der Elektronen in der Nähe der verbotenen Zone. Die angegebenen Zahlenwerte für die Energiedifferenzen (W_g, W^L, W^X) und die Beweglichkeiten μ beziehen sich auf GaAs bei 300 K; nach [III.2].

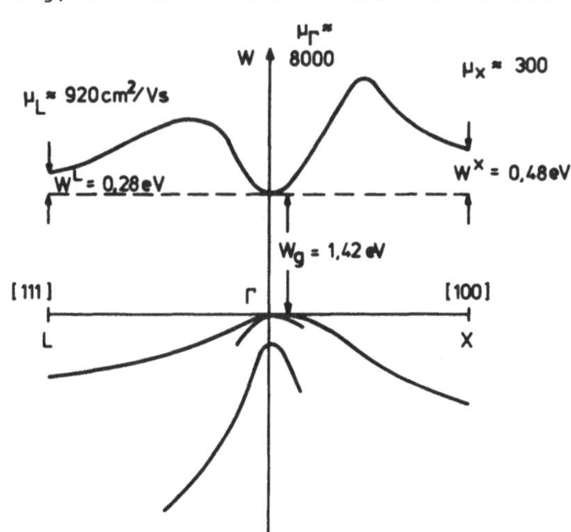

Die zugehörigen Zahlenwerte gelten für GaAs bei Zimmertemperatur [III.2]. Im kristallographischen Nullpunkt Γ hat das
Leitungsband ein ausgeprägtes Minimum; die zugehörige Elektronenbeweglichkeit liegt je nach Dotierung des Halbleiters
bei bis zu 8000 cm^2/Vs. An dieser Stelle ist der direkte
Band-Band-Übergang mit einer Bandlücke W_g von 1,42 eV. Die
effektive Masse m_Γ der Elektronen beträgt 0,063, wie üblich
angegeben in Bruchteilen der Elektronenruhemasse. m_Γ ist iso-
trop, also unabhängig von der kristallographischen Orientie-
rung. Dies gilt nicht mehr für die effektiven Elektronenmas-
sen in den L- und X-Punkten, die in der transversalen und
longitudinalen Richtung stark unterschiedlich sind. Die als
geometrisches Mittel daraus errechneten effektiven Massen m_L
und m_X sind die sogenannten Zustandsdichte-Massen. Ihre Werte sind $m_L = 0,55$ und $m_X = 0,85$. Sie sind also erheblich größer als m_Γ. Wir erwähnen noch die Masse $m_{lp} = 0,082$ der leich-
ten Löcher, zugehörig zum stark gekrümmten Valenzbandzweig,
und $m_{hp} = 0,45$ der schweren Löcher im schwach gekrümmten Valenzbandzweig. Beide Werte gelten für Γ.

Am Rand der Brillouin-Zone in den acht äquivalenten [111]-
Richtungen hat das Leitungsband je ein Nebenminimum, das etwa 0,28 eV über dem Hauptminimum liegt. Auch in den [100]-
Richtungen liegen Nebenminima, die aber wegen des größeren
Abstandes von $W^X = 0,48$ eV vernachlässigt werden können. Wesentlich für den Gunn-Effekt ist, daß Elektronen in den [111]-
Nebenminima, die hier allein interessieren, eine stark reduzierte Beweglichkeit von nur etwa 920 cm^2/Vs haben. Es kommt
hinzu, daß ihre effektive Masse dort fast neunmal größer ist
als im Hauptminimum bei Γ. Die Elektronenbeweglichkeit im Satellitenminimum bei X liegt bei etwa 300 cm^2/Vs.

Die besondere Bandstruktur des GaAs führt zu einigen Konse-
quenzen, die sich zunächst in der Abhängigkeit der Driftgeschwindigkeit v der Elektronen vom elektrischen Feld E ausdrücken. Bei niedrigen Feldern befinden sich die Elektronen
im Hauptminimum, haben also eine hohe Beweglichkeit und kön-

nen daher eine entsprechend hohe Driftgeschwindigkeit erreichen. Wird das elektrische Feld in der Probe ständig erhöht,
gewinnen die Elektronen schließlich soviel Energie, daß sie
unter Mitwirkung eines Phonons in das Nebenminimum an dem
Rand L der Brillouin-Zone in $[111]$-Richtung gestreut werden
können. Dieser Streuprozeß wird besonders in hohen elektrischen Feldern sehr häufig vorkommen, so daß sich dann die
meisten Elektronen im Nebenminimum befinden. Dort haben die
Elektronen eine sehr geringe Beweglichkeit, also auch eine
entsprechend geringe Geschwindigkeit. Das Resultat ist eine
$v(E)$-Kurve, wie sie in Bild III.3a skizziert ist. Nach den
früheren Erörterungen über die Sättigungscharakteristik (Kap.
II.2) werden wir
natürlich erwar-
ten, daß sich
auch im GaAs die
Elektronenge-
schwindigkeit in
hohen Feldern
sättigt. Die
$v(E)$-Kurve zeigt
zwei ungewöhnli-
che Merkmale.
Einmal existiert

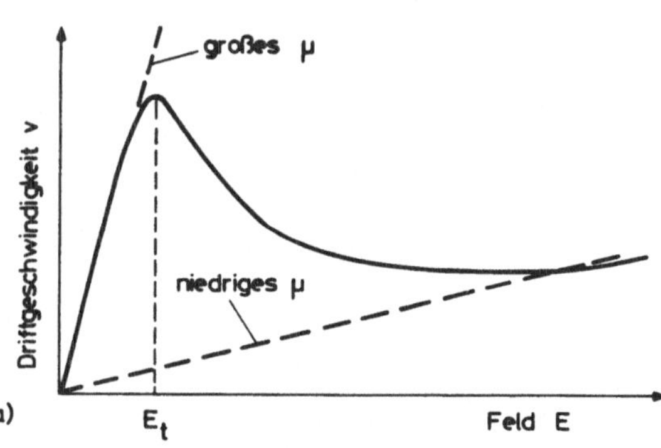

Bild III.3

(a) Qualitative
Darstellung der
Geschwindigkeits-
Feldstärke-Kurve
bei Auftreten des
Elektronen-Trans-
fer-Effektes.

(b) Häufig ver-
wendete bereichs-
weise lineare
Näherung mit Da-
ten für GaAs.

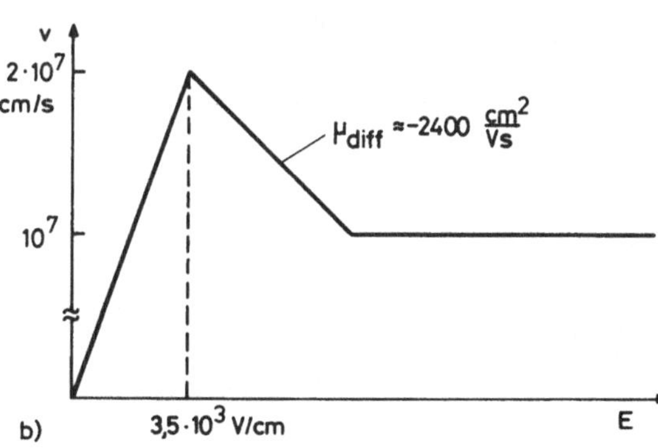

eine Schwellenfeldstärke E_t ("threshold field"), bei der die
höchste Geschwindigkeit überhaupt möglich ist. Zum anderen
fällt jenseits von E_t die Elektronengeschwindigkeit ab. Dies
ist der Bereich negativer differentieller Beweglichkeit. Dieser Bereich kann zur Mikrowellenerzeugung ausgenutzt werden,
führt aber auch zum Auftreten von Hochfeld- oder Gunn-Domänen
in GaAs.

Insbesondere für rechnerische Analysen wird häufig die $v(E)$-
Kurve nach Bild III.3a vereinfacht zur bereichsweise linearen
Näherung ("piece-wise linear approximation"), wie sie in Bild
III.3b wiedergegeben ist. Die negative, differentielle Beweg-
lichkeit μ_{diff} im fallenden Ast der $v(E)$-Charakteristik wird
meist zu etwa -2400 cm^2/Vs angenommen.

Eine wesentliche Konsequenz aus der speziellen Form der $v(E)$-
Kurve ist die Bildung von Hochfelddomänen, die wir mit Bild
III.4 erläutern. An einer n-leitenden GaAs-Probe, die beidseitig mit ohm-
schen Kontakten
versehen ist, wer-
de eine Spannung
gelegt, so daß in-
nerhalb der Probe
fast die Schwel-
lenfeldstärke E_t

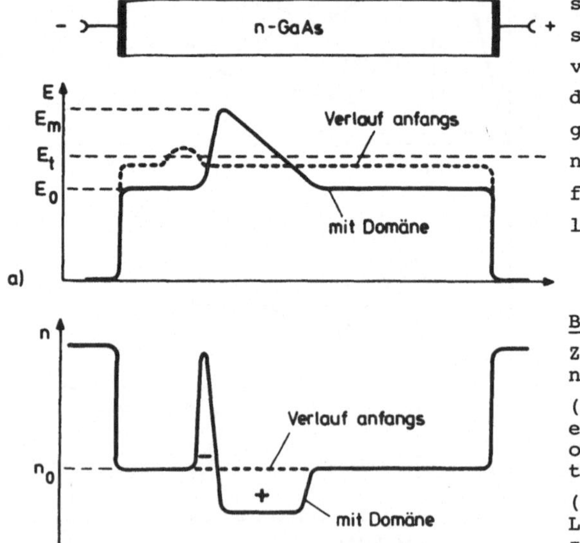

Bild III.4

Zum Entstehen ei-
ner Hochfelddomäne.

(a) Feldverlauf in
einer beidseitig
ohmsch kontaktier-
ten n-GaAs-Probe.

(b) Verlauf der
Ladungsträgerkon-
zentration mit und
ohne Domäne.

herrscht (Bild III.4a). Die Elektronen driften dann im gleichmäßigen Zug zur Anode . Wenn an einer Stelle in der Probe durch thermische Fluktuationen oder durch Dotierungsschwankungen die Feldstärke über den Schwellenwert E_t ansteigt, dann werden als Folge der besonderen Form der $v(E)$-Kurve die Elektronen an dieser Stelle langsamer als alle übrigen, d.h. es kommt zu einer Anhäufung von Elektronen und vor den zurückbleibenden Elektronen zu einer Verarmung verglichen mit der Gleichgewichtskonzentration n_o (Teilbild b). Das Gebilde aus Anreicherungs- und Verarmungszone nennt man eine Dipol-Domäne. Mit der Domäne ist ein Dipolfeld verbunden, das - wiederum als Folge der $v(E)$-Kurve - die Ausbildung der Domäne noch begünstigt, weil es sich gleichsinnig dem von außen angelegten Feld überlagert. Da die Domäne wegen ihres hohen Feldes Spannung verbraucht, muß außerhalb der Domäne in der Probe das Feld absinken, da ja nur eine konstante Spannung an der Diode anliegt. Folglich sinkt der Strom durch die Probe, sobald sich eine Domäne gebildet hat. Er nimmt erst seinen alten Wert wieder an, wenn die Domäne in die Anode läuft. Darauf bildet sich eine neue Domäne an der Inhomogenität der Probe. Vorzugsweise ist dies die Kathode, die wegen des Übergangs zur metallischen Leitung die größte Störung darstellt.

Der Vorgang von Domänenbildung und ihrer Auflösung an der Anode wiederholt sich periodisch. Damit verknüpft ist ein Pulsieren des Stroms, das zur Mikrowellenerzeugung ausgenutzt werden kann.

Mit diesen anschaulichen Erläuterungen ist das Programm der nächsten Schritte festgelegt. Zunächst wollen wir die $v(E)$-Kurve phänomenologisch ableiten und die Ergebnisse den Rechnersimulationen gegenüberstellen. Anschließend führen wir einige charakteristische Größen ein, die zur Beschreibung von Domänen nützlich sind.

2. $v(E)$-Kurve und Domänen

Wir wählen als Ausgangspunkt Bild III.2. Größen, die mit dem
Hauptminimum des Leitungsbandes im Γ-Punkt zu tun haben, bezeichnen wir mit dem Index Γ. Den Index L reservieren wir für
das niedrigste Nebenminimum im L-Punkt. Aus Symmetriegründen
gibt es acht gleichwertige Nebenminima, die aber - weil sie
je zur Hälfte in die benachbarte Brillouinzone hineinragen -
auch nur halb gezählt werden. Also ist ihre Zahl $M_L = 4$. Da
es nur ein Hauptminimum gibt, ist natürlich $M_\Gamma = 1$.

Wir setzen für die folgende Rechnung parabolische Bänder voraus, so daß wir die in Kap. III.1 eingeführten effektiven
Massen verwenden dürfen. Damit läßt sich die Zustandsdichte
für die beiden Minima im Leitungsband, die für den Elektronen-
Transfer-Effekt verantwortlich sind, durch die Formel [III.3]

$$G_i = 2\left(2\pi m_i k_B T_e / h^2\right)^{3/2} \tag{III.1}$$

angeben. Als weitere Voraussetzung nehmen wir an, daß die
Elektronentemperatur T_e für alle Täler gleich ist, was jedoch bei zunehmenden Feldern immer weniger erfüllt ist.
Schließlich soll der Halbleiter nicht entartet sein, so daß
die Fermi-Verteilung der Elektronen in ihrem hochenergeti-
schen Ausläufer durch die Boltzmann-Statistik angenähert werden kann. Dann ist die Zahl der Elektronen im i-ten Minimum
des Leitungsbandes durch [III.3]

$$N_i = M_i G_i \exp\left[-\left(W_i - W_F\right)/k_B T_e\right]$$

gegeben. W_i ist die Energie des i-ten Minimums. W_F bedeutet
die Fermi-Energie. Wenden wir die beiden letzten Gleichungen
auf die betrachteten Minima an, so folgt

$$\frac{N_L}{N_\Gamma} = \frac{M_L}{M_\Gamma} \left(\frac{m_L}{m_\Gamma}\right)^{3/2} \cdot \exp\left(-W^L/k_B T_e\right)$$

$$= R \exp\left(-W^L/k_B T_e\right). \tag{III.2}$$

Der zweite Teil der Gleichung ist gleichzeitig die Definition
für R. T_e können wir wie in Kap. II.2 mit dem elektrischen
Feld E verknüpfen, ohne aber die Gittertemperatur T_o - wie
dort geschehen - gegenüber T_e zu vernachlässigen. Statt Gl.
(II.4) erhalten wir so

$$eEv\tau_e = \frac{3}{2}\, k_B\left(T_e - T_o\right).\qquad\qquad\text{(III.3)}$$

Hierbei ist v die mittlere Geschwindigkeit der Elektronen
in den beiden betrachteten Tälern

$$v = \frac{N_\Gamma \mu_\Gamma + N_L \mu_L}{N_\Gamma + N_L}\, E.\qquad\qquad\text{(III.4)}$$

Diese Formel gilt nur für relativ niedrige Felder. Denn in
hohen Feldern, also auch bei großen Elektronentemperaturen
T_e, ist nach Gl.(III.2): $N_L/N_\Gamma = R$. Selbst wenn $\mu_L = 0$ ist,
folgt wegen $R \gg 1$ als Geschwindigkeit

$$v = \frac{\mu_\Gamma E}{R}.$$

Dies widerspricht dem bei Halbleitern experimentell gefundenen Sättigungsverhalten. Wenn aber der Ausdruck für v ohnehin nur für kleine Felder gültig ist, können wir die Beweglichkeit in dem Nebenminimum von vornherein zu Null setzen,
weil dieses Tal dann nur wenig besetzt ist und entsprechend
wenig beiträgt. Also nimmt Gl.(III.4) die Form

$$v \simeq \mu_\Gamma E\left(1 + N_L/N_\Gamma\right)^{-1}\qquad\qquad\text{(III.5)}$$

an. Damit läßt sich v unter Verwendung von Gl. (III.2) in
normierter Form schreiben

$$\frac{v}{v_o} = \frac{E}{E_o}\left[1 + R\,\exp\left(-1/\Theta\right)\right]^{-1}$$

mit $\qquad v_o = \mu_\Gamma E_o \qquad$ und $\qquad \Theta = \frac{k_B T_e}{W_L}.$

Die Ergebnisse mit $R \simeq 100$ für GaAs sind in Bild III.5 gezeigt. Der Parameter Θ ist selbst vom Feld E abhängig, da T_e feldabhängig ist. Aus Gl. (III.3) und (III.5) und dem Besetzungsverhältnis (III.2) läßt er sich aus der impliziten Gleichung

$$\Theta = \frac{k_B T_e}{W^L} = \Theta_0 + \left(\frac{E}{E_0}\right)^2 \left[1 + R \exp\left(-1/\Theta\right)\right]^{-1}$$

mit $\qquad E_0^2 = \frac{3}{2} W^L / e \mu_\Gamma \tau_e \qquad$ und $\qquad \Theta_0 = \frac{k_B T_0}{W^L} \qquad$ (III.6)

berechnen. Für GaAs bei Zimmertemperatur (290 K $\hat{=}$ 25 meV) gilt folgender Wert

$$\Theta_0 = \frac{0{,}025}{0{,}28} \simeq 0{,}09 \, .$$

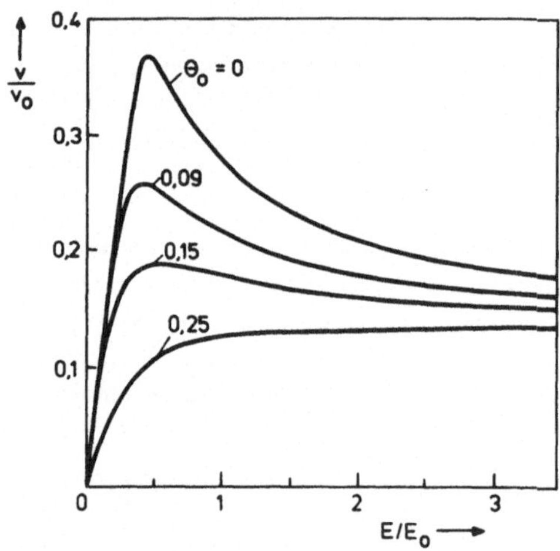

Das Modell des thermischen Gleichgewichts liefert also, wie aus Bild III.5 zu ersehen ist, die wesentlichen Charakteristika der für GaAs gültigen $v(E)$-Kurve. Es zeigt sich eine definierte Schwellenfeldstärke, jenseits derer eine negative differentielle Beweglichkeit beobachtet wird. Damit es zu einem ausgeprägten Abfall jenseits der Schwellenfeldstärke kommt, muß allerdings

<u>Bild III.5</u>

Normierte $v(E)$-Kurven für das Modell des thermischen Gleichgewichts.

der Abstand W^L zwischen den Leitungsbandminima, die bei dem Elektronentransfer mitwirken, sehr viel größer sein als die thermische Gitterenergie. Anders ausgedrückt heißt dies, daß bei erhöhten Temperaturen der Gunn-Effekt verschwindet.

Bleiben wir in dem beschriebenen Modell, dann können wir aus den experimentellen Werten für GaAs die Energierelaxationszeit τ_e abschätzen. Die Schwellenfeldstärke, die nach Bild III.5 etwa $0,5\ E_o$ entspricht, beträgt für GaAs rund $3,5\cdot 10^3$ V/cm. Die Beweglichkeit von gutem Material ist etwa 8000 cm^2/Vs. Mit $W^L = 0,28$ eV folgt dann aus Gl. (III.6)

$$\tau_e = \frac{3}{2}\ W^L/e\mu_\Gamma E_o^2 = \frac{3\cdot 0,28}{2\cdot 8\cdot 10^3\cdot 49\cdot 10^6} \simeq 10^{-12}\text{s}.$$

Ganz ähnliche Resultate folgen aus den Rechnersimulationen, obwohl dabei von grundlegenden Parametern der Bandstruktur ausgegangen wird. Explizit ist bei diesen Rechnungen keine Kenntnis der Relaxationszeiten erforderlich. Jedoch sind die erwähnten Parameter, wie die Phononenergien und die Deformationspotentiale für die verschiedenen Streuprozesse, entweder nur sehr ungenau oder überhaupt nicht bekannt, so daß sie auf indirektem Weg aus Messungen abgeschätzt werden müssen oder überhaupt zum Anpassen verwendet werden. Von diesem Standpunkt aus sind die Rechnersimulationen ebenso wie die skizzierte phänomenologische Theorie des thermischen Gleichgewichts einer gewissen Willkür bei der Anpassung der freien Parameter unterworfen.

Die wohl umfassendsten Rechnersimulationen stammen von Butcher und Fawcett [III.4]. Sie beginnen mit der Bandstruktur des GaAs und den daraus folgenden, verschiedenen Streuwahrscheinlichkeiten. Die dabei wichtigste Voraussetzung, die die Rechnung erheblich vereinfacht, ist die Annahme einer sogenannten verschobenen Maxwell-Verteilungsfunktion für die Elektronen in jedem Tal des Leitungsbandes. In einem ruhenden Gas mit einer thermischen Bewegung der Teilchen ist nach der klassischen Statistik eine symmetrische Verteilung der Geschwindigkeiten v nach einer Maxwellschen Glockenkurve zu erwarten (Bild III.6a). Im Gitter des GaAs soll diese Kurve für jedes Tal i, das um den Wellenvektor $\vec{k}_i$ verschoben ist, gelten, wobei aber die Elektronen in diesem Tal eine Driftgeschwindig-

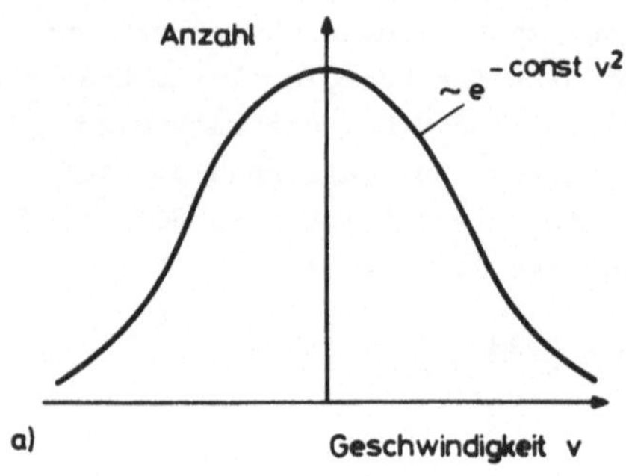

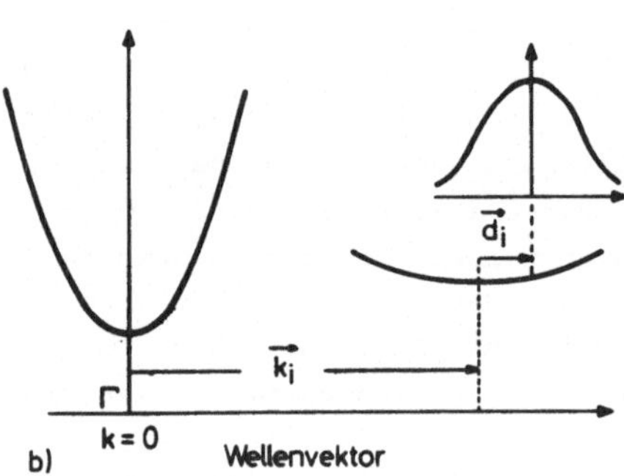

keit $\vec{v}_i = \hbar \vec{d}_i / m_i$ haben, z. B. hervorgerufen durch ein angelegtes elektrisches Feld. Die Maxwell-Verteilung ihrerseits muß dann gegenüber dem Minimum i um den Vektor $\vec{d}_i$ verschoben sein (Bild III.6b). Die Verteilungsfunktion f_i $(\vec{k}, \vec{r}, t)$ gibt dann an, wieviel Elektronen zur Zeit t am Ort $\vec{r}$ den Wellenvektor $\vec{k}$ des i-ten Tales haben, wobei diese Zahl noch gemäß Gl.(III.1) auf die Zustandsdichte dieses

Bild III.6

Zum Konzept der verschobenen Maxwell-Verteilung.

(a) Maxwellsche Glockenkurve

(b) Verschobene Maxwell-Verteilung im Nebenminimum des Leitungsbandes.

Tales bezogen ist. Unter Voraussetzung einer verschobenen Maxwell-Verteilung gilt dann

$$f_i(\vec{k},\vec{r},t) = N_i(\vec{r}) \cdot \left(\frac{h^2}{2\pi m_i k_B T_i}\right)^{3/2} \exp - \frac{h^2}{2m_i k_B T_i} (\vec{k}-\vec{k}_i-\vec{d}_i)^2 .$$

$N_i(\vec{r})$ ist die örtliche Dichte der Elektronen im i-ten Tal, m_i ihre effektive Masse und T_i ihre Temperatur. f_i muß der Boltzmannschen Transportgleichung genügen, die die zeitliche Änderung von f_i auf Grund der Energieaufnahme aus dem Feld, der Diffusion und der Innertal- und Zwischental-Streuung (vgl. Kap. II.2) angibt

$$\frac{\partial f_i}{\partial t} = \left(\frac{\partial f_i}{\partial t}\right)_{\text{Feld}} + \left(\frac{\partial f_i}{\partial t}\right)_{\text{Diffusion}} + \left(\frac{\partial f_i}{\partial t}\right)_{ii} + \sum_{j \neq i} \left(\frac{\partial f_i}{\partial t}\right)_{ij}.$$

Um die Parameter N_i, $\vec{d}_i$ und T_i zu bestimmen, nutzt die Rechnung aus, daß im thermodynamischen Gleichgewicht die zeitliche Änderung dieser Größen für jedes Tal verschwinden muß.

Zu der Zeit, als Butcher und Fawcett ihre Rechnungen durchführten [III.4], war die Bandstruktur von GaAs noch nicht hinreichend genau bekannt, so daß allgemein im X-Punkt mit $W^X = 0,35$ eV das energetisch niedrigste Nebenminimum angenommen wurde. Nach heutigen Kenntnissen spielt jedoch das Minimum im L-Punkt diese Rolle. Die Ergebnisse von Butcher und Fawcett können nach wie vor als im wesentlichen zutreffend angesehen werden, da die Änderung vom X- zum L-Nebenminimum zumindest teilweise durch die niedrigere Zustandsdichte im L-Punkt kompensiert wird.

Die numerische Lösung nach Butcher und Fawcett [III.4] führt schließlich zu Resultaten, wie sie in Bild III.7 angegeben sind. Die $v(E)$-Kurve hat ein ausgeprägtes Maximum bei etwa 3,5 kV/cm und mündet bei hohen Feldern in eine Sättigung. Der Verlauf der $v(E)$-Kurve stimmt gut mit den experimentellen Ergebnissen überein. Mit wachsendem Feld nimmt die Beweglichkeit μ_Γ im Hauptmi-

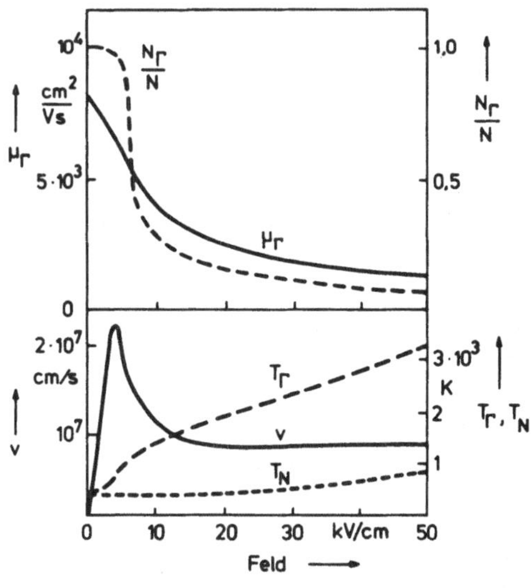

Bild III.7   Ergebnisse einer Rechnersimulation für GaAs nach Butcher u. Fawcett [III.4].

nimum stark ab. Jenseits der Schwellenfeldstärke von 3,5 kV/cm
erfolgt eine rasche Umbesetzung der Elektronen, d.h. sie werden in zunehmendem Maß in das Nebenminimum gestreut. Entsprechend sinkt das Verhältnis der Elektronenzahl N_Γ im Hauptmini-
nimum zur Gesamtzahl N der Elektronen rasch ab. Die numerische
Rechnung zeigt auch sehr deutlich die unterschiedliche Elektronentemperatur in Haupt- und Nebenminimum des Leitungsbandes.
Während die Elektronen im Hauptminimum sehr stark bei wachsenden Feldern aufgeheizt werden (schneller Anstieg von T_Γ),
nimmt die Temperatur T_N im Nebenminimum erst bei sehr hohen
Feldern (über 100 kV/cm) in vergleichbarem Maß zu. Um eine
Größenordnung für die Energierelaxationszeiten zu erhalten,
ziehen wir die Feldstärke E = 10 kV/cm heran. Dafür gilt nach
Bild III.7: T_Γ = 1350 K und T_N = 350 K.

Eine Rechnersimulation von Bosch und Thim [III.5], die ebenfalls die Boltzmannsche Transportgleichung mit verschobener
Maxwell-Verteilung zugrundelegt, liefert folgende Resultate
für die genannten Temperaturen:

> Relaxationszeit für die Elektronenstreuung:
> vom Hauptminimum zu allen Nebenminima $\tau_{\Gamma N} \approx$ 1 ps;
> von den Nebenminima zum Hauptminimum $\tau_{N\Gamma} \approx$ 2/3 ps.

Es handelt sich also um sehr rasche Ausgleichsvorgänge. Sie
stellen aber bei hohen Frequenzen eine Begrenzung dar. Die
Verteilungsfunktion der Elektronen folgt einem schnell wech-
selnden Feld nur mehr mit Verzögerung oder schließlich überhaupt nicht mehr. Zu hohen Frequenzen hin nimmt die negative
differentielle Beweglichkeit mehr und mehr ab und wird schließlich zu Null. Man glaubt, daß diese Grenze für GaAs bei etwa
100 GHz liegt, hoch genug also, daß wir sie in diesem Zusammenhang vernachlässigen können.

Ergebnisse der Art, wie sie in Bild III.7 reproduziert sind,
erlauben die Berechnung der Diffusionskonstanten $D(E)$ in ihrer
Feldabhängigkeit. Dazu wird die Einstein Beziehung $D = \mu kT/e$,
die die Diffusion mit der Beweglichkeit verknüpft, erweitert,
indem mit den Besetzungszahlen für Haupt- und Nebenminimum
gewichtet wird

$$D(E) = (N_\Gamma \mu_\Gamma T_\Gamma + N_N \mu_N T_N) \, \frac{k_B}{e\bar{N}} \; .$$

Das Resultat ist eine Kurve mit einem ausgeprägten Maximum in der Nähe der Schwellenfeldstärke und ein drastisches Absinken von D zu hohen Feldstärken hin [III.4].

In Bild III.8 sind Messungen der Elektronengeschwindigkeit v in Abhängigkeit von der elektrischen Feldstärke E zusammengestellt. Die Kurven für GaAs und InP sind Mittelungen aus mehreren Messungen [III.6 und 7]. Die übrigen Kurven sind für

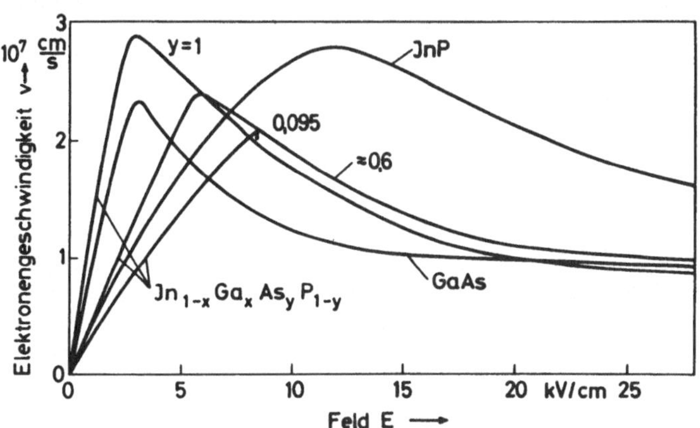

Bild III.8

Experimentell ermittelte Elektronengeschwindigkeit v in Abhängigkeit von der elektrischen Feldstärke E. (Quellen s. Text)

Legierungen vom Typ $In_{1-x}Ga_xAs_yP_{1-y}$, die aber alle die gleiche Gitterkonstante wie InP haben. Dies bedingt eine Kopplung zwischen x und y gemäß $y \approx 2{,}2x$. Da der Halbleiter mit y = 0,095 sehr InP-ähnlich ist, ergibt sich auch eine relativ hohe Schwellenfeldstärke. Die zugehörige $v(E)$-Kurve ist bis nahe an die Schwelle gemessen [III.8]. Die Kurve für y ≈ 0,6 ist aus Hochfeldmessungen [III.9] und rechnerischen Interpolationen [III.10] zusammengesetzt. Hinsichtlich Spitzengeschwindigkeit und Schwellenfeldstärke zeigt die ternäre Verbindung y = 1 die günstigsten Werte. Die Ermittlung ihrer $v(E)$-Kurve ist in [III.11] erläutert. Die hohe Schwellenfeldstärke und die damit verbundene große Verlustleistung stellen ein erhebliches Problem beim praktischen Einsatz von InP dar.

Bei der Einführung des Gunn-Effektes in Kap. III.1 auf S. 120 haben wir bereits qualitativ abgeleitet, wie aus den Besonderheiten der $v(E)$-Kurve des GaAs Feldinhomogenitäten, sogenannte Dipoldomänen, entstehen. Die folgenden Gleichungen eines eindimensionalen Modells sollen eine bessere Beschreibung dieser Vorgänge liefern. Der Strom durch das Bauelement, bezogen auf den Querschnitt A, setzt sich aus dem Konvektionsstrom, dem Diffusionsstrom und dem Verschiebungsstrom zusammen

$$I/A = env(E) - \frac{\partial}{\partial x}(eDn) + \varepsilon\frac{\partial E}{\partial t} \ . \qquad (III.7)$$

Wir setzen voraus, daß die Ladungsträgerkonzentration, mit Ausnahme einer Inhomogenitätsstelle zwischen x_1 und x_2 (vgl. Bild III.4), in der ganzen Probe den konstanten Wert n_0 hat. Dann tritt natürlich, mit Ausnahme im Intervall (x_1, x_2), keine Diffusion auf

$$I/A = en_0v(E) + \varepsilon\frac{\partial E_0}{\partial t} \ .$$

Das Feld muß ebenfalls konstant gleich E_0 sein, wenn wir homogene Dotierung voraussetzen. Allerdings ändert es seinen Wert zwischen x_1 und x_2. Die Poisson-Gleichung erhält dafür die Form

$$\varepsilon\frac{\partial E}{\partial x} = e(n-n_0) \ . \qquad (III.8)$$

Da Kontinuität des Stromes innerhalb und außerhalb der Inhomogenität herrschen muß, können wir die letzten drei Gleichungen zusammenfassen

$$\varepsilon\frac{\partial}{\partial t}(E-E_o) = en_o\left[v(E_o)-v(E)\right] + \frac{\partial}{\partial x}(eDn) - \varepsilon v(E)\frac{\partial E}{\partial x} \quad . \quad \text{(III.9)}$$

Diese Gleichung integrieren wir über die inhomogene Zone von x_1 bis x_2. Dabei können wir ausnutzen, daß $Dn\big|_{x_1} = Dn\big|^{x_2}$ ist, weil x_1 und x_2 am Rand der homogenen Bereiche liegen. Außerdem gilt

$$\int_{x_1}^{x_2} v(E)\frac{\partial E}{\partial x}dx = \int_{E_o}^{E_o} v(E)dE = 0.$$

Damit folgt schließlich aus Gl. (III.9)

$$\frac{\partial}{\partial t}\int (E-E_o)dx = \frac{en_o}{\varepsilon}\int\left[v(E_o)-v(E)\right]dx. \qquad \text{(III.10)}$$

Wir machen nun die Einschränkung, daß die Feldänderungen gering sind, daß es sich also um kleinere Inhomogenitäten handelt. Damit können wir entwickeln

$$v(E) = v(E_o) + \frac{\partial v}{\partial E}(E-E_o).$$

Daher resultiert aus Gl. (III.10)

$$\frac{dU_D}{dt} = -\omega_c U_D \quad \text{mit} \quad U_D = \int (E-E_o)dx \quad \text{und} \quad \omega_c = \frac{en_o}{\varepsilon}\frac{dv}{dE} \quad .$$

$$\text{(III.11)}$$

U_D nennt man Domänenspannung; es ist der Anteil der an der Probe liegenden Spannung, der vom Feld der Inhomogenität aufgebraucht wird. $1/\omega_c$ ist die dielektrische Relaxationszeit. Sie regelt die Relaxation einer Ladungsträgerinhomogenität in einem Material der Dielektrizitätskonstanten ε und mit dem spezifischen Widerstand $\rho = 1/(en\mu) = 1/(en\frac{dv}{dE})$. Aus Gl.(III.11) können wir entnehmen, daß sich im allgemeinen eine Ladungsträgerinhomogenität abbaut, weil meist $dv/dE > 0$ ist. Wenn aber, wie in GaAs, dv/dE negativ werden kann, dann kann sich die Inhomogenität aufbauen. Es kann zur vollen Ausbildung von Domänen kommen.

In der bisherigen Ableitung, die in ihrer Schlußfolgerung
ohnehin nur für kleine Gleichgewichtsstörungen gilt, haben
wir nichts über die Form der Inhomogenitäten ausgesagt. Die
einfachste Form einer voll ausgebildeten Domäne ist die Dipoldomäne (Bild III.4b). Sie besteht aus einer vernachlässig-
bar dünnen Schicht mit hoher Ladungsträgerkonzentration, der
Anreicherungszone, und einer davor liegenden breiten Zone
mit sehr geringer Ladungsträgerkonzentration, der Verarmungszone. In dieser Domäne muß das Feld dreieckförmig sein. Durch
Anwendung der Poisson-Gleichung ergibt sich für die Dipoldomäne relativ leicht das maximale Feld E_m in der Domäne

$$E_m - E_o = e n_o d / \varepsilon. \tag{III.12}$$

Dabei ist d die Dicke der Domäne, die etwa dem Abstand zwischen x_1 und x_2 entspricht. Durch Integration des dreieck-
förmigen Feldverlaufs ergibt sich daraus sofort die Domänenspannung

$$U_D = \frac{1}{2} e n_o d^2 / \varepsilon. \tag{III.13}$$

Wenn wir von Diffusionseffekten absehen und wenn die Feldstärke in der Domäne hinreichend hoch ist, dann wandern die
Elektronen in der Domäne nahezu mit Sättigungsgeschwindigkeit v_s. Außerhalb der Domäne muß das Feld gegenüber der homogenen Ladungsträgerverteilung abgefallen sein, weil die
Domäne Spannung verbraucht. Damit die Domäne ohne Formver-
änderung durch die Probe wandert, muß die Elektronengeschwindigkeit außerhalb der Domäne ebenso groß sein wie innerhalb
der Domäne, d.h. das Feld außerhalb der Domäne muß durch die
Bedingung

$$v_s \approx \mu_o E_o$$

gegeben sein, wobei μ_o die Niedrigfeld-Beweglichkeit ist. Sobald sich eine Domäne gebildet hat, fließt also nicht mehr
der Schwellenstrom I_t, der zur Schwellenfeldstärke E_t gehört

(vgl. Bild III.3a), sondern nur noch

$$I_o/A = en_o\mu_o E_o \approx en_o v_s = I_s/A.$$

Wenn also die Probe die Länge l und den Niedrigfeld-Widerstand R_o hat, dann teilt sich die Batteriespannung auf diesen Wider-stand und auf die Domäne auf

$$U_{Bat} = U_D + I_o R_o = U_D + E_o l. \qquad (III.14)$$

Der Gunn-Effekt wird am übersichtlichsten mit Bild III.9 zu-sammengefaßt. Die Probe soll bis zur Schwellenspannung U_t vor-gespannt sein, die sich aus der Schwellenfeldstärke von

Bild III.9

(a) Strom-verlauf in einer GaAs-Probe mit laufenden Domänen.

(b) Poten-tialver-lauf in einer GaAs-Probe, die bis zur Schwelle U_t vorgespannt ist. Der Parameter an den Kur-ven stellt verschiede-ne Zeit-punkte des Domänen-durchlaufs dar.

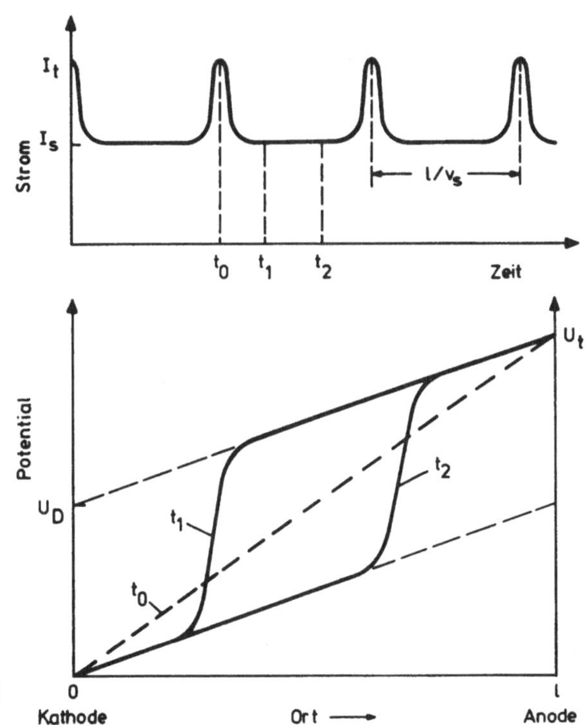

$3,5 \cdot 10^3$ V/cm und der Probenlänge l ergibt. Dann fließt auch
der Schwellenstrom I_t. Der Potentialverlauf in der Probe ist
zunächst homogen (Zeitpunkt t_o). An der größten Inhomogenität
in der Probe, was in den meisten Fällen die Kathode ist, bildet sich nun eine Domäne, die zur Anode wandert. Nach einer
gewissen Zeit ist der Potentialverlauf wie nach Kurve t_1. Die
Domäne verbraucht in ihrem Dipolfeld die Spannung U_D, so daß
außerhalb der Domäne das Feld abfallen muß. Es fließt nur noch
der Strom I_s in der Probe. Zeitlich nacheinander ergeben sich
die Potentialverläufe nach den Kurven t_1 und t_2, bis die Domäne nach ihrer Laufzeit l/v_s durch die Probe an der Anode
ankommt und dort aufgelöst wird. Der Stromwert I_t wird wieder
angenommen, und der beschriebene Prozeß wiederholt sich mit
der Bildung einer neuen Domäne an der Kathode.

Messungen des elektrischen Feldes mit kapazitiven Sonden, die
auf GaAs-Proben aufgesetzt sind und unter denen eine Domäne
entlangläuft, bestätigen im wesentlichen den Feldverlauf nach
Bild III.4a und den daraus resultierenden Potentialverlauf
nach Bild III.9b [III.12]. Bild III.10 zeigt den Stromver-

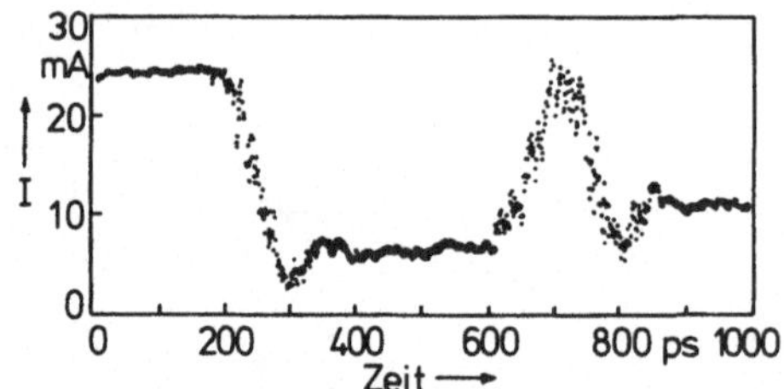

Bild III.10
Stromimpulse auf Grund
wandernder Hochfelddo-
mänen in einer planaren
$In_{0,53}Ga_{0,47}As$-Probe.
Messung mit einem Ab-
tastoszillograph von
W. Kowalsky.

lauf, der an einer $In_{0,53}Ga_{0,47}As$-Probe in planarer Bauweise
mit 44 µm Länge mit einem Abtastoszillograph gemessen wurde.
Durch einen kurzen Auslöseimpuls, der der Vorspannung überlagert ist, wird die Schwellenspannung bei 200 ps überschrit-
ten und eine Domäne ausgelöst. Es resultiert ein Stromeinbruch
von über 70 %. Ein ähnlicher Wert ergibt sich aus Spitzen-
und Sättigungsgeschwindigkeit der Kurve für y = 1 in Bild
III.8. Nach rund 450 ps Laufzeit löst sich die Domäne an der

Anode auf. Damit resultiert eine Domänengeschwindigkeit von
weniger als 10^7 cm/s. Dieser Wert ist ebenfalls im Einklang
mit Bild III.8. Eine zweite Domäne wird bei 700 ps ausgelöst.
Der zugehörige Stromeinbruch ist reduziert, weil die am Element anliegende Spannung abgenommen hat. Die übrigen Daten
des Bauelements von Bild III.10 sind: Breite 10 $\pm$ 1 µm; Dicke
2,5 $\pm$ 0,5 µm; n_o = 2,75·10^{16}cm^{-3}; μ_o = 8600 cm^2/Vs. Die Ursache für die momentane Stromabsenkung zu Beginn der Impulse
(bei 300 und 800 ps auf der Zeitskala von Bild III.10) ist
nicht geklärt. Sie hängt möglicherweise mit der wachsenden
effektiven Masse der Elektronen zusammen, wenn sie im Hauptminimum des Leitungsbandes bei Γ (vgl. Bild III.2) aufgeheizt
werden, bevor sie durch den Elektronen-Transfer-Effekt in das
Satellitenminimum gestreut werden.

3. Charakteristische Größen von Domänen

Wir müssen die Diskussion des vorangehenden Kapitels in man-
chen Aspekten modifizieren und ergänzen. Dies betrifft zunächst einmal die Ermittlung der maximalen Feldstärke E_m in
der Domäne. Dazu ist, ausgehend von der $v(E)$-Kurve, eine besondere geometrische Konstruktion, die als Flächenregel bezeichnet wird, notwendig, wodurch eine Verknüpfung zwischen
E_m und E_o möglich wird. Wir legen diesen Betrachtungen nach
wie vor die Dipoldomäne mit dreieckförmigem Feldverlauf zu
Grunde, obwohl dies nicht die einzig denkbare Domänenform ist.
Zur Illustration wollen wir versuchen, eine Domäne in den ersten Phasen ihres Wachstums zu beschreiben. Als wichtiges Resultat werden wir schließlich ein Ersatzschaltbild für ein
Gunn-Element mit wandernder Domäne erhalten, das durch Experimente gestützt wird.

Zu Beginn wollen wir eine stabile Domäne behandeln, die mit
konstanter Geschwindigkeit ohne Änderung ihrer Form von der
Kathode zur Anode zieht. Es ist bequem, ein Koordinatensystem
einzuführen, in dem die Domäne stationär ist. Für den Beob-
achter in diesem System sind die Domänengrößen, insbesondere

die Feldstärke E und die Ladungsträgerkonzentration n, zeitlich invariant und nur noch von der Ortskoordinate abhängig.
Wenn x' und t' die Koordinaten im stationären System sind,
dann lautet nach Gl. (III.7) der Gesamtstrom in eindimensio-
naler Näherung

$$\frac{I}{A} = env(E) - eD\frac{\partial n}{\partial x'} + \varepsilon\frac{dE}{dt'} \qquad\qquad (III.15)$$

wobei wir die Diffusionskonstante D als feldunabhängig angenommen haben. Die Zeit ist natürlich in beiden Koordinaten-
systemen gleich ($t = t'$). Aber die Ortskoordinate x im wandernden System ist mit x' über

$$x = x' - ut'$$

verknüpft, denn das wandernde System bewegt sich mit der Domäne in deren Geschwindigkeit u mit. Wenn wir die Stromgleichung im bewegten System formulieren, dann bleiben die Orts-
ableitungen erhalten

$$\frac{\partial}{\partial x'} = \frac{\partial}{\partial x} .$$

Da die Ortskoordinate von der Zeit abhängig geworden ist,
wirkt dagegen die zeitliche Ableitung auch auf die Ortskoordinate im wandernden System in der Form

$$\frac{d}{dt'} = \frac{\partial}{\partial t} - \frac{\partial x}{\partial t}\frac{\partial}{\partial x} = \frac{\partial}{\partial t} - u\frac{\partial}{\partial x} .$$

Der erste Term $\partial/\partial t$ ist die lokale Änderung und verschwindet
im stationären Fall. Der zweite Term $-u\,\partial/\partial x$ stellt die kon-
vektive Änderung dar. Setzen wir dies in Gl. (III.15) ein,
so folgt

$$I/A = env(E) - eD\frac{\partial n}{\partial x} - u\varepsilon\frac{\partial E}{\partial x} + \varepsilon\frac{\partial E}{\partial t} . \qquad\qquad (III.16)$$

Da in der Poisson-Gleichung nur die Ortsableitung erscheint,
bleibt sie im bewegten System in unveränderter Form gültig

$$\epsilon \frac{\partial E}{\partial x} = e\,(n-n_o)\,.$$

(III.17)

Hierbei ist n_o die Konzentration der ionisierten Donatoren (vgl. Bild III.4b). Mit dieser Gleichung folgt

$$\frac{\partial}{\partial x} = \frac{\partial}{\partial E}\,\frac{\partial E}{\partial x} = \frac{e}{\epsilon}\,(n-n_o)\frac{\partial}{\partial E}\;.$$

Nach einer Umstellung nimmt die Stromgleichung (III.16) unter Benutzung dieser Beziehung die Form

$$\frac{e^2 D}{\epsilon}\,(n-n_o)\frac{dn}{dE} = en\left[v(E)-u\right] - I/A + \epsilon\frac{\partial E}{\partial t} + en_o u$$

an. Diese Gleichung wird nun von einem Punkt außerhalb der Domäne, wo die Feldstärke E_o herrscht, bis zum Punkt der maximalen Feldstärke E_m innerhalb der Domäne integriert

$$\frac{en_o D}{\epsilon}\int\limits_{n(E_o)}^{n(E_m)}\left(1-\frac{n_o}{n}\right)\frac{dn}{n_o} = \int\limits_{E_o}^{E_m}\left[v(E)-u\right]dE - \int\limits_{E_o}^{E_m}\frac{1}{en}\left(I/A-\epsilon\frac{\partial E}{\partial t} - en_o u\right)dE\,.$$

(III.18)

Wir betrachten diese Gleichung zunächst im stationären Fall im bewegten Koordinatensystem; es ist also $\partial E/\partial t = 0$. Die Integration kann auf zwei Wegen erfolgen: entweder von der Kathodenseite über die Anreicherungszone zum Maximalfeld E_m oder von der Anodenseite ausgehend über die Verarmungszone zum selben Punkt mit E_m (vgl. Bild III.4a). Wie eine Betrachtung der Poisson-Gleichung (III.17) zeigt, ist außerhalb der Domäne wegen $n = n_o$ auch das Feld konstant ($\partial E/\partial x = 0$). Umgekehrt gilt im Punkt mit dem Maximalfeld E_m in der Domäne $\partial E/\partial x = 0$; also muß dort auch $n = n_o$ sein. D.h. E_m ist die Feldstärke genau am Übergang von der Akkumulationszone zur Verarmungszone. Folglich muß das Integral auf der linken Seite der Gl. (III.18) verschwinden. Die Poisson-Gleichung (III.17) zeigt, daß die Ladungsträgerkonzentration n mit der Feldstärke E eindeutig verknüpft ist. Dieser Sachverhalt läßt

sich für die Auswertung des zweiten Integrals auf der rechten
Seite von Gl. (III.18) ausnutzen. Der Zähler des Integranden
ist offensichtlich von der Variablen unabhängig. Der Nenner
ist aber entweder stets größer als en_o oder stets kleiner als
en_o, je nachdem ob die Integration über die Anreicherungszone
oder über die Verarmungszone erfolgt. Wenn dieses Integral unabhängig vom Integrationsweg sein soll, muß also der Zähler
verschwinden

$$I/A - en_o u \; = 0$$

oder, da der Strom kontinuierlich ist und sich durch die Feldstärke E_o außerhalb der Domäne beschreiben läßt

$$I/A = en_o v(E_o) = en_o u$$

oder $\quad v(E_o) = u.$ $\hfill$ (III.19)

Die Geschwindigkeit u der Domäne ist also gleich der Geschwindigkeit $v(E_o)$ der Elektronen außerhalb der Domäne. Fassen wir
die bisherige Diskussion zusammen, so folgt schließlich

$$\int_{E_o}^{E_m} \left[v(E) - u\right] dE = 0. \qquad (III.20)$$

Dies ist die Flächenregel von Butcher [III.13], denn das Integral läßt eine einfache Interpretation zu. Bevor wir dies
erläutern, machen wir darauf aufmerksam, daß Gl. (III.19) von
dem Wert des Diffusionskoeffizienten D unabhängig ist. Sofern
allerdings D vom Feld abhängig ist, muß $D(E)$ als Nenner zum
Integranden in Gl. (III.20) hinzugefügt werden [III.14].

Zusammen mit Bild III.4 veranschaulicht Bild III.11 die But-
chersche Flächenregel, denn nach Gl. (III.20) bedeutet sie
die Gleichheit der beiden gerasterten Flächen. Wenden wir die
Flächenregel für alle möglichen Domänengeschwindigkeiten u an,
dann wird durch die Punkte (E_m, u) eine Kurve definiert, die

in Bild III.11
strichpunktiert
ist. Diese Kurve
verknüpft das
Außenfeld E_o mit
dem zugehörigen
Maximalfeld E_m
in einer stabi-
len Domäne.

Unter Ausnutzung
der Flächenregel
ist es möglich,
die Arbeitspunk-
te für ein Bau-
element zu be-

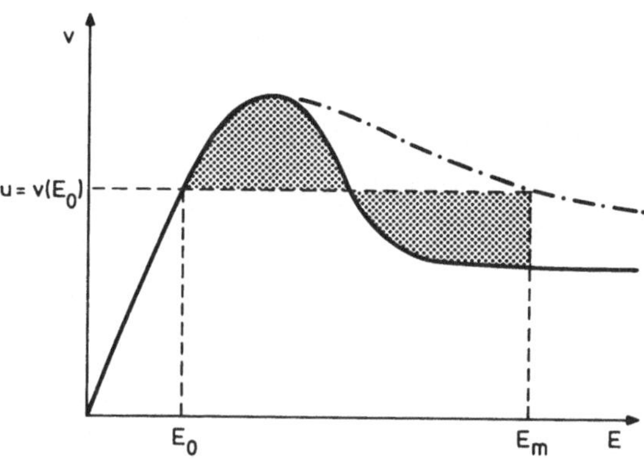

<u>Bild III.11</u>

Illustration der Butcherschen Flächenregel

stimmen, in dem sich eine Domäne bewegt. In Kap. III.2 haben
wir bereits die Domänenspannung U_D eingeführt. Aus den dort
angegebenen Gleichungen (III.12 und 13) folgt sofort

$$U_D = \frac{\varepsilon}{2en_o} (E_m - E_o)^2. \qquad\qquad (III.21)$$

Die Flächenregel erlaubt es, E_m und E_o zu verknüpfen, falls
die $v(E)$-Kurve bekannt ist. Damit eine analytische Behandlung
möglich ist, gehen wir auf die bereichsweise lineare Näherung
zurück [III.15], wie wir sie bereits in Kap. III.1 mit Bild
III.3b eingeführt haben. Wenn das Maximalfeld E_m in der Domäne kleiner als das Sättigungsfeld E_s ist, dann hat die Flächenregel die Form des Bildes III.12. Unterhalb der Schwellenfeldstärke E_t soll die Beweglichkeit μ_o sein. Der fallende Ast
der $v(E)$-Kurve wird durch die differentielle Beweglichkeit
$dv/dE = -\mu_{diff}$ beschrieben, so daß in diesem Bereich

$$v = \mu_{diff}(E_t - E) + v_t$$

gilt. Zur Vereinfachung weisen wir also μ_{diff} einen positiven
Wert zu. Formelmäßig lautet die Flächenregel für $E_m < E_s$

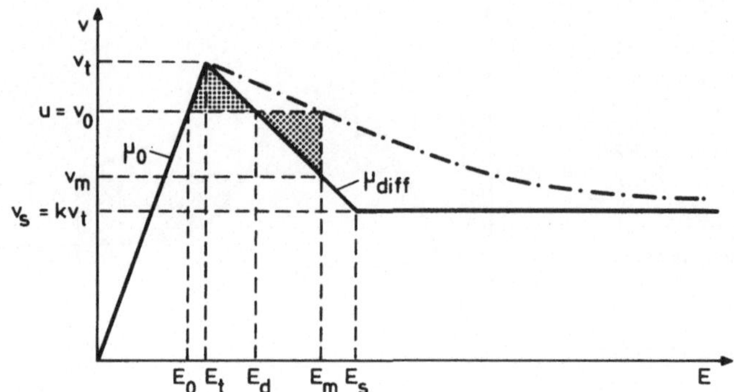

Bild III.12 Flächenregel bei der Drei-Geraden-Näherung der $v(E)$-Kurve.

$$(E_d - E_o)\ (v_t - v_o) = (E_m - E_d)\ (v_o - v_m).$$

Wegen der Drei-Geraden-Näherung gilt ferner

$$v_o = \mu_o E_o; \qquad\qquad v_t = \mu_o E_t;$$

$$v_o = \mu_{diff}(E_t - E_d) + v_t; \quad v_m = \mu_{diff}(E_t - E_m) + v_t.$$

Nehmen wir noch die Definition der relativen Beweglichkeit

$$\mu_r = \frac{dv}{dE}\ /\ \frac{v_o}{E_o} = \mu_{diff}/\mu_o \tag{III.22}$$

hinzu, dann folgt nach einigen Umrechnungen

$$E_m = E_o + \frac{(1+\mu_r)^{1/2} + (1+\mu_r)}{\mu_r}\ (E_t - E_o) \tag{III.23}$$

$$\text{für}\quad E_m < E_s.$$

Ganz analoge Betrachtungen lassen sich für den Fall anstellen, daß E_m jenseits der Sättigungsfeldstärke E_s liegt. Hier kommt

jedoch noch der relative Stromeinbruch $k = v_s/v_t$ hinzu. Das
Ergebnis lautet schließlich

$$E_m = E_o + \frac{1+\mu_r}{2\mu_r} \frac{(1-k)^2 \cdot E_t^2}{E_o - kE_t} - \frac{1}{2}(E_o - kE_t) \qquad \text{(III.24)}$$

für $E_m > E_s$.

Damit ist die in Bild III.12 strichpunktiert gezeichnete Kurve, die das maximale Feld E_m einer Dipoldomäne mit dem Außenfeld E_o verknüpft, in analytischer Form bekannt.

Gehen wir mit E_m aus Gl. (III.23 und 24) in Gl. (III.21) ein,
so erhalten wir die I-U-Charakteristik der Dipoldomäne. Spezialisieren wir mit μ_r = 1/3 und k = 0,5 auf für GaAs typische
Werte, so folgt

$$U_D/U_t = 28 \, \frac{v_t}{\omega_c l} \, (1-I/I_t)^2 \qquad\qquad \text{für } 0,77 < I/I_t < 1;$$

$$= 0,12 \, \frac{v_t}{\omega_c l} \left[\frac{1-(I/I_t - 0,5)^2}{I/I_t - 0,5} \right]^2 \qquad \text{für } 0,5 < I/I_t < 0,77.$$

$$\text{(III.25)}$$

ω_c ist die in Gl. (III.11) eingeführte Relaxationsfrequenz,
$I_t = en_o\mu_o E_t$ und $U_t = lE_t$ sind Strom und Spannung an der
Schwelle bei dem Bauelement der Länge l. Die Kennlinie (III.
25) ist in Bild III.13 als ausgezogene Kurve eingezeichnet
und stellt in ihrem wesentlichen Teil mit guter Näherung eine
Horizontale dar.

Damit wird es möglich, den Arbeitspunkt eines Bauelementes mit
wandernder Domäne zu finden. Da U_D der zusätzliche Spannungsverbrauch durch die Domäne ist (vgl. Bild III.4a), kann das
Bauelement als Hintereinanderschaltung eben dieser Domäne und
des Niedrigfeld-Widerstandes $R_o = l/(en_o\mu_o A)$ des Bauelementes
aufgefaßt werden. Die Batteriespannung teilt sich demnach gemäß Gl. (III.14) auf. Wir setzen nun typische Werte für GaAs
ein:

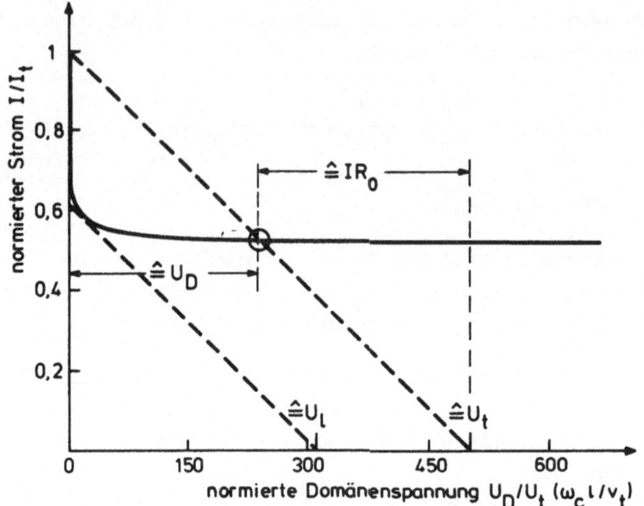

<u>Bild III.13</u> Kennlinie einer Dipoldomäne (ausgezoge-
ne Kurve) mit eingezeichneten Arbeits-
geraden für Vorspannung bis zur Schwelle
und bis zum Minimalwert ($\omega_c l/v_t$ = 500)

$$\mu_o = 7200 \text{ cm}^2/\text{Vs}; \quad \varepsilon \approx 10^{-12} \text{ F/cm}; \quad v_t = 2{,}3 \cdot 10^7 \text{ cm/s}.$$

Im Vorgriff auf die Ergebnisse des folgenden Kapitels nutzen
wir aus, daß sich bei $n_o l = 10^{13}$ cm^{-2} Domänen sehr gut ausbilden können. Damit wird

$$\frac{\omega_c l}{v_t} = \frac{e n_o \mu_o l}{\varepsilon \, v_t} = 500.$$

Falls die am Bauelement liegende Spannung gerade den Schwellenwert U_t annimmt, ist die Kennlinie von R_o die höher gele-
gene, gestrichelte Gerade in Bild III.13. Sie ist unabhängig
von l. Der Schnittpunkt dieser Geraden mit der Domänenkennlinie markiert den Arbeitspunkt und die Aufteilung der angelegten Spannung auf U_D und auf den Niedrigfeldwiderstand R_o.
Der zweite Schnittpunkt bei $I/I_t = 1$, bei dem keine Domäne

existiert (U_D = O), ist instabil, weil sich bald wieder eine
Domäne aufbaut. Aus Bild III.13 wird unmittelbar klar, daß
sich der Strom nicht wesentlich ändert, wenn die Batteriespannung U_{Bat} erhöht wird. Der zusätzliche Spannungsabfall wird
von der Domäne aufgenommen, da sich der Spannungsabfall an R_o
wegen der Parallelverschiebung der Arbeitsgeraden nicht ändert. Der Strom bleibt nahezu konstant. Wenn allerdings U_{Bat}
unter U_t sinkt, also bei wandernder Domäne die gestrichelte
Gerade sich nach links verschiebt, steigt der Probenstrom geringfügig. Eine Domäne kann aber nicht mehr existieren, sofern U_{Bat} unter die sogenannte Löschspannung U_1 absinkt. Es
gibt keinen Schnittpunkt zwischen Arbeitsgerade und Domänenkennlinie mehr.

Zum Aufbau einer Domäne muß die Batteriespannung über die
Schwellenspannung U_t ansteigen, kann aber, sobald sich eine
Domäne gebildet hat, wieder absinken, sofern dies nicht tiefer als die Löschspannung U_1 ist. Diese Betriebsweise wird
im Englischen als "triggered domain mode" bezeichnet.

Die bisher in diesem Kapitel gemachten Aussagen galten für
den stationären Fall, d.h. die Domäne bewegt sich in unveränderter Form durch die Probe. Um den Aufbau einer Domäne beschreiben zu können, nutzen wir aus, daß sich die Domäne mit
nahezu der gleichen Geschwindigkeit wie die Elektronen außerhalb der Domäne von der Kathode zur Anode bewegt. Damit wird
aus der Integralgleichung (III.18)

$$\frac{e n_o D}{\varepsilon} \int_{n(E_o)}^{n(E)} (1 - \frac{n_o}{n})\, dn/n_o = \int_{E_o}^{E} \left[v(E) - v(E_o) \right] dE.$$

Hierbei ist die obere Integrationsgrenze variabel, und das
zweite Integral auf der rechten Seite ist nach der gleichen
Argumentation wie in Anschluß an Gl. (III.18) weggelassen.
Es wird zwar ein Zustand während des Wachstums einer Domäne
bei geringer Domänenspannung betrachtet. Aber dieser Zustand

ist stationär, so daß auch hier wieder $\partial/\partial t = 0$ gilt. Die Integration des linken Integrals liefert

$$\frac{n}{n_o} - \ln\frac{n}{n_o} - 1 = \frac{\varepsilon}{en_o D} \int\limits_{E_o}^{E} \left[v(E) - v(E_o)\right] dE.$$

Während der ersten Stufen des Domänenaufbaus sind die Abweichungen der Ladungsträgerkonzentration n vom Gleichgewichtswert n_o nur sehr gering. Der Logarithmus läßt sich entwickeln, und die höheren Glieder können vernachlässigt werden. Als Ergebnis läßt sich schreiben

$$\left(\frac{n-n_o}{n_o}\right)^2 \simeq \frac{2\varepsilon}{en_o D} \int\limits_{E_o}^{E} \left[v(E) - v(E_o)\right] dE.$$

Wenn die $v(E)$-Kurve gegeben ist - dies sei wieder die Drei-Geraden-Näherung -, dann läßt sich das Integral ausführen. Damit ist n als Funktion von E gegeben. Wird diese Funktion $n = f(E)$ in die Poisson-Gleichung eingesetzt, so kann die Poisson-Gleichung gelöst werden, und damit ist E als Funktion der Ortskoordinate x bekannt. Wir führen die Rechnung nicht aus, sondern zitieren nur das Ergebnis [III.16]

$$E-E_o = (E_t-E_o)\exp \pm \frac{x-x_{1,2}}{L_D} \qquad \text{für} \quad E < E_t$$

$$= (E_t-E_o)\left[4 + \frac{2}{3} \cos \frac{x}{\sqrt{3}L_D}\right] \qquad \text{für} \quad E > E_t$$

mit der Debye-Länge: $L_D = \sqrt{D\varepsilon/(e\mu_o n_o)}$. Die Punkte x_1 und x_2 sind dadurch definiert, daß dort $E = E_t$ gilt. Mit Hilfe der Poisson-Gleichung läßt sich aus E der Verlauf der Ladungsträgerkonzentration n berechnen. Die Ergebnisse sind in Bild III.14 dargestellt. Nach Integration von E läßt sich die Domänenspannung als

- 145 -

$$U_D \simeq 4,3 \; \frac{L_D}{l} \cdot \frac{QA}{C_o}$$

angeben mit Q als Ladung
pro Einheitsfläche in der
Anreicherungszone und
$C_o = \varepsilon A / l$ als Kapazität
des Bauelementes.

<u>Bild III.14</u>
Verlauf von Feld und La-
dungsträgerkonzentration
in einer Domäne bei nie-
driger Spannung (Aufbau-
phase).

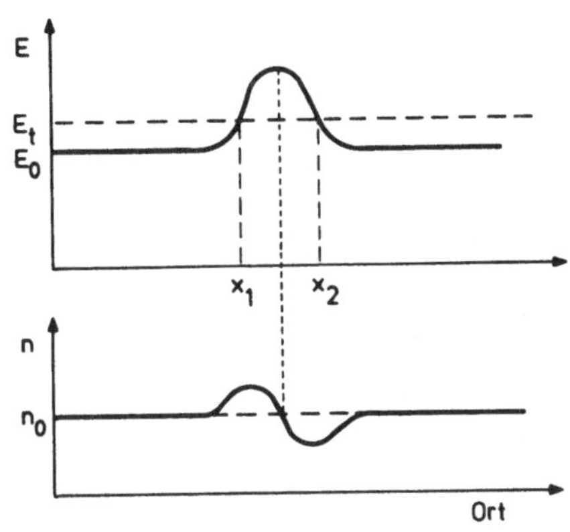

Als wesentliches Resultat halten wir fest, daß Domänen bei
geringer Domänenspannung, denn nur dann gilt die Annahme geringer Abweichungen von n vom Gleichgewichtswert n_o, symme-
trische Anreicherungs- und Verarmungszonen haben. Die Verarmung an Ladungsträgern ist nicht sehr stark. Die Domänenbrei-
te ist etwa das Zehnfache der Debye-Länge. Die Domänenspannung U_D variiert linear mit der in ihrer Anreicherungszone
enthaltenen Ladung Q. Also können wir der Domäne eine konstante Domänenkapazität zuordnen. Bei großen Spannungen nimmt
die Domäne eine asymmetrische Gestalt mit dreieckförmigem
Feldverlauf an, wie wir schon in Kap. III.2 auf S. 132 angesetzt haben. Der Übergang von der Näherung für niedrige Spannungen zu der für hohe Spannungen ist dann, wenn das Maximalfeld E_m in der Domäne gleich dem Sättigungsfeld E_s wird. Jenseits E_s wird die Anreicherungszone schmal und die Verarmungszone breit. Der Feldverlauf in der Domäne läßt sich, auch unter Berücksichtigung der Diffusion, analytisch bestimmen. Für
viele Zwecke ist das einfache Modell der völlig ausgeräumten
Verarmungszone und dem daraus folgenden dreickförmigen Feldverlauf ausreichend. Dann können wir die Gln. (III.14) und
(III.21) miteinander verbinden, um die Domänenspannung in Abhängigkeit von der Domänendicke d (entsprechend dem Abstand

zwischen x_1 und x_2 in Bild III.4b) anzugeben

$$U_D = \frac{en_o d^2}{2\varepsilon} \, , \qquad\qquad\qquad \text{(III.26)}$$

denn die Anreicherungszone kann in unserem Modell als sehr dünn angesehen werden. Die Ladung, die für den Aufbau der Domäne umverteilt werden mußte, oder die Gesamtladung in der Anreicherungszone ist durch

$$Q = en_o d \cdot A \qquad\qquad\qquad \text{(III.27)}$$

gegeben (A Probenquerschnitt). Folglich ergibt sich als Domänenkapazität

$$C_D = Q/U_D = \frac{2\varepsilon A}{d} \, . \qquad\qquad\qquad \text{(III.28)}$$

Wenn sich eine Domäne aufbaut, muß diese Kapazität C_D aufgeladen werden. Eine Messung der Aufbauzeit t_r einer Domäne, die sich in der Anstiegsflanke eines Gunn-Impulses widerspiegelt, liefert also eine Aussage über C_D. Denn die Domänenkapazität muß über den Niedrigfeldwiderstand R_o des Gunn-Elementes und über einen eventuell vorhandenen Lastwiderstand R_L aufgeladen werden. Dieser Vorgang verläuft exponentiell, ist aber im wesentlichen nach der doppelten RC-Zeitkonstante abgeschlossen. Also gilt

$$t_r \simeq 2(R_o + R_L) \cdot C_D.$$

Messungen an planaren Gunn-Elementen und ein Vergleich mit Rechnungen nach den eben abgeleiteten Formeln sind in Bild III.15 dargestellt. Die Bauelemente, an denen die Messungen gemacht wurden, hatten unterschiedliche Dimensionen und Ladungsträgerkonzentrationen [III.17]. Für die Rechnungen, die im Bild als Kurven eingezeichnet sind, wurde noch die Kapazität mitberücksichtigt, die von den Streufeldern der Domäne außerhalb des Probenraums herrühren. Die Übereinstimmung mit dem Experiment ist hinreichend gut, insbesondere angesichts der Schwierigkeiten bei der Messung extrem kurzer Anstiegszeiten. Damit können die Messungen

Bild III.15
Aus gemessenen Gunn-Impulsen ermittelte Aufbauzeit t_r einer Domäne in planaren Gunn-Elementen unterschiedlicher Geometrie. Die Kurven wurden für die Geometrien berechnet, die für die jeweiligen Meßobjekte zutreffen [III.17].

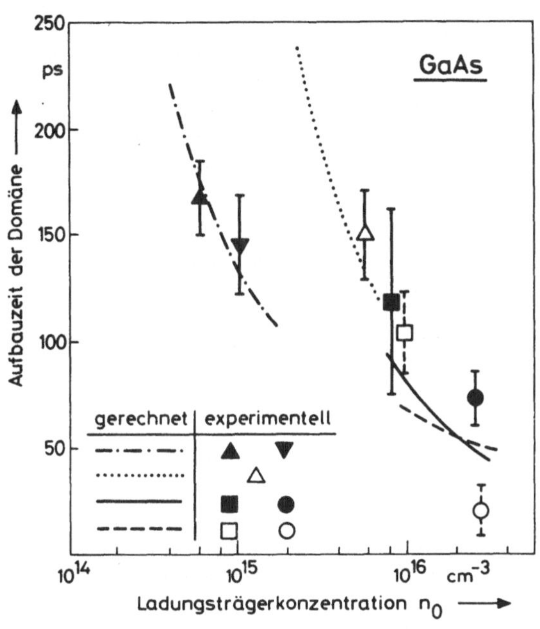

als Bestätigung des Konzepts der Domänenkapazität angesehen werden.

Die Auflösung einer Domäne wird meist als ein Vorgang behandelt, bei dem sie in den anodenseitigen Kontakt hineinläuft [III.15 und 18]. Zumindest für planare Gunn-Elemente wird dieses Modell durch die Experimente nicht bestätigt [III.19]. Nach den Messungen verkürzt sich die Dauer der Auflösung mit zunehmender Ladungsträgerkonzentration n_0 nach der Funktion $-\ln n_0$. Generell sind Aufbau- und Abbauzeit von der gleichen Größenordnung [III.20].

In Zusammenfassung der bisherigen Diskussion können wir das Ersatzschaltbild für ein Gunn-Element mit wandernder Domäne aufstellen. Dies ist in Bild III.16 geschehen. R_0 ist der

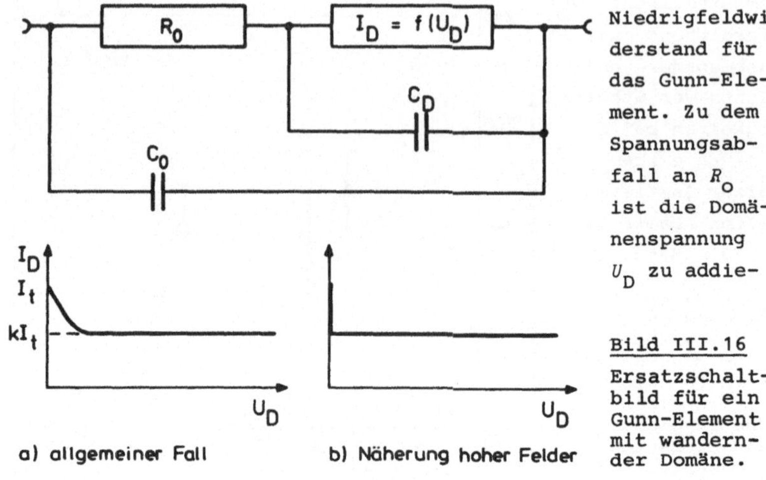

Niedrigfeldwiderstand für das Gunn-Element. Zu dem Spannungsabfall an R_o ist die Domänenspannung U_D zu addie-

Bild III.16
Ersatzschaltbild für ein Gunn-Element mit wandernder Domäne.

ren, die mit dem Domänenstrom I_D in der Weise zusammenhängt, wie es in Bild III.13 graphisch angegeben ist. Für den Fall hoher Domänenspannung, also entsprechend hoher Domänenfelder, ist I_D praktisch konstant auf dem Wert kI_t. Entsprechend können wir für diesen Fall die Domäne als eine Konstantstromquelle mit dem Strom kI_t ansehen. Um dynamische Effekte an der Domäne mitzuerfassen, fügen wir die Domänenkapazität C_D parallel zur Domäne ein. Für den Aufbau der Domäne hat C_D den in Gl. (III.28) angegebenen Wert. Für kleine, differentielle Änderungen wird C_D allerdings nur halb so groß. Denn die Gln. (III.26 und 27) liefern für kleine Änderungen der Domänendicke

$$\frac{\partial U_\mathrm{D}}{\partial d} = \frac{e n_\mathrm{o} d}{\varepsilon} \qquad \text{und} \qquad \frac{\partial Q}{\partial d} = e n_\mathrm{o} A.$$

Also folgt als differentielle Domänenkapazität

$$C_\mathrm{D,d} = \frac{dQ}{dU_\mathrm{D}} = \frac{\varepsilon A}{d}.$$

Schließlich muß noch die statische Kapazität C_o des Bauelementes hinzugefügt werden. Darunter ist die Kapazität zwischen den Kontakten ($\varepsilon A/l$) und gegebenenfalls auch der Beitrag von Streukapazitäten zu verstehen.

4. Stabilitätskriterien

In den drei vorangehenden Kapiteln haben wir die Besonderheiten der Bandstruktur von GaAs, die sich auch bei einer Reihe weiterer III-V-Halbleiter finden, erörtert. Unter bestimmten Bedingungen folgte daraus das Auftreten von Hochfelddomänen. Insbesondere haben wir dargelegt, daß das Halbleitermaterial letzten Endes eine negative differentielle Beweglichkeit μ_{diff} zeigen muß, damit sich Domänen bilden können.

Nun reicht eine negative differentielle Beweglichkeit allein nicht aus, damit in einer gegebenen Probe auch tatsächlich Domänen erzeugbar sind. Es müssen noch einige weitere Forderungen erfüllt sein. Diese Forderungen betreffen vor allem die Probendimensionen und die Kontaktgestaltung, in einem geringeren Grad auch die Diffusion der Ladungsträger. Es ergeben sich daraus gewisse Grenzen, unterhalb derer die Proben stabil sind. Stabil bedeutet hier, daß sich keine Domänen bilden können, die Probe also nicht in ein Gebiet hoher Ladungsträgerinhomogenität und ein weiteres homogener Ladungsträgerverteilung zerfallen kann. Man kann die erwähnten Grenzen als Stabilitätskriterien zusammenfassen. Daß eine Probe stabil ist, bedeutet nur, daß keine Domänen auftreten können, nicht aber, daß sie keine negative Impedanz darstellen kann. Eine stabile Probe kann durchaus einen negativen Widerstand aufweisen, so daß sie entweder als Mikrowellenoszillator einsetzbar ist oder auch eine eingespeiste Welle verstärken kann.

Wir wollen Kontaktfragen, die sehr komplex werden können [III.21], ausklammern. Wir setzen nur eine Probeninhomogenität voraus, die hinreichend groß sein muß [III.22] und unter der wir z.B. die Kathode verstehen können. Wenn wir im folgenden eine schärfere Formulierung der Stabilitätskriterien

versuchen wollen, so ist eine Beschränkung auf das Kleinsignal-
verhalten durchaus zulässig. Denn es reicht aus, das Anfangs-
wachstum einer Störung, die jede Domänenbildung durchlaufen
muß, zu betrachten. Die ersten Schritte werden zudem so sein,
daß nur periodische Störungen zugelassen werden.

Die Bedingungen, die für das Anwachsen einer Störung, z.B.
einer Domäne, bestimmend sind, lassen sich aus der Wellengleichung für den Halbleiter herleiten. Da für den Gunn-Effekt
n-GaAs der bei weitem wichtigste Werkstoff ist, brauchen nur
Elektronen betrachtet zu werden, deren Gleichgewichtskonzentration n_o ist. Wir legen weiterhin ein eindimensionales Modell zugrunde. Die Ausgangsgleichungen sind die Poisson-Gleichung (III.8) und die Kontinuitätsgleichung

$$\frac{\partial}{\partial t}(en) + \frac{\partial I/A}{\partial x} = 0. \tag{III.29}$$

Hierin ist n die möglicherweise orts- und zeitabhängige Elektronenkonzentration, die natürlich vom Gleichgewichtswert n_o
abweichen kann. Der Gesamtstrom I setzt sich aus dem Konvektionsstrom mit seinen beiden Anteilen durch Feld und Diffusion
sowie dem Verschiebungsstrom zusammen

$$I/A = env(E) - eD\frac{\partial n}{\partial x} + \varepsilon\frac{\partial E}{\partial t}. \tag{III.30}$$

A ist der Probenquerschnitt und D die Diffusionskonstante der
Elektronen. Zur Vereinfachung setzen wir D als feldunabhängig
an. Aus diesen Gleichungen läßt sich leicht nachweisen, daß
$\partial I/\partial x = 0$ ist, d.h. der Gesamtstrom ist ortunabhängig. Die
zeitunabhängige Lösung dieser Gleichungen lautet

$$I_o/A = en_o v_o \quad \text{mit} \quad v_o = v(E_o) = \mu E_o. \tag{III.31}$$

μ ist eine totale Beweglichkeit, die nicht notwendigerweise
mit der Niedrig-Feld-Beweglichkeit identisch ist. Da für die
Stabilitätskriterien Kleinsignalbetrachtungen ausreichen,
werden den stationären Werten kleine Störungen überlagert (In-

dex 1), deren Produkte vernachlässigt werden können. Die so
durchgeführte Linearisierung führt auf

$$\varepsilon\frac{\partial E_1}{\partial x} = en_1 \quad \text{(III.8a)} \qquad e\frac{\partial n_1}{\partial t} + \frac{\partial I_1/A}{\partial x} = 0 \quad \text{(III.29a)}$$

$$I_1/A = en_0 v_1 + en_1 v_0 - eD\frac{\partial n_1}{\partial x} + \varepsilon\frac{\partial E_1}{\partial t}. \qquad \text{(III.30a)}$$

v_1 ist das erste Glied in einer Taylor-Reihe: $v_1 = \dfrac{dv}{dE} E_1$.

Auf S. 144 haben wir die Debye-Länge eingeführt, die sich mit
der dielektrischen Relaxationsfrequenz ω_c aus Gl. (III.11)
und mit der Einstein-Beziehung von S. 128 in der Form

$$L_D = \sqrt{D/\omega_c} = \sqrt{\varepsilon k_B T/(e^2 n_0)} \qquad \text{(III.32)}$$

schreiben läßt. L_D ist ein Maß dafür, wie rasch eine Störung
örtlich in einem Medium der Ladungsträgerkonzentration n_0 ab-
klingt. Besteht z.B. eine lokalisierte, überhöhte Ladungsanhäufung, dann wird diese Störung durch Umordnung der beweglichen Ladungsträger in einem Abstand von wenigen Debye-Längen
abgeschirmt. Dies läßt sich leicht für den stationären Fall
($\partial/\partial t = 0$) ableiten, bei dem kein Strom fließt ($I_0 = 0$) und
daher die Driftgeschwindigkeit der Elektronen verschwindet
($v_0 = 0$). Die Gln. (III.8a, 29a und 30a) vereinfachen sich dann
zu

$$\omega_c E_1 = D\frac{\partial^2 E_1}{\partial x^2}$$

mit der Lösung $\quad E_1 = K \exp \pm \dfrac{x}{L_D}$.

Jede lokale Störung des Gleichgewichts klingt also mit der
Weglänge L_D ab.

Wir fassen nun die Gln. (III.8a, 30a und 31) zusammen und
nutzen zur bequemeren Diskussion die Definitionen aus den Gln.
(III.11, 22 und 32). Das Resultat ist schließlich die Wellen-

gleichung

$$\frac{I_1}{I_o} = \mu_r \frac{E_1}{E_o} + \frac{v_o}{\omega_c} \frac{\partial}{\partial x} \left(\frac{E_1}{E_o}\right) - L_D^2 \frac{\partial^2}{\partial x^2} \left(\frac{E_1}{E_o}\right) + \frac{1}{\omega_c} \frac{\partial}{\partial t} \left(\frac{E_1}{E_o}\right).$$

(III.33)

Der erste Term auf der rechten Seite ist der ohmsche Anteil, der letzte Term der Verschiebungsstrom. Das zweite Glied stellt den Beitrag der dielektrischen Relaxation dar und ist das eigentlich Wesentliche des Elektronen-Transfer-Effektes. Dadurch können Inhomogenitäten in der Ladungsträgerverteilung entstehen, denen durch die Diffusion im dritten Glied entgegengewirkt wird. Um einen Eindruck von der relativen Wichtigkeit der beiden Effekte zu gewinnen, müssen wir die Debye-Länge L_D mit der äquivalenten Länge v_o/ω_c vergleichen. Dies ist in Bild III.17 für die Verhältnisse jenseits der Schwelle der $v(E)$-Kurve des GaAs getan. Danach dominiert die dielektrische Relaxation bei hochohmigem Material und die Diffusion bei hohen Dotierungen. Bei GaAs entsprechen 10^{15} und 10^{16} Elektronen pro cm^3 spezifischen Widerständen von etwa 1 bzw. 0,1 Ωcm.

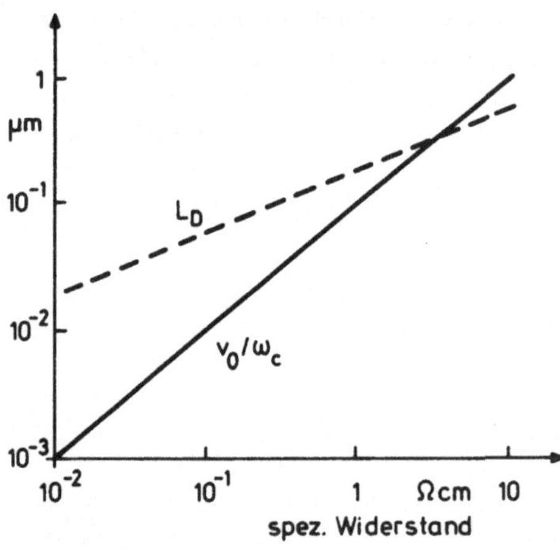

Bild III.17

Vergleich der relativen Beiträge von Diffusion (Debye-Länge L_D) und dielektrischer Relaxation (v_o/ω_c) für GaAs mit den Parametern: $D = 400\ cm^2/s$ und $v_o = 10^7\ cm/s$.

Die nächste Aufgabe ist, Lösungen für die Wellengleichung (III.33) zu finden. Der Gesamtstrom ist natürlich auch in seiner zeitveränderlichen Komponente ortsunabhängig, d.h. wir

müssen in die linke Seite als Lösung $I_1 \exp j\omega t$ einsetzen. Der
dem Bauelement eingeprägte Strom verursacht nun einerseits ein
Gleichfeld, das aber hier nicht interessiert, andererseits erzwingt er aber auch ein zeitlich veränderliches, jedoch orts-
unabhängiges Feld und ein wellenförmiges Feld. Wir setzen als
Lösung für das Feld in der Probe

$$E_1 = E_{11} \exp j\omega t + K \exp j\omega(t - \frac{x}{v_p})$$

$$= E_{11} \exp j\omega t + K \exp j(\omega t - \beta x) \qquad (III.34)$$

an. Es handelt sich um einen örtlichen und zeitlichen Wellen-
ansatz, wobei $v_p = \omega/\beta$ die Phasengeschwindigkeit darstellt.
Mit beiden Ansätzen gehen wir in die Wellengleichung ein
(III.33). Ein Vergleich der Glieder, die nur von der Zeit abhängen, liefert

$$\frac{I_1}{I_o} = (\mu_r + j\frac{\omega}{\omega_c})\frac{E_{11}}{E_o}. \qquad (III.35)$$

Damit ist die Amplitude E_{11} des örtlich unveränderlichen Feldes bekannt, das der Probe durch den Wechselstrom in der Klein-
signalnäherung aufgeprägt wird. Vergleichen wir die Koeffizienten der örtlich und zeitlich veränderlichen Anteile, dann
folgt die Dispersionsrelation

$$\mu_r + j\frac{\omega}{\omega_c} - j\frac{\beta v_o}{\omega_c} + \beta^2 L_D^2 = 0. \qquad (III.36)$$

Diese Gleichung läßt sich nach der Wellenzahl β auflösen. Die
Rechnung, die mühsam und unübersichtlich ist, wollen wir nicht
weiter verfolgen und stattdessen auf die Literatur verweisen
[III.23,24]. Wir wollen nur erwähnen, daß bei der Rechnung die
Identität

$$c + jd = (a+jb)^{1/2}$$

$$\text{mit} \quad c = \frac{b}{2b} \quad\quad \text{und} \quad d \approx \frac{1}{\sqrt{2}} \; (-a + \sqrt{a^2+b^2})^{1/2}$$

verwendet wird. Wir erhalten relativ einfache Resultate, wenn wir uns auf den Fall niedriger Frequenzen und geringer Diffusion beschränken. Diese Begrenzungen lassen sich folgendermaßen ausdrücken

$$L_D\omega/v_o \ll 1 \quad\quad \text{und} \quad L_D\omega_c/v_o \ll 1.$$

Sie bedeuten allerdings, daß diese Rechnungen bei Frequenzen höher als 10 GHz und bei Dotierungen jenseits von 10^{14} cm^{-3} nicht mehr als uneingeschränkt gültig angesehen werden können. Es ergeben sich zwei Lösungen der Dispersionsrelation (III.36)

$$\beta_f \approx \frac{\omega}{v_o} - j\mu_r \frac{\omega_c}{v_o} - j\frac{\omega}{v_o} \left(\frac{L_D\omega_c}{v_o}\right)^2 \left(\frac{\omega}{\omega_c} - j\mu_r\right); \quad\quad \text{(III.37)}$$

$$\beta_r \approx - \frac{\omega}{v_o} + j\mu_r \frac{\omega_c}{v_o} + j \frac{\omega_c}{v_o} \left(\frac{v_o}{L_D\omega_c}\right)^2.$$

Wenn wir uns zunächst nur auf den Realteil beziehen und weiterhin die Voraussetzung geringer Diffusion ($L_D\omega_c/v_o \ll 1$) ausnutzen, dann sind die beiden Lösungen Wellen mit gleicher Phasengeschwindigkeit $v_p = \omega/\beta$ und gleicher Gruppengeschwindigkeit $d\omega/d\beta$, die aber in entgegengesetzter Richtung laufen. Die Welle mit β_f läuft nach rechts auf die Anode zu, die andere Welle läuft auf die Kathode zu. Wenn $\mu_r > 0$ ist, werden beide Wellen entlang ihres Laufweges geschwächt, ganz besonders stark die rückwärts gerichtete Welle, weil voraussetzungsgemäß $v_o/L_D\omega_c \gg 1$ ist. Tatsächlich ist die Dämpfung dieser Welle so stark, daß sie in Bruchteilen der Wellenlänge nahezu verschwunden ist. Man kann im allgemeinen von vornherein diese Welle von der Betrachtung ausschließen.

Andererseits kann die vorwärtsgerichtete Welle verstärkt werden, wenn $\mu_r < 0$ ist. Wenn die negative differentielle Beweglichkeit hinreichend groß ist, dann kann die Verstärkung sogar so
groß werden, daß die diffusionsbedingte Dämpfung nicht mehr
ins Gewicht fällt. Damit reduziert sich (III.37) zu

$$\beta \approx \frac{\omega}{v_o} - j\mu_r \frac{\omega_c}{v_o}. \qquad \text{(III.38)}$$

Zur Berechnung der Probenimpedanz $Z(j\omega)$ können wir auf die
Zeitabhängigkeit $\exp j\omega t$ in Gl. (III.34) verzichten, da derselbe Faktor im Probenstrom erscheint und daher bei der Quo-
tientenbildung herausfällt. Aus der Bedingung, daß an der Kathode bei $x = 0$ auch die Feldstärke verschwinden muß ($E_1 = 0$),
folgt als Wert für die Amplitude K

$$K = -E_{11}.$$

Also gilt $\quad E_1 = E_{11}\left(1-\exp(-j\beta x)\right).$

Die Verknüpfung der letzten Gleichung mit den Gln. (III.35 und
38) liefert

$$\frac{E_1}{E_o} = \frac{I_1}{I_o} \frac{\omega_c}{v_o} \frac{1-\exp(-j\beta x)}{j\beta}.$$

Die Spannung U_1 am Bauelement errechnet sich durch die Integration über die gesamte Länge l

$$\frac{U_1}{E_o} = \frac{I_1}{I_o} \frac{\omega_c}{v_o} \frac{1}{j\beta} \left\{ l + \frac{1}{j\beta}\left[\exp(-j\beta l)-1\right]\right\}$$

$$= \frac{I_1}{I_o} \frac{\omega_c}{v_o} \frac{l^2}{\psi^2}\left[\psi+\exp(-\psi)-1\right]$$

mit $\quad \psi = j\beta l.$

Mit dem Niederfeldwiderstand $R_o = E_o l / I_o$ können wir die Kleinsignalimpedanz $Z(j\omega)$ angeben

$$\frac{U_1}{I_1} = Z(j\omega) = R_o \frac{l\omega_c}{v_o} \frac{\psi + \exp(-\psi) - 1}{\psi^2}. \qquad (III.39)$$

Die Frage nach dem Entstehen einer Domäne, die mit einer Änderung des Probenstroms verbunden ist, ist gleichbedeutend mit
der Frage nach der Strominstabilität der Diode. Das Bauelement
wird also mit einer Spannungsquelle (Innenwiderstand $R_i = 0$),
d.h. im Kurzschlußbetrieb, untersucht. Wegen $I = U/Z$ wird nach
den Nullstellen von Z gefragt. Dann nämlich hat der Strom eine
Singularität.

Bei der Behandlung der Stabilität von Oszillatoren ist es üblich, die Ersetzung $j\omega$ durch $p = p_r + ip_i$ zu machen. Gehen
wir auf den Stromansatz $I_1 e^{j\omega t}$ zurück, dann kommt es bei
$p_r > 0$ zu einer Anfachung der Schwingung. Man sagt dann, daß
der Oszillator instabil ist.

Betrachten wir als Beispiel einen Schwingkreis aus einer Rei-
henschaltung von Induktivität L, Kapazität C und Widerstand R,
dann liefert ein Spannungsumlauf offensichtlich

$$(pL + \frac{1}{pC} + R)I = F(p)I = 0.$$

Diese Gleichung hat nur dann eine nichttriviale Lösung ($I \neq 0$),
sofern $F(p) = 0$ wird. Ist $R > 0$, was im allgemeinen der Fall ist,
dann gibt es tatsächlich nur die triviale Lösung. Alle zu-
fällig entstehenden Lösungen klingen rasch wieder ab. Die Frage nach der Stabilität der Anordnung ist gleichbedeutend mit
der Frage nach den Nullstellen von $F(p)$, das als Stammfunktion
bezeichnet wird. Hat eine dieser Nullstellen einen positiven
Realteil ($p_r > 0$), dann kommt es zum Anwachsen einer Schwingung.

In unserem Fall ist $Z(j\omega)$ die Stammfunktion. Da wir den Kurzschlußbetrieb betrachten, können wir

$$Z(j\omega)I = Z(p)I = 0$$

schreiben. Wir müssen die Nullstellen von $Z(p)$ aufsuchen und
prüfen, unter welchen Bedingungen diese Nullstellen einen positiven Realteil haben. Dann ist das Bauelement instabil, und
es kommt zum Aufbau einer Domäne.

Wenn Z über der komplexen p-Ebene aufgetragen wird, dann müssen (wegen $p_r > 0$) die Nullstellen von Z, die zu wachsenden In-
stabilitäten gehören, in der rechten Hälfte der p-Ebene liegen.
Setzen wir $\psi = \psi_r + j\psi_i$, dann ist gemäß Gl. (III.39) $Z = 0$
für $\psi + \exp(-\psi) - 1 = 0$, oder für

$$\psi_r + \cos\psi_i \exp-\psi_r = 1$$

$$\psi_i - \sin\psi_i \exp-\psi_r = 0.$$

Diese beiden Gleichungen folgen aus dem Nullsetzen von Real-
und Imaginärteil der vorhergehenden Gleichung. Die erste Nullstelle ergibt sich als

$$\psi_r + j\psi_i = -2{,}09 \pm j\, 7{,}46.$$

Über die mit Gl. (III.38) gewonnene Beziehung

$$\psi = j\beta l = jl\left(\frac{\omega}{v_o} - j\mu_r\frac{\omega_c}{v_o}\right)$$

errechnet sich dann, daß die erste Nullstelle von Z bei

$$p = j\omega = -\mu_r\omega_c + \frac{v_o}{l}(-2{,}09 \pm j\, 7{,}46)$$

liegt. Der Realteil von p kann nur dann größer Null werden,
wenn $\mu_r < 0$ ist und wenn darüberhinaus

$$\frac{\omega_c l}{v_o} \, |\mu_r| \, > \, 2{,}09$$

gilt. Verwenden wir die Definitionen (III.11 und 22), so folgt
daraus die Stabilitätsbedingung

$$n_o l > 2{,}09 \, \frac{\varepsilon v_o}{e \, |\mu_{diff}|}. \tag{III.40}$$

Wenn diese Bedingung erfüllt ist, können sich Domänen ausbilden. Dieses Ergebnis wird durch eine sehr einfache Überlegung
plausibel gemacht. Eine Domäne kann sich nur dann ausbilden,
wenn die Laufzeit τ der Domäne über die Probenlänge l größer
ist als die dielektrische Relaxationszeit $1/\omega_c$, die zum Aufbau einer Feldinhomogenität erforderlich ist. Nun gilt

$$\tau = l/v$$

mit v als Domänengeschwindigkeit ($v \approx 10^7$ cm/s). Weiterhin
soll

$$\tau = l/v > 1/\omega_c = \varepsilon/(e n_o |\mu_{diff}|)$$

gelten. Setzen wir die Domänengeschwindigkeit gleich v_o, so
folgt daraus ein Ergebnis, das der Beziehung (III.40) sehr
ähnlich ist

$$n_o l > \frac{\varepsilon v_o}{e \, |\mu_{diff}|}. \tag{III.40a}$$

Alles hängt davon ab, welchen Wert von μ_{diff} wir einsetzen,
d.h. welchen Punkt der $v(E)$-Kurve jenseits der Schwellenfeldstärke wir als wesentlich für den Domänenaufbau ansehen. Bei
GaAs dürfte der Wert von μ_{diff} bei wenigen 100 cm²/Vs liegen.
Zusammen mit $\varepsilon \approx 10^{-12}$ F/cm führt dies auf eine $n_o l$-Grenze
zwischen 10^{11} und 10^{12} cm^{-2}. Die weitgehend akzeptierte Grenze für $n_o l$ ist

$$n_o l = 10^{12} \text{ cm}^{-2} \quad \text{für GaAs.}$$

Dieses Ergebnis wird auch experimentell bestätigt, wie die mit Meßpunkten belegte Kurve in Bild III.18b zeigt. Es handelt sich um Messungen des Stromeinbruchs $\Delta I = I_t - I_s$ (vgl. Bild III.9a), bezogen auf den Schwellenstrom I_t, an planaren Gunn-Elementen. Dieser Stromeinbruch wird durch wandernde Domänen hervorgerufen und verschwindet, sobald $n_o l$ unter 10^{12} cm^{-2} absinkt [III.25].

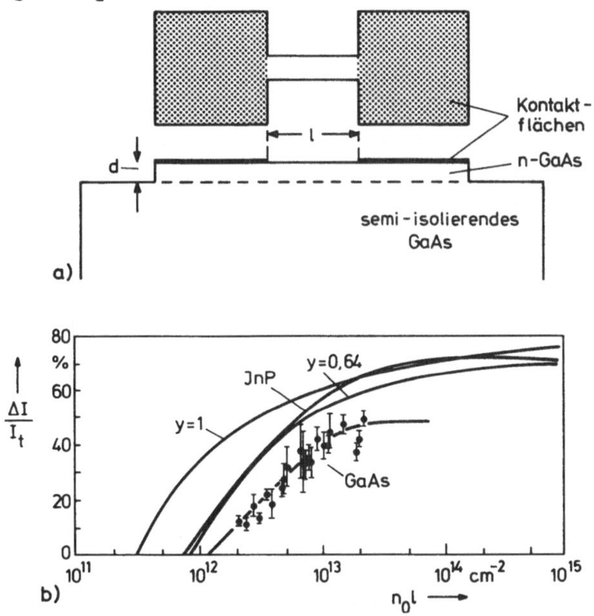

Bild III.18

(a) Skizze eines planaren Gunn-Elementes auf hochohmigem GaAs-Substrat. Das Gunn-Element ist in Mesastruktur aus einem n-GaAs-Film der Dicke d herausgeätzt.

(b) Gemessener Stromeinbruch ΔI, bezogen auf den Schwellenstrom I_t, in Abhängigkeit vom $n_o l$-Produkt. Nur die Meßpunkte für GaAs sind eingetragen [III.25]. Für die übrigen Materialien [III.26 und 27] sind die Meßpunkte nicht angegeben. Parameter y wie in Bild III.8.

Die übrigen Kurven in Bild III.18b sind die Ergebnisse von entsprechenden Messungen an InP und zwei Legierungen aus dem System InGaAsP [III.26 und 27]. Der Parameter y ist im Zusammenhang mit Bild III.8 auf S. 129 erklärt.

Bei der Ableitung des Stabilitätskriteriums (III.40 oder 40a), das durch die Längsabmessungen des Gunn-Elements bestimmt ist, haben wir nur eine Nullstelle von $Z(j\omega)$ betrachtet. Tatsächlich hat $Z(j\omega)$ noch weitere Nullstellen, die aber alle auf höhere Werte von $n_o l$ führen. Der kritische Wert von etwa 10^{12} cm^{-2} für GaAs ist also tatsächlich der niedrigste, unterhalb dessen eine Entstehung von Domänen nicht mehr möglich ist. Proben mit $n_o l$-Werten, die unterhalb 10^{12} cm^{-2} liegen, haben eine $I(U)$-Kennlinie, die entweder Sättigungscharakter hat oder oberhalb der Schwellenfeldstärke einen Knick mit darauffolgendem schwächeren Anstieg zeigt. Die Ursache dafür ist eine Zone hoher Feldstärke in der Nähe der Anode; diese Zone ist aber stationär [III.28].

Nun ist das $n_o l$-Produkt nicht die einzige Beschränkung für die Ausbildung einer Hochfelddomäne. Auch in sehr dünnen Proben können sich keine Domänen aufbauen. Denn das Domänendipolfeld, das in derselben Richtung wie das von außen angelegte Feld gerichtet ist (vgl. z.B. Bild III.4) und deshalb das Anwachsen einer Domäne unterstützt, streut bei dünnen Proben in den Außenraum hinaus, wird also in seiner Wirkung auf die Elektronen im Bereich der sich bildenden Domäne geschwächt. Wir können erwarten, daß die Bildung von Domänen unterdrückt wird, wenn die außerhalb des Gunn-Elements gespeicherte Energie des Streufeldes, etwa durch einen umgebenden Isolator sehr hoher Dielektrizitätskonstante, sehr groß wird [III.29] oder wenn die Transversalabmessungen des Elements sehr klein werden. Der letzte Fall kann insbesondere bei Gunn-Elementen planarer Bauweise gegeben sein, wie sie in Bild III.18a skizziert sind.

Im folgenden wollen wir diese Vorstellungen formelmäßig abschätzen mit dem Ergebnis, daß eine kritische $n_o d$-Bedingung formuliert werden kann, unterhalb derer das Gunn-Element gegen Domänenbildung stabil ist.

Die Wellenzahl β ist definitionsgemäß gleich $2\pi/\lambda$, wobei λ die Wellenlänge ist (vgl. auch Gl. (III.34)). Betrachten wir die Instabilität, wie sie eine sich aufbauende Domäne darstellt, als Welle, dann ist die Anhäufung der Elektronen sicher kürzer als eine halbe Wellenlänge, also z.B. ist sie $2/\beta$ lang. Wenn d die Dicke der Probe ist, kommen wir zu dem folgenden, schematisierten Bild III.19. Q ist die angehäufte Ladung und E ist das Feld, das von Q ausgeht. Für diese Abschätzung nehmen wir das Volumen von Q als kugelförmig an, so daß nach allen Seiten die gleiche Feldstärke ausstrahlt. Durch Integration der Poisson-Gleichung über das Volumen der Ladung Q und nach Verwendung des Gaußschen Satzes folgt

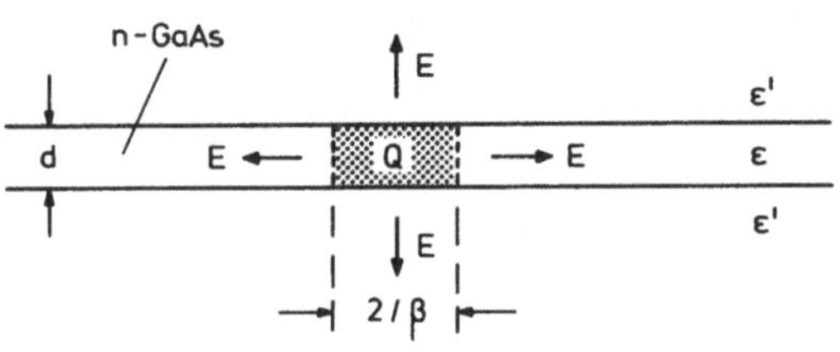

<u>Bild III.19</u>

Schematische Darstellung der Ladungsanhäufung in einem Gunn-Element der Dicke d.

$$\int \varepsilon \frac{\partial E}{\partial x}\, dV = \int \varepsilon E_n df = \int \rho dV = Q.$$

Ist die Normalkomponente E_n des Feldes überall gleich E und ist das Bauelement in einer Querdimension unendlich ausgedehnt, dann folgt, bezogen auf eine Längeneinheit in dieser Richtung

$$2d \cdot \varepsilon E + 2 \cdot 2/\beta \cdot \varepsilon' E = Q \qquad (III.41)$$

oder $\quad Q = 2\varepsilon dE\left(1 + \frac{\varepsilon'}{\varepsilon} \frac{2}{\beta d}\right).$ $\qquad (III.41a)$

Wäre das Gunn-Element auch in der Richtung von d unbegrenzt und würde es sich um eine Ladungsanhäufung der gleichen Größe

Q handeln, dann könnten wir die Randfelder in den Außenraum der Probe vernachlässigen, und Gl. (III.41) würde sich zu

$$Q = 2\ \varepsilon d E_g$$

vereinfachen. Das Feld E in der dünnen Probe ist also gemäß Gl. (III.41a) gegenüber dem Feld E_g in der vergleichsweise dicken Probe um den Faktor

$$F = 1 + \frac{\varepsilon'}{\varepsilon}\ \frac{2}{\beta d}$$

geschwächt. Wir müssen daher erwarten, daß die Aufbauzeit der Domäne in einer dünnen Probe sich entsprechend verlängert. Folglich muß, nach der gleichen Argumentation wie auf S.158 beim $n_o l$-Produkt, die Laufzeit $\tau = l/v$ der Domäne größer werden als die verlängerte Relaxationszeit F/ω_c, oder

$$\frac{L}{v} > \frac{\varepsilon}{en_o |\mu_{diff}|}\ (1 + \frac{\varepsilon'}{\varepsilon}\ \frac{2}{\beta d})\ .$$

Eine Umformung liefert

$$n_o d > \frac{\varepsilon v}{e |\mu_{diff}|}\ (\frac{d}{L} + \frac{\varepsilon'}{\varepsilon}\ \frac{2}{\beta L})\ . \qquad\qquad (III.42)$$

Da die erwarteten Oszillationen mit der Transitfrequenz erfolgen, gilt

$$\omega = 2\pi f = 2\pi \frac{v}{l}\ .$$

Wenn wir uns auf den Realteil der Wellenzahl beschränken, Diffusionseffekte vernachlässigen und die Domänengeschwindigkeit mit der der Elektronen im homogenen Probenteil gleichsetzen, dann vereinfacht sich Gl. (III.37) zu

$$\beta \simeq \frac{\omega}{v} = 2\pi / l\ . \qquad\qquad (III.43)$$

- 163 -

Also folgt aus Gl. (III.42)

$$n_o d > \frac{\varepsilon v}{e|\mu_{diff}|} \; (\frac{d}{L} + \frac{\varepsilon'}{\varepsilon} \frac{1}{\pi}).$$

Falls das Bauelement sehr viel dünner als lang ist ($d \ll l$), ergibt sich schließlich

$$n_o d > \frac{\varepsilon v}{e|\mu_{diff}|} \; \frac{1}{\pi} \frac{\varepsilon'}{\varepsilon}. \qquad\qquad (III.44)$$

Setzen wir typische Werte für GaAs ein ($|\mu_{diff}|$ gleich wenige hundert cm^2/Vs; $v \approx 10^7$ cm/s), so lautet das Ergebnis

$$n_o d > \frac{\varepsilon'}{\varepsilon} \; 10^{11} \; cm^{-2}. \qquad\qquad (III.44a)$$

Diese Ableitung liefert zwar das richtige Ergebnis, ist aber nicht immer korrekt. Bei exakterem Vorgehen müßte in der Poisson-Gleichung (III.8a) auf S. 151 die Raumladung um den Faktor F reduziert werden. Dies führt zu einer Modifikation der Wellengleichung (III.33) und zu einer geänderten Dispersionsrelation (III.36). Folglich würden auch die Wellenzahlen geändert. Das Ergebnis ist aber im wesentlichen dasselbe wie Gl. (III.44). Man kann also durch einen Isolator mit großer Dielektrizitätskonstante ε' die Domänenbildung verhindern. Dies wurde z.B. durch $BaTiO_3$-Keramik erreicht [III.29]. Ebenso können sich keine Domänen bilden, wenn das $n_o d$-Produkt unter einen kritischen Wert absinkt. Als Beispiel führen wir in Bild III.20 Messungen an planaren Gunn-Elementen nach Bild III.18a an, bei denen die eine Seite des stromführenden Kanals durch Luft ($\varepsilon' = \varepsilon_o$) und die andere durch semi-isolierendes GaAs ($\varepsilon' \approx 10^{-12}$ F/cm) begrenzt wird. Die Messungen zeigen, daß der durch die Domäne erzeugte Stromeinbruch mit abnehmendem $n_o d$-Produkt verschwindet [III.30]. Trotz der durch Grenzflächeneffekte am Übergang zwischen semi-isolierendem Substrat und aktivem Bauelement eingeschränkten Meßgenauigkeit ist die Grenze bei etwa 10^{11} cm^{-2} deutlich erkennbar. Qualitativ ähn-

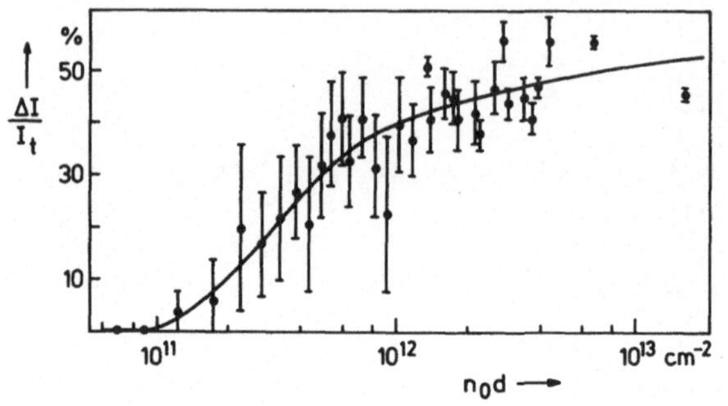

Bild III.20
Gemessener Stromeinbruch ΔI, bezogen auf den Schwellenstrom, in Abhängigkeit vom $n_\mathrm{o}d$-Produkt. Planare Gunn-Elemente aus GaAs [III.30].

liche Ergebnisse wurden auch an anderen Halbleitern gefunden [III.27].

Eine weitere Stabilitätsgrenze, die aber im allgemeinen nicht wirksam ist, wird durch Diffusionseffekte hervorgerufen. Wir stellen dieselben Betrachtungen an wie eben, gehen aber von der Dispersionsrelation (III.36) aus. Sie besagt, daß eine Instabilität zeitlich nur wachsen kann, wenn der Realteil von $j\omega$ positiv ist. Dies bedeutet

$$-\mu_r - \beta^2 L_D^2 > 0.$$

Mit Hilfe der Gln. (III.11,22,32 und 43) können wir dies in

$$n_\mathrm{o}L^2 > \frac{4\pi^2 D\varepsilon}{e|\mu_\mathrm{diff}|} \tag{III.45}$$

umformen. Setzen wir für GaAs typische Materialkonstanten ein ($D \approx 200$ cm^2/s; μ_diff wenige hundert cm^2/Vs), so wird daraus in runden Zahlen

$$n_\mathrm{o}L^2 > 10^8 \text{ cm}^{-1}.$$

Die in der Literatur angegebenen Abschätzungen für den kritischen $n_\mathrm{o}L^2$-Wert gehen bis herunter zu $7\cdot10^6$ cm^{-1} je nach der

Wahl der Materialkonstanten [III.31]. Denn sowohl die Diffusionskonstante D als auch die differentielle Beweglichkeit
μ_{diff} sind stark von der Wahl des Arbeitspunktes abhängig. Wo
immer die $n_o L^2$-Grenze liegt, so ist sie doch für Gunn-Elemente
in der Praxis nicht wichtig. Denn nehmen wir selbst den größten Wert von 10^8 cm^{-1}, dann ist für eine Dotierung von n_o =
10^{16} cm^{-3} die Grenze, unterhalb derer sich Domänen wegen der
Diffusion nicht mehr bilden können, erst bei $l \simeq 1$ µm erreicht.

5. Oszillationsmoden mit Dipoldomänen

Bei der Einführung des Gunn-Effektes in Kap. III.2 haben wir
bereits darauf hingewiesen, daß Dipoldomänen bei geeigneter
Vorspannung des Bauelementes periodisch auftreten (vgl. Bild
III.9a). Damit sind periodische Stromimpulse verknüpft, deren
Frequenz weit in das Mikrowellengebiet hineinreichen kann.
Bisher haben wir das Gunn-Element stets im Kurzschluß betrachtet, d.h. es lag zwar eine geeignete Gleichspannung an, aber
hochfrequenzmäßig war das Element mit einem verschwindend niedrigen Widerstand abgeschlossen. Wir können erwarten, daß sich
die Verhältnisse nicht völlig ändern, wenn das Gunn-Element
mit einem nicht zu großen Widerstand belastet ist. Dieser
Lastwiderstand kann dem Gunn-Element Hochfrequenzleistung entziehen. Die Frequenz der Schwingung wird weiterhin überwiegend
durch die Laufzeit der Domäne durch das Bauelement bestimmt.

Anders wird es, wenn das Gunn-Element mit einem Parallel-
schwingkreis beschaltet wird. Der Schwingkreis erzwingt mit
seiner Eigenfrequenz eine sinusförmige Spannung am Gunn-Element. Alle davon abweichenden Frequenzen der Spannung am Element werden kurzgeschlossen. Bestimmend für den Auf- und Abbau einer Domäne wird nun, welche Werte die durch den Schwingkreis erzwungene Spannung annimmt. Die Beschaltung mit einem
Parallelresonanzkreis ist eigentlich die Betriebsweise, in
der Oszillatoren mit Gunn-Elementen vorwiegend eingesetzt werden. Dadurch wird eine Frequenzstabilisierung, eine Verminderung des Rauschens, eine Erhöhung des Wirkungsgrades und vor

allem eine Durchstimmbarkeit der Frequenz erreicht.

Die Einwirkung des Schaltkreises auf das Gunn-Element erlaubt
es, verschiedene Moden des Gunn-Oszillators anzuregen. Die
Grenzen zwischen den Moden sind fließend. Jedoch hat es sich
als zweckmäßig erwiesen, bestimmte Bereiche nach $n_o l$- und
n_o/f-Werten abzugrenzen. Beide Größen sind deshalb wichtig,
weil einmal das Bauelement lang genug sein muß, damit sich
eine Domäne ausbilden kann. Dieser Gesichtspunkt, der zum
$n_o l$-Produkt führt, wurde bereits im Kap. III.4 auf S. 158 erörtert. Zum anderen darf die Frequenz f der Schwingung nicht
so hoch sein, daß sich eine Domäne überhaupt nicht aufbauen
kann. Für die Aufbauzeit einer Domäne haben wir die dielektrische Relaxationszeit $1/\omega_c$ angegeben. Also müssen wir nach Gl.
(III.11) fordern

$$1/f > 1/\omega_c = \frac{\varepsilon}{en_o|\mu_{diff}|} \quad \text{oder} \quad n_o/f > \frac{\varepsilon}{e|\mu_{diff}|}.$$

Speziell für GaAs liegt diese Grenze etwa bei ($\varepsilon = 10^{-12}$ F/cm;
$\mu_{diff} \approx -200$ cm^2/Vs)

$$n_o/f > 3 \cdot 10^4 \text{ cm}^{-3} \text{ s}.$$

Damit ist eine obere Grenze für die Frequenz der Hochfrequenz-
schwingung festgelegt, jenseits derer sich überhaupt keine Domänen mehr ausbilden können. Anstelle von n_o/f kann ebenso die
Größe fl benutzt werden, die sich aus dem Reziprokwert f/n_o
durch Multiplikation mit $n_o l$ herleitet.

Wenn wir im folgenden die Oszillationsmoden eines Gunn-Elementes diskutieren, dann geschieht dies unter einigen Voraussetzungen. Einmal nehmen wir an, daß Auf- und Abbau einer Domäne
in Bruchteilen der Schwingungsdauer, also praktisch momentan,
erfolgen. Weiterhin soll das Gunn-Element als Schalter vom
Schwellenstrom I_t zum Talstrom kI_t arbeiten. Es wird also das
Ersatzschaltbild von Bild III.16b verwendet.

Leider ist es nicht möglich, Gunn-Element und Schaltkreis zusammen analytisch zu behandeln. Deshalb beschränken wir uns
auf eine qualitative Beschreibung der Oszillationsmoden.

Den Ausgangspunkt bildet das Ersatzschaltbild für ein Gunn-
Element nach Bild III.16. Wenn der Parallelresonanzkreis hinzugefügt wird, dann erhalten wir das Bild III.21a. Das Gunn-

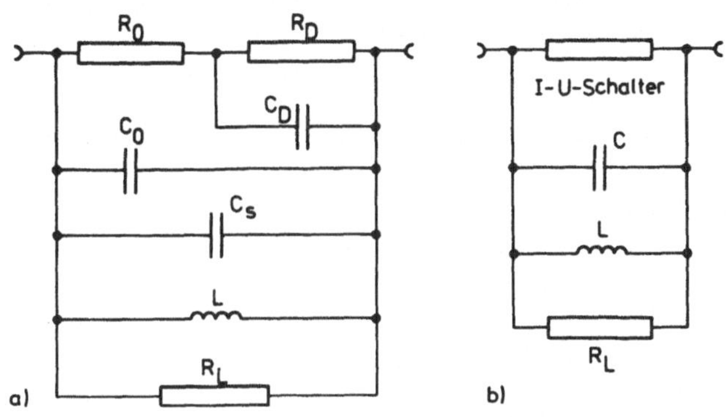

Bild III.21 Gunn-Element mit Parallelresonanzkreis
(a) mit wandernder Domäne und
(b) in niederfrequenter Näherung als
Strom-Spannungsschalter.

Element hat den Niedrigfeldwiderstand R_O und die im allgemeinen vernachlässigbare Bauelementekapazität C_O. In Serie liegt
die Domäne mit dem stark von der Domänenspannung U_D abhängi-
gen Domänenwiderstand R_D und der Domänenkapazität C_D, die prinzipiell auch von U_D abhängt. C_s und L bilden den Parallelresonanzkreis, der mit dem Lastwiderstand R_L bedämpft ist. Dieses Ersatzschaltbild beschreibt nur die hochfrequente Seite.
Der Vollständigkeit halber sollte noch die Gleichstromquelle
in Serie zu Gunn-Element und Resonanzkreis enthalten sein.

Die Zeitkonstante für C_D ist $R_O C_D$. Wenn wir voraussetzen, daß
die Betriebsfrequenzen $f = \omega/2\pi$ demgegenüber hinreichend klein

sind, also $\omega R_0 C_D \ll 1$, dann können wir C_0 und C_D zusammenfassen und der Kapazität C_s hinzufügen. Wir kommen damit zur vergrößerten Kapazität C (Bild III.21b). C_0 und C_D führen also im wesentlichen nur zu einer Verminderung der Resonanzfrequenz.

Die Kennlinie des Gunn-Elements setzt sich aus der Kennlinie der Domäne, wie sie in Bild III.13 wiedergegeben ist, und der ohmschen Charakteristik des Niederfeldwiderstandes R_0 zusammen. Insgesamt erhalten wir das Bild III.22. Der ansteigende Ast der Kennlinie, der nahezu ohmschen Charakter hat, gilt für den Niederfeldteil der Probe. Der schwach fallende, nahezu horizontale Ast resultiert aus der Domänenkennlinie.

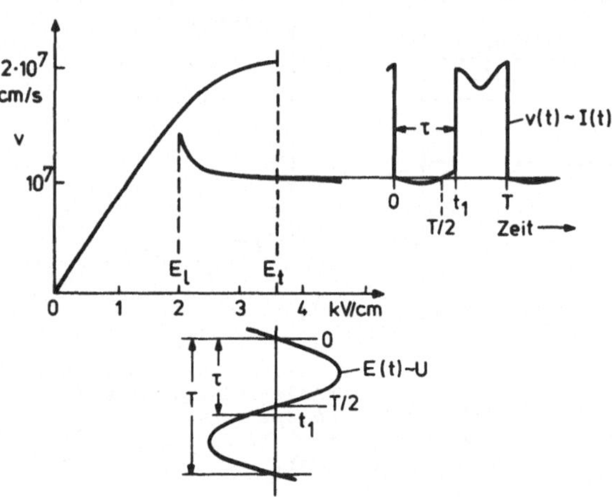

<u>Bild III.22</u>
Zeitlicher Verlauf von Strom und Spannung im Verzögerungsbetrieb. $E(t)$ über die Probe gemittelte Feldstärke.

An die Probe sei nun eine Wechselspannung U angelegt, deren Frequenz durch den Resonanzkreis bestimmt ist. Mit l als der Länge des Bauelements gibt U/l eine mittlere Feldstärke $E(t)$ an, deren Spiegelung an der $v(E)$-Kennlinie des Gunn-Elements den zeitlichen Verlauf von $v(t)$ und damit des Stromes I durch die Probe liefert. Wenn E zur Zeit O die Schwelle überschreitet, dann fällt der Strom auf den Talwert, weil es zur Ausbildung einer Domäne kommt. Solange die Domäne durch die Probe läuft - und dies soll über die Zeit τ sein -, bleibt der Strom auf dem niedrigen Wert, denn die momentane Wechselfeldstärke $E(t)$ soll nicht unter die Löschfeldstärke E_1 absinken. Wenn die Domäne sich an der Anode auflöst (zur Zeit $t_1 = \tau$), geht der Strom auf einen hohen Wert über, wie er durch den ohmschen Ast der $v(E)$-Kurve vorgegeben ist. Da aber E unterhalb des Schwellenwertes E_t liegt, wird keine neue Domäne ausgelöst, und der Strom behält seinen hohen Wert. Erst wenn E nach einer Schwingungsperiode T wieder E_t überschreitet, wiederholt sich der Zyklus. Die Domänenauslösung ist also um die Zeit $(T - \tau)$ verzögert. Deshalb spricht man vom Verzögerungsmodus oder vom "delayed dipole-domain mode". Theoretisch läßt sich die Schwingungsperiode über eine Oktave durchstimmen

$$\tau < T < 2\tau.$$

Die Berechnung des Verzögerungsmodus macht keine prinzipiellen Schwierigkeiten, wenn man einen rein ohmschen Niederfeldast der $v(E)$-Kurve und einen oberhalb E_1 feldunabhängigen Talstrom voraussetzt. Wir werden darauf in Kap. III.8 zurückkommen. Im Vorgriff auf die dann gewonnenen Ergebnisse zitieren wir den errechneten Wirkungsgrad η in Bild III.23 $[III.32]$, wobei die Gleichvorspannung U_o, die in Bild III.22 gleich der Schwellenspannung U_t gesetzt wurde, als unabhängige Variable fungiert. Die Rechnungen liefern, daß ein maximaler Wirkungsgrad von 7,2 % erreichbar ist. Dafür müssen die Parameter

$$R_L = 8,6 \; R_o;$$

$$U_o = 1,9 \; U_t \quad \text{und} \quad T = 1,28 \; \tau$$

eingestellt sein. Die wichtigste Voraussetzung

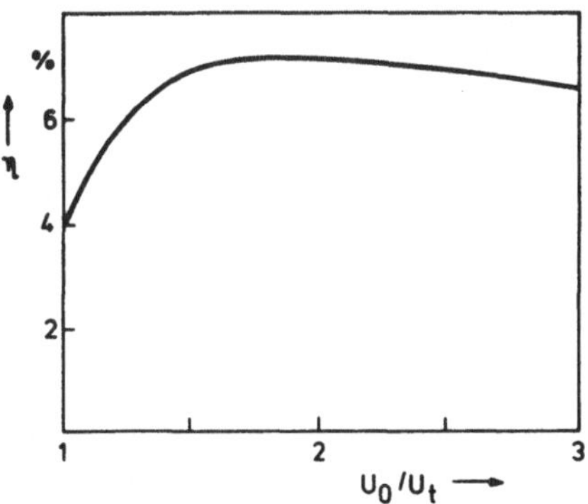

Bild III.23

Wirkungsgrad für den Verzögerungsbetrieb in Abhängigkeit von der auf die Schwellenspannung U_t normierten Gleichspannung U_o $[III.32]$.

dieser Betrachtungen, daß Domänenauf- und Abbau in Bruchteilen
der Schwingungsperiode erfolgt, gilt nur für relativ lange Bauelemente im unteren Frequenzbereich. Schon bei etwa 10 GHz muß
man die Aufbauzeit der Domäne mitberücksichtigen. Es kommt
dann zu einer Abrundung der Stromspitzen, was den Wirkungsgrad
für die Grundschwingung eher verbessern sollte.

Während beim Verzögerungsmodus die Domäne bis zur Anode wandert, wird im Löschmodus die Domäne während ihres Weges von der
Kathode zur Anode gelöscht, weil die vom äußeren Resonanzkreis
aufgeprägte Spannung unter die Löschspannung abgesunken ist.
Innerhalb der Probe kann also nicht mehr die Löschfeldstärke
E_l aufrechterhalten werden. Da für den Löschmodus (engl. "quen-
ched dipole-domain mode") große Spannungsamplituden erforderlich sind, muß die Güte des Parallelresonanzkreises relativ
hoch sein, also ist nur relativ geringe ohmsche Belastung zulässig. Der Löschmodus ist in Bild III.24 illustriert. Zur

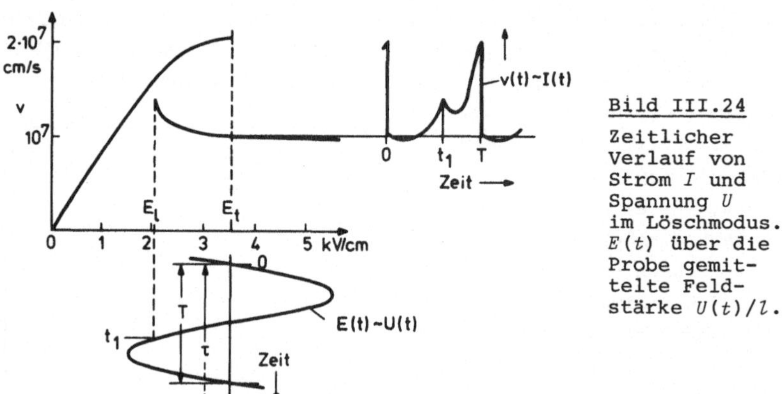

Bild III.24

Zeitlicher
Verlauf von
Strom I und
Spannung U
im Löschmodus.
$E(t)$ über die
Probe gemit-
telte Feld-
stärke $U(t)/l$.

Zeit t_1 wird die Domäne abgebaut, noch bevor sie die Anode erreicht hat. Der Strom springt zu diesem Zeitpunkt auf den ohmschen Ast der $v(E)$-Kennlinie zurück.

Bedingung für den Löschmodus ist, daß die Domäne im Innern der
Probe vor Erreichen der Anode abgebaut wird. Dementsprechend

sollte man erwarten, daß die untere Frequenzgrenze der Durchstimmbarkeit mittels des äußeren Resonanzkreises durch

$$\tau = \frac{3}{4} \dots \frac{1}{2} \cdot T \qquad \text{oder} \qquad f \simeq \frac{2}{3} \frac{1}{\tau}$$

gegeben wird ($\tau = l/v$ Laufzeit der Domäne). Die obere Frequenzgrenze ist durch die Aufbau- und Abbauzeiten der Domäne gegeben. Prinzipiell sollte diese Grenze also sehr hoch liegen.
Dafür bestimmend ist der n_o/f-Faktor, wie er zu Anfang dieses
Kapitels abgeleitet wurde.

Wie schon die Konstruktion des Stromverlaufs an der $v(E)$-Kenn-
linie vermuten läßt, ist der Wirkungsgrad des Löschmodus gering. Theoretische Abschätzungen kommen zu dem Ergebnis, daß
der Wirkungsgrad um etwa den Faktor 2,5 kleiner ist als im
Verzögerungsmodus (vgl. später Kap. III.8). Man kann deshalb
einen maximalen Wirkungsgrad von etwa 2,5 % erwarten.

6. Laufzeitunabhängige Moden

Die $v(E)$-Kurve, wie wir sie im Kap. III.2 aus der Bandstruktur
abgeleitet haben und wie sie auch experimentell mit Mikrowel-
lentechniken gefunden wurde, weist einen Bereich negativer differentieller Beweglichkeit auf. Eine Folgerung daraus war das
Auftreten von Hochfelddomänen, die aber bewirkten, daß an den
Kontakten des GaAs-Bauelementes ein Widerstand beobachtet wird,
der nur noch mittelbar mit der $v(E)$-Kurve zusammenhängt. Die
Ursache dafür ist der Zerfall des Probenraumes in Bereiche unterschiedlicher Feldstärke. Demzufolge erscheint an den Pro-
benkontakten eine Kennlinie, wie wir sie in dem vorhergehenden
Kapitel benutzt haben. Diese Kennlinie ist zeitabhängig, je
nach dem, ob eine Domäne durch die Probe wandert oder ob sich
gerade eine Domäne an der Anode (oder auch in der Probe) aufgelöst hat und sich eine neue an der Kathode bildet. Unter diesem Gesichtswinkel wird das Gunn-Element als ein Schalter angesehen, der - nur begrenzt durch Auf- und Abbauzeit der Domäne - zwischen dem Schwellenstrom I_t und dem Talstrom hin- und

herschaltet. Wesentlich für das Verhalten eines so betriebenen
Gunn-Elementes ist die Laufzeit der Domäne von der Kathode zur Anod

Wenn man die $v(E)$-Kurve des GaAs naiv betrachtet, könnte man
noch eine weitere Betriebsform eines GaAs-Bauelementes erwarten. Diese wäre dadurch gekennzeichnet, daß das Bauelement auch
jenseits der Schwelle der angelegten Spannung entlang der $v(E)$-
Kurve mit homogener Feldverteilung folgt. Die $v(E)$-Kurve würde
dann für jeden Zeitpunkt gelten, und an der Probe würde ein negativer Widerstand (d.h. die Wechselkomponenten von Strom und
Spannung in Gegenphase) erscheinen, der sich unmittelbar aus
dem abfallenden Bereich der $v(E)$-Kurve herleitet.

Streng genommen ist eine derartige Betriebsweise natürlich
nicht realisierbar, da die stets vorhandenen Dotierungsschwankungen oder Ladungsträgerfluktuationen das Entstehen von größeren Feldinhomogenitäten hervorrufen. Aber es läßt sich eine
Annäherung erreichen, indem eine starke Ladungsanhäufung vermieden wird und die notwendigerweise stets entstehenden Akku-
mulationsbereiche von Ladungen durch hinreichend lange Aussteuerung in den ohmschen Bereich der $v(E)$-Kurve zur Auflösung ge-
zwungen werden. Damit sind die beiden Frequenzgrenzen für diese Betriebsweise gegeben. Einmal muß die am Element anliegende
Spannung sehr rasch durch den stark fallenden Bereich der $v(E)$-
Kurve zwischen der Schwellenfeldstärke E_t und etwa dem Wert
$3\,E_t$ laufen (vgl. Bild III.8), um nennenswerte Ladungsanhäufung
zu vermeiden. Zum anderen muß die Spannung hinreichend lang unterhalb der Schwelle bleiben, damit die entstandenen Ladungs-
anhäufungen durch dielektrische Relaxation aufgelöst werden
können.

Man nennt die beschriebene Betriebsweise den Oszillationsmodus
mit begrenzter Raumladungsbildung oder meist kürzer den LSA-
Betrieb ("Limited Space-charge Accumulation mode"). Der LSA-
Modus ist die wichtigste Betriebsform, die nicht durch Lauf-
zeiteffekte bestimmt wird. Der LSA-Modus wurde 1967 von Copeland bei Rechnersimulationen gefunden und erst anschließend

experimentell verifiziert. Im folgenden soll er nur so weit beschrieben werden, wie zum Verständnis notwendig ist. Genauere Resultate lassen sich wieder nur mit einem elektronischen Rechner erreichen.

An dem Bauelement liege eine Gleichspannung U_o, der eine Wechselspannung mit der Amplitude U_1 überlagert ist. Wie im vorhergehenden Kapitel wird die Wechselspannung durch einen Parallelresonanzkreis erzwungen, der mit dem Widerstand R_L als Verbraucher belastet ist. Wenn die $v(E)$-Kurve durch Einfügen der Bauelementedaten in eine entsprechende $I(U)$-Kennlinie umgewandelt wird, dann erhalten wir Bild III.25. An der $I(U)$-Kurve wird die anliegende Spannung gespiegelt, um den Stromfluß durch das Bauelement zu erhalten. Dabei nehmen wir zunächst einmal an, daß das Feld im Bauelement homogen bleibt. Liegt die Vorspannung U_o weit über

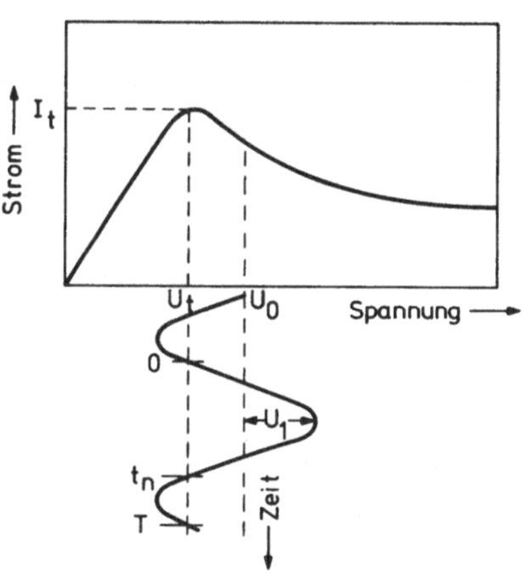

<u>Bild III.25</u>
$I(U)$-Kennlinie eines Bauelementes im LSA-Betrieb. Auf der Zeitachse: dem Bauelement aufgeprägter Spannungsverlauf.

der Schwellenspannung U_t und wächst die Amplitude U_1 der überlagerten Wechselspannung an, dann trifft Bild III.26 zu. Bei relativ geringen Wechselspannungsaussteuerungen, solange die Spannung an der Probe nicht unter U_t abfällt, ist der Wechselstrom in Gegenphase zur Wechselspannung (Teilbild a). Es muß aber bemerkt werden, daß diese Betriebsform nicht realisiert werden kann, weil die zweite der oben erwähnten Bedingungen nicht erfüllt ist. Denn die Raumladungen, die sich bilden, bauen sich nicht ab, weil das Feld nie unter E_t absinkt. Diese

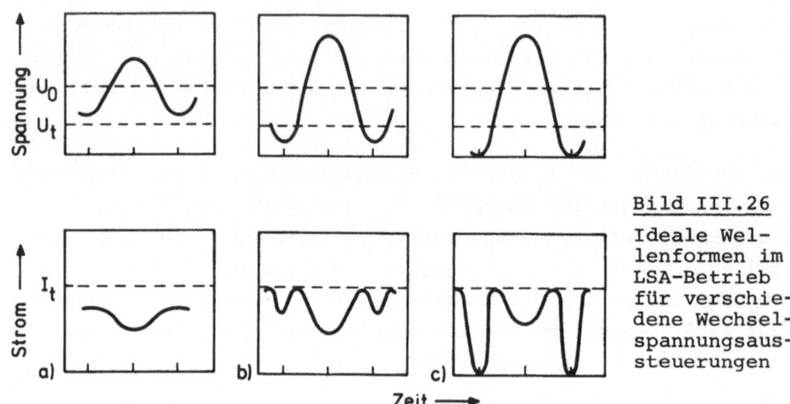

Bild III.26

Ideale Wellenformen im LSA-Betrieb für verschiedene Wechselspannungsaussteuerungen

Bedingung wird aber erfüllt, sobald die Spannung zeitweise unter U_t fällt (Teilbild b). Dann kommt es aber auch, wie die beiden Teilbilder b und c zeigen, zu einer mit der Spannung gleichphasigen Komponente des Wechselstroms, die im Extremfall der Aussteuerung bis zu verschwindender Spannung sehr ausgeprägt werden kann (Teilbild c). Also muß man mit einem rapiden Verfall des Wirkungsgrades mit wachsender Aussteuerung rechnen.

Diese qualitative Diskussion wird durch die Rechnersimulation bestätigt [III.33]. In Bild III.27 ist der Wechselstromwiderstand R, normiert auf den Niederfeldwiderstand R_O, für eine

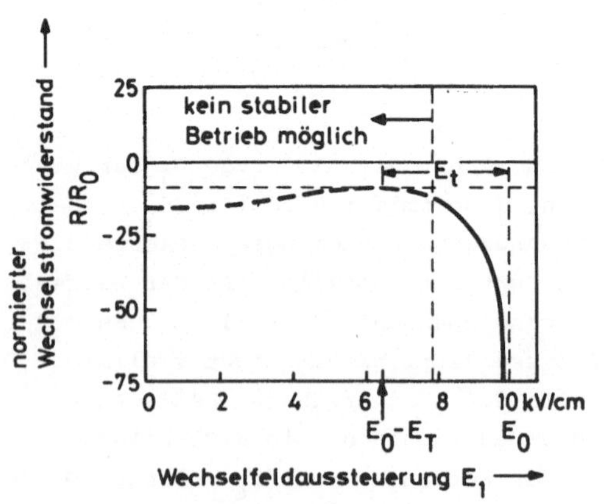

Bild III.27

Ergebnisse der Rechnersimulation von Copeland [III.33]. LSA-Betrieb mit Gleichfeldvorspannung $E_O = U_O/l = 10$ kV/cm. Wechselfeldaussteuerung $E_1 = U_1/l$. l Probenlänge

Vorspannung $E_o = U_o/l = 10$ kV/cm über der Wechselfeldaussteuerung E_1 aufgetragen. Man könnte erwarten, daß ab $E_1 = U_1/l >$
$(E_o - E_t)$ ein stabiler Betrieb möglich wäre. Denn damit wird E_t
zeitweise unterschritten. Tatsächlich fällt R ab dieser Grenze. Der Abbau der Ladungsträgerinhomogenitäten ist aber für
einen stabilen Betrieb nicht ausreichend, wie die folgenden
Ergebnisse zeigen werden. Die Stabilitätsgrenze liegt etwas
unterhalb 8 kV/cm. Dort hat der errechnete Wirkungsgrad ein
Maximum von etwa 17 %, fällt aber mit wachsender Aussteuerung
rasch ab. Der Wechselstromwiderstand R wächst in gleichem Maß
in negativer Richtung; also ist Mikrowellenerzeugung möglich.
Sobald aber $E_1 > E_o$ wird, das Bauelement also in negativer
Richtung ausgesteuert wird, wird auch R positiv. Die Probe
verbraucht Wechselstromleistung.

Ein genaueres Bild der Vorgänge gewinnen wir, wenn wir das
zeitliche Verhalten einer Ladungsanhäufung betrachten. Es
wird durch die dielektrische Relaxationszeit

$$1/\omega_c = \frac{\varepsilon}{e n_o \, \partial v/\partial E}$$

nach Gl. (III.11) bestimmt. Wenn zur Zeit $t = 0$ die Ladungsdichte ρ_o vorhanden ist, dann ändert sich dieser Wert gemäß

$$\rho = \rho_o \, \exp(-\frac{e n_o}{\varepsilon} \, \frac{\partial v}{\partial E} \, t)$$

mit der Zeit. Im Fall von GaAs kann ρ_o entweder anwachsen
(wenn $\partial v/\partial E < 0$) oder abnehmen (wenn $\partial v/\partial E > 0$). Wenn sich
das Feld zeitlich ändert, dann muß in der obigen Formel der
Wert $\partial v/\partial E$ für die jeweilige Aussteuerung angewandt werden,
der zu dem jeweiligen Augenblick gehört.

Wenn z.B. zur Zeit $t = 0$ beim Überschreiten der Schwelle E_t
im Bauelement durch Fluktuation die Ladungsträgerdichte ρ_o
vorhanden ist, dann wächst sie während der kurzen Zeit Δt auf
den Wert

$$\rho_1 = \rho_0 \, \exp\left[-\,\frac{en_0}{\varepsilon}\,\left(\frac{\partial v}{\partial E}\right)_{\Delta t}\Delta t\right]$$

an. $(\partial v/\partial E)_{\Delta t}$ ist ein Mittelwert für den sehr kurzen Zeitraum Δt. Im nächsten Zeitintervall Δt wächst ρ_1 bis auf

$$\rho_2 = \rho_1 \, \exp\left[-\,\frac{en_0}{\varepsilon}\,\left(\frac{\partial v}{\partial E}\right)_{2\Delta t}\Delta t\right]$$

$$= \rho_0 \, \exp - \frac{en_0}{\varepsilon}\left[\left(\frac{\partial v}{\partial E}\right)_{\Delta t} + \left(\frac{\partial v}{\partial E}\right)_{2\Delta t}\right]\Delta t$$

an. $(\partial v/\partial E)_{2\Delta t}$ stellt eine mittlere differentielle Beweglichkeit für die Zeit von Δt bis $2\Delta t$ dar. Wenn wir diese Betrachtung für den ganzen Zeitraum von O bis t_n, während dessen das Probenfeld im Bereich der $v(E)$-Kurve mit negativer differentieller Beweglichkeit verweilt, anstellen, dann erhalten wir schließlich die gesamte Ladungsdichte

$$\rho_n = \rho_0 \, \exp - \frac{en_0}{\varepsilon}\int_0^{t_n}\left(\frac{\partial v}{\partial E}\right)_t \, dt,$$

wobei $(\partial v/\partial E)_t$ jeweils für den momentanen Feldwert zu nehmen ist. Eine ganz ähnliche Betrachtungsweise müssen wir für die Zeit von t_n bis T anwenden, während der das momentane Feld unterhalb von E_t ist. Nur müssen wir jetzt von ρ_n ausgehen, und $(\partial v/\partial E)_t$ ist stets positiv

$$\rho_p = \rho_n \, \exp - \frac{en_0}{\varepsilon}\int_{t_n}^{T}\left(\frac{\partial v}{\partial E}\right)_t \, dt.$$

Das Wachstum der Ladungen wird also durch das Argument der Exponentialfunktion bestimmt. Das Argument lautet

$$g_{n,p} = \frac{n_0/f}{h_{n,p}} = \frac{n_0}{f}\,\frac{e}{\varepsilon T}\int_{0,t_n}^{t_n,T}\left(\frac{\partial v}{\partial E}\right)_t \, dt. \qquad (III.46)$$

In dieser Schreibweise ist der Quotient n_0/f, den wir zu Be-

ginn von Kap. III.5 auf S. 166 eingeführt haben, abgespalten.
Der Ausdruck (III.46) ist für den Fall des Wachstums (h_n) und
für den Fall der Abnahme (h_p) der Raumladung in Bild III.28
in Abhängigkeit von der Wechselfeldaussteuerung dargestellt.
Es handelt sich um die
Rechnersimulation von
Copeland [III.33], der
folgende Parameter be-

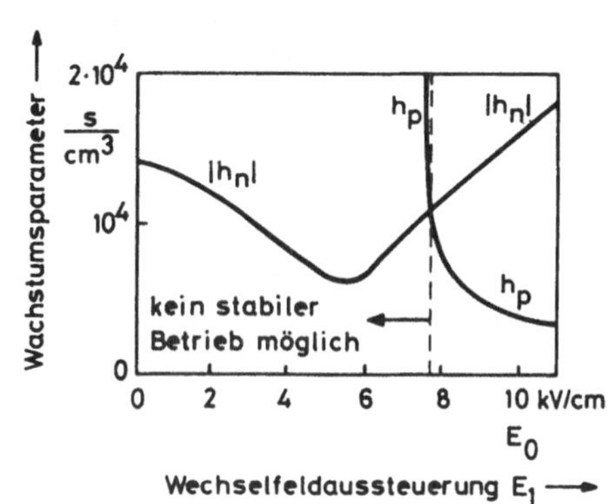

Bild III.28
Simulation von Copeland
[III.33] mit $v(E)$-Kurve
ähnlich der von Butcher
und Fawcett mit

μ_o = 8000 cm^2/Vs,
Gleichvorspannung
$E_o \cdot l$ = 10 kV/cm$\cdot l$.

nutzte: E_o = 10 kV/cm und μ_o = 8000 cm^2/Vs. Weiterhin ist eine $v(E)$-Kurve nach Butcher und Fawcett [III.4] zugrundegelegt.
Der Wachstumsfaktor $|h_n|$ hat zwischen 5 und 6 kV/cm ein star-
kes Minimum, das von dem großen negativen Gradienten der $v(E)$-
Kurve kurz oberhalb von E_t bei etwa 4,5 kV/cm herrührt. Ein
stabiler LSA-Betrieb ist nur für Aussteuerungen oberhalb etwa
7,5 kV/cm möglich, wenn h_p > $|h_n|$ ist. Diese Grenze ist auch
in Bild III.27 eingetragen.

Die beiden auf S. 172 eingeführten Bedingungen geben auch
die Grenzen für den LSA-Betrieb an. Einerseits darf der Exponent g_n, der das Wachstum der Ladungsträgerhäufung kontrolliert, nicht zu stark negativ werden. Daraus folgt, daß n_o/f
möglichst klein sein sollte. Andererseits sollte der Exponent
g_p, der den Abbau der Ladungsträgeranhäufung bestimmt, möglichst groß sein. Also sollte auch n_o/f möglichst groß sein.
Dies läuft auf einen Kompromiß bezüglich n_o/f hinaus. Glück-
licherweise kommt die spezielle Form der $v(E)$-Kurve des GaAs
den Forderungen, möglichst kleiner Absolutwert von g_n und mög-

lichst großer Wert für g_p, entgegen. Denn die mittlere differentielle Beweglichkeit oberhalb von E_t, die g_n bestimmt, ist in ihrem Absolutwert sehr viel kleiner als die mittlere differentielle Niederfeldbeweglichkeit, die sich als $(\partial v/\partial E)_t$ in g_p findet. In ideal homogenem Material dürfen Ladungsträgerinhomogenitäten, die von thermischen Fluktuationen oder Dotierungsschwankungen herrühren, um einen Faktor e^5 bis e^7 (rund 150 bis 1100) anwachsen, ohne daß der LSA-Betrieb gefährdet ist. Bei jedem Bauelement stellen allerdings die Kontakte erhebliche Störungen dar. Vor der Kathode bilden sich wegen der Stromkontinuität eine Anreichungszone, deren Wachstum eingeschränkt bleiben muß. Aus den experimentellen Erfahrungen und aus den theoretischen Analysen des LSA-Betriebs [III.33] folgt für n_o/f als zulässiger Bereich

$$2 \cdot 10^4 \ \mathrm{cm}^{-3}\mathrm{s} < n_\mathrm{o}/f < 2 \cdot 10^5 \ \mathrm{cm}^{-3}\mathrm{s}.$$

Wenn die Domänenbildung nicht völlig unterdrückt werden kann, dann spricht man von der hybriden Betriebsweise. Der hybride Betrieb wird dadurch beschrieben, daß während der Aufladezeit der Domäne ein homogenes Feld in der Probe herrscht. Dies ist also der LSA-Bereich, und die zeitunabhängige $v(E)$-Kennlinie wird zu seiner Berechnung herangezogen. Nach der Aufladezeit der Domäne springt das Bauelement in einen Zustand mit Dipoldomäne. Jetzt muß die in Kap. III.3 abgeleitete zeitabhängige $I_\mathrm{D}(U_\mathrm{D})$-Kennlinie benutzt werden. Man spricht vom Dipol-Domänen-Bereich des hybriden Betriebs, der bis zum Erreichen der Löschspannung der Domäne andauert. Der hybride Betrieb schließt die Lücke zwischen dem LSA-Betrieb und den im vorigen Kapitel besprochenen Oszillationsmoden mit Dipol-Domäne.

Der Vollständigkeit halber wollen wir noch den Multi-Domänen-Modus ("multiple domain mode") erwähnen, der einige Gemeinsamkeiten mit dem LSA-Betrieb hat. Auch der Multi-Domänen-Modus tritt bei sehr hohen Vorspannungen auf, so daß die Wechselspannung sehr rasch den steil abfallenden Ast der $v(E)$-Kurve durchläuft. Es kommt an den statistisch verteilten Inhomogeni-

täten der Probe zur Bildung von Domänen, deren Zahl mit wachsendem $n_o l$-Produkt zunimmt. Beim Zurückschwingen der Wechselspannung werden die Domänen gelöscht. Experimentell ist der
Multi-Domänen-Modus schwer vom LSA-Betrieb zu unterscheiden.

7. Betriebsarten-Diagramm

Elektronen-Transfer-Bauelemente zeigen eine Vielfalt von Betriebsformen, die theoretisch alle untersucht sind, sich aber
im Experiment z.T. nur schwer darstellen lassen. Dementsprechend haben sie auch sehr unterschiedliche Bedeutung für den
praktischen Einsatz. Auf den ersten Blick sind die zahlreichen
Betriebsformen sehr verwirrend, zumal die Grenzen zwischen
ihnen fließend sind. Um ein ordnendes Schema zu erhalten, bieten sich zur Abgrenzung der Moden die Größen $n_o l$ und n_o/f an,
wie wir sie bereits zu Beginn des Kap. III.5 auf S. 166 diskutiert haben. Wir haben dort gezeigt, daß das Produkt fl der
Größe n_o/f äquivalent ist. Nun ist

$$fl = vf \cdot \tau = vf \cdot \frac{l}{v}.$$

fl vergleicht danach die Betriebsfrequenz f mit der Laufzeitfrequenz $1/\tau = v/l$, die ihrerseits auf die Domänengeschwindigkeit v bezogen ist. So hat sich auch in der Literatur ein Diagramm mit den Achsen $n_o l$ und fl durchgesetzt, in das die Bereiche mit den verschiedenen Betriebsformen der Elektronen-
Transfer-Bauelemente eingetragen sind [III.34]. Dieses Diagramm wollen wir in diesem Kapitel diskutieren (Bild III.29).
Wir weisen aber darauf hin, daß die angegebenen Grenzen nur
als Richtlinien, nicht aber als scharf definiert anzusehen
sind.

Die fundamentale Grenze zwischen den Domänenmoden und den do-
mänenfreien Betriebsarten ist durch $n_o l = 10^{12}$ cm^{-2} gegeben.
Unterhalb von 10^{12} cm^{-2} können sich keine Domänen ausbilden.
Das Bauelement kann aber einen negativen Wechselstromwiderstand haben und deshalb für Verstärkungszwecke und, da ein

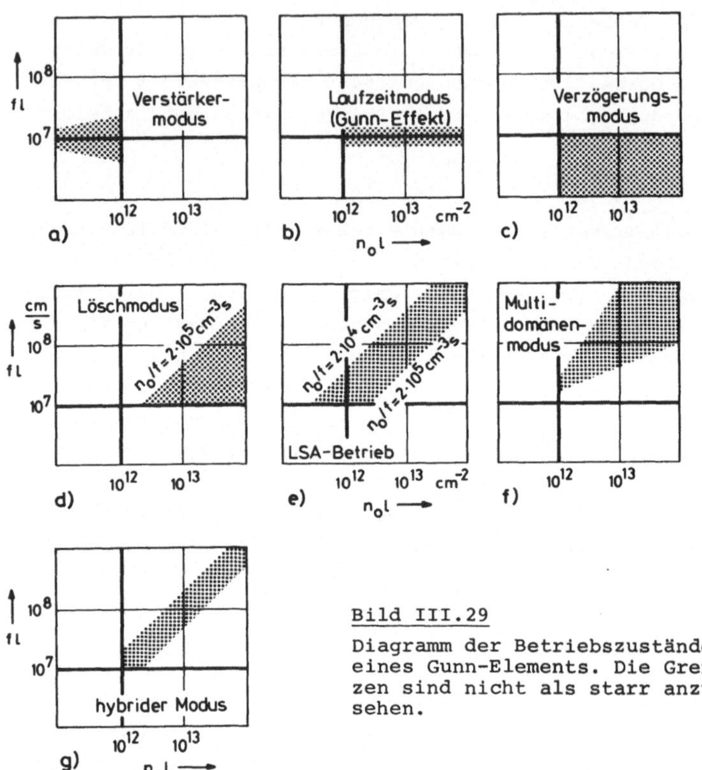

Bild III.29

Diagramm der Betriebszustände eines Gunn-Elements. Die Grenzen sind nicht als starr anzusehen.

Oszillator ein überkritisch rückgekoppelter Verstärker ist, auch als Oszillator verwendet werden. Die für die Berechnung der sogenannten Verstärkermoden ("amplifier modes") notwendige Formel haben wir in Kap. III.4 als Gl. (III.39) abgeleitet. Die Kleinsignalimpedanz Z kann in Real- und Imaginärteil aufgespalten werden. Der Realteil von Z, der Wirkwiderstand, wird in einem Frequenzband um die Laufzeitfrequenz $1/\tau$ und um deren Harmonische negativ, sofern die differentielle Beweglichkeit negativ wird [III.35]. Der Bereich des Verstärker-

betriebs ist in Bild III.29a eingetragen. Die untere Frequenzgrenze des Verstärkerbetriebs ist dadurch bestimmt, daß die
Probe weniger als eine halbe Wellenlänge der wachsenden Raum-
ladungswelle enthält und deshalb Verstärkung nicht mehr prak-
tikabel ist. Für die obere Frequenzgrenze sind letztlich Diffusionseffekte bestimmend.

Oberhalb von $n_o l = 10^{12}$ cm^{-2} tritt der Domänen-Laufzeitmodus
nach Gunn, der eigentliche Gunn-Effekt, auf (Teilbild b). Diesen Modus haben wir als einfachsten Fall des Elektronentrans-
fereffektes schon im Kap. III.2 beschrieben. Er stellte die
Entdeckung von Gunn dar. Je nach der Domänengeschwindigkeit
ergibt sich für den Laufzeitmodus ein von $n_o l$ unabhängiges
Frequenzband. Der Laufzeitbetrieb ist ein Großsignaleffekt,
der sich aus den Nullstellen von Gl. (III.39) ergibt. Das
Bauelement wird instabil, indem Hochfelddomänen auftreten.
Demgegenüber ist der Verstärkerbetrieb ein Kleinsignaleffekt,
der aus dem negativen Widerstand gemäß Gl. (III.39) resultiert.

Der Gunn-Effekt kann als hochfrequenter Grenzfall des Verzögerungsmodus angesehen werden. Der Verzögerungsmodus (Teilbild c) ist nach Kap. III.5, S. 169 unterhalb der Laufzeitfrequenz bis zur halben Laufzeitfrequenz möglich. Dies entspricht dem Intervall

$$v/2 < fl < v.$$

Dieser Betrieb ist für die Praxis am wichtigsten. Zumindest
im Prinzip ist eine Ausdehnung zu niedrigeren Frequenzen möglich, indem durch geeignete Wellenformen die Domänenauslösung
erheblich verzögert wird.

Zur hochfrequenten Seite schließt sich an den Laufzeitmodus
die Löschmode (Teilbild d) an. Die obere Frequenzgrenze des
Löschmodus ist durch die Auf- und Abbauzeiten der Domäne gegeben. Da dies gleichzeitig die untere Grenze des LSA-Betriebs
ist, können wir aus Kap. III.6, S. 178

$$n_{\mathrm{o}}/f > 2 \cdot 10^5 \ \mathrm{cm}^{-3}\mathrm{s} \qquad \text{oder} \quad fl < \frac{n_{\mathrm{o}}l}{2 \cdot 10^5} \ \mathrm{cm} \ \mathrm{s}^{-1}$$

entnehmen.

Wir haben die Grenzen für den LSA-Modus (Teilbild e) bereits
in Kap. III.6 auf S. 178 angegeben

$$2 \cdot 10^4 \ \mathrm{cm}^{-3}\mathrm{s} < n_{\mathrm{o}}/f < 2 \cdot 10^5 \ \mathrm{cm}^{-3}\mathrm{s}$$

oder $\qquad \dfrac{n_{\mathrm{o}}l}{2 \cdot 10^5} < fl < \dfrac{n_{\mathrm{o}}l}{2 \cdot 10^4}.$

Sehr ungenau ist der Multi-Domänen-Modus in seinen Frequenzgrenzen bestimmt. Er überlappt weitgehend mit dem Löschmodus
und dem LSA-Betrieb. Entsprechend ist diese Betriebsart in
die Modenkarte (Teilbild f) eingetragen.

Der Vollständigkeit halber wollen wir noch den hybriden Betrieb (Teilbild g) als Übergang zwischen LSA- und Löschmodus
erwähnen. Er entsteht bei $n_{\mathrm{o}}f \gtrsim 5 \cdot 10^4 \ \mathrm{cm}^{-3}\mathrm{s}$ und sollte noch
bei $n_{\mathrm{o}}f \approx 2 \cdot 10^5 \ \mathrm{cm}^{-3}\mathrm{s}$ einen guten Wirkungsgrad haben.

8. Grenzen der Leistung und des Wirkungsgrades

In Kap. III.8 haben wir für die Impatt-Diode als Maß für ihre
Leistungsfähigkeit das Produkt aus maximaler Hochfrequenzlei-
stung P_{m} und Impedanz Z gefunden. Dasselbe Produkt aus P_{m} und
Z wird auch für Gunn-Elemente herangezogen. Die Wichtigkeit
dieser Größe wird aus folgender Überlegung klar. Es ist offensichtlich, daß man die Leistung eines gegebenen Bauelementes
nicht beliebig steigern kann. Man könnte nun daran denken,
mehrere Bauelemente parallel zu schalten oder ein einzelnes
Bauelement mit entsprechend großem Querschnitt zu verwenden,
so daß die Leistungserzeugung vergrößert würde. Beide Maßnah-
men führen zu einer Verminderung der Impedanz des oder der
Bauelemente. Um die Leistung an den Verbraucher völlig abgeben zu können, muß dessen Impedanz konjugiert komplex zu der

des Hochfrequenzgenerators sein. In der Praxis wird der Entwurf eines Mikrowellenkreises umso schwieriger, je tiefer sein Impedanzniveau ist. Deshalb muß, wenn man die Leistungsfähigkeit eines Bauelementes abschätzen will, auch seine Impedanz mitberücksichtigt werden. Dazu dient das $P_m Z$-Produkt.

In der Literatur wird das Leistungs-Impedanz-Produkt für Elektronen-Transfer-Elemente in ihren verschiedenen Betriebsformen unterschiedlich behandelt. Teilweise wird die resistive Komponente der Impedanz herangezogen und teilweise (wie auch bei der Impatt-Diode) die reaktive Komponente. Rechnersimulationen sind entsprechend ausführlicher. Je nach dem Grad der Vereinfachung und abhängig von den verwendeten Parametern sind die Ergebnisse für das $P_m Z$-Produkt sehr unterschiedlich. In diesem Zusammenhang wollen wir uns damit begnügen, an einem Beispiel die Berechnung des $P_m Z$-Produktes zu zeigen.

Wenn U_m die maximale Amplitude der Hochfrequenzspannung ist, dann ist die maximale, am Verbraucher verfügbare Leistung

$$P_m = \frac{1}{2}\, U_m^2 / Z .$$

Da es sich beim Elektronen-Transfer-Effekt um einen Volumen-Effekt handelt, führen wir eine mittlere Feldstärke im Bauelement der Länge l ein

$$E_m = U_m / l .$$

Also folgt

$$P_m Z = \frac{1}{2}\, E_m^2 l^2 . \tag{III.47}$$

Wenn wir uns auf den Verzögerungsmodus, der als hochfrequenten Grenzfall den eigentlichen Gunnschen Laufzeitbetrieb enthält, beschränken, ist die maximal erreichbare Frequenz f durch die Laufzeit und damit die Probendimension l festgelegt

$$f = v / l .$$

Damit ergibt sich

$$P_m Z f^2 = \frac{1}{2} E_m^2 v^2.$$

Im Verzögerungsmodus darf es nicht zu einer Auflösung der Domäne während ihrer Laufzeit kommen (vgl. Kap. III.5, S. 169). Folglich ist die maximal erreichbare Wechselfeldamplitude E_m durch das Vorspannungsfeld E_0 und das Löschfeld E_1 beschränkt

$$E_m = E_0 - E_1.$$

Die obere Grenze für die Feldstärke in dem Bauelement ist durch die Durchbruchfeldstärke E_c gegeben. Damit ist auch das maximal mögliche E_0 festgelegt. Da gegenüber diesem Wert E_1 vernachlässigbar ist, können wir

$$E_m \simeq \frac{1}{2} E_c$$

setzen. Insgesamt folgt damit

$$P_m Z f^2 = \frac{1}{8} E_c^2 v^2. \qquad\qquad (III.48)$$

Wie bei der Impattdiode (vgl. Kap. II.8, Bild II.32) führt das Produkt $P_m Z f^2$ auf Materialkonstanten. Die maximale Ausgangsleistung fällt proportional zu $1/f^2$ zu hohen Frequenzen hin ab. Diese Tendenz wird für GaAs-Oszillatoren durch Bild III.30, das die um Literaturwerte ergänzten Messungen von [III.36] enthält, im wesentlichen bestätigt. In dem angegebenen Frequenzbereich verfällt der Wirkungsgrad von 5 auf 0,1 %. Für InP-Oszillatoren sind die entsprechenden Daten 5 und 0,5 %. Insbesondere bei höheren Frequenzen ist die Ausgangsleistung für InP deutlich größer als bei GaAs. Die Gründe für die größere Leistungsfähigkeit von InP in diesem Frequenzbereich liegen in den kürzeren Streuzeiten für Elektronen in InP und in dessen größerem Spitzengeschwindigkeit-Talgeschwindigkeit-Verhältnis (vgl. Bild III.8). Unterhalb von 40 GHz ist InP mit GaAs vergleichbar, weil nun die hohe Schwellenfeldstärke in InP für thermische Beschränkungen sorgt.

Für die übrigen Oszillationsmoden enthält der Ausdruck (III.48) noch das $n_o l$-Produkt. Für den LSA-Betrieb ist jedoch theoretisch keine obere Grenze zu erwarten, da l nicht durch die Frequenz beschränkt wird. Entsprechend würde die Größe (III.47) beliebig wachsen. Dies zeigt, daß der LSA-Betrieb prinzipiell den anderen Schwingungsmoden überlegen ist. In der Praxis sind natürlich die Kristalldimensionen begrenzt. Entscheidender sind für den LSA-Betrieb allerdings die unvermeidlichen Dotierungsschwankungen, die zum Domänenaufbau und damit zum Ende des LSA-Betriebs führen. Deshalb hat der LSA-Betrieb auch nicht die in ihn gesetzten Hoffnungen erfüllt.

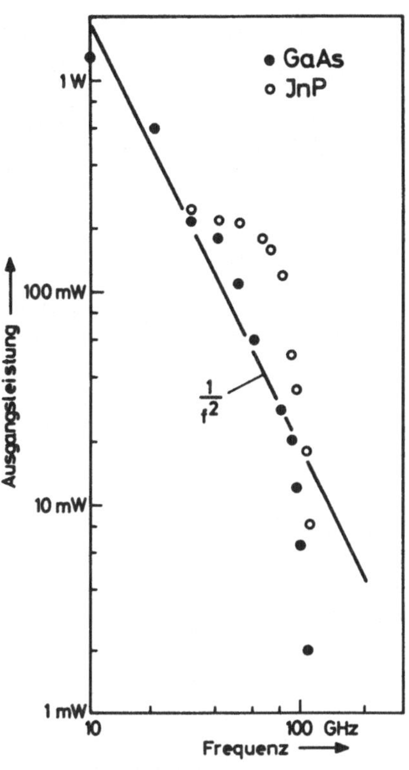

<u>Bild III.30</u>
Ausgangsleistung von Oszillatoren mit Elektronen-Transfer-Bauelementen. Nach [III.36], ergänzt um Messungen anderer Laboratorien.

Für die oben durchgeführte Abschätzung haben wir optimale Verhältnisse vorausgesetzt. In der Praxis kann man nur einen Bruchteil der maximalen Leistung erwarten, weil sowohl Strom als auch Spannung gleichphasige Oberschwingungen enthalten, die Verlustleistung erzeugen. Der Bruchteil der verfügbaren Leistung bezogen auf die Gesamtleistung wird durch den Wirkungsgrad bestimmt.

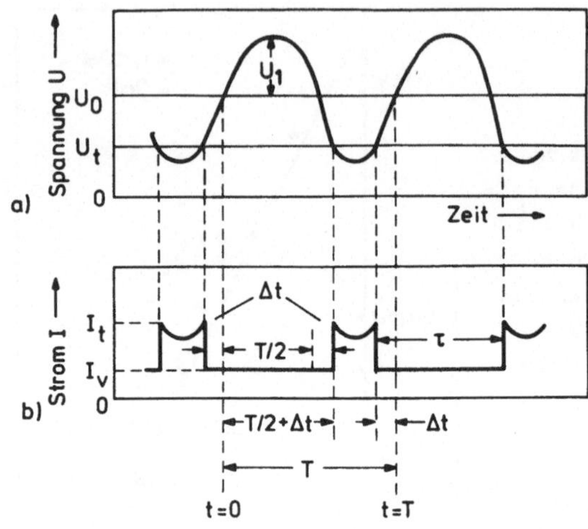

Bild III.31

Zur Berechnung des Wirkungsgrades im Verzögerungs-betrieb. Es wird zeitlich symme-trische Domänen-auslösung voraus-gesetzt, d.h.
$\tau = T/2 + 2\Delta t$,

(a) am Bauelement anliegende Span-nung;

(b) durch Spiege-lung an der I-U-Kennlinie daraus abgeleiteter Strom.

Der Wirkungsgrad η läßt sich unter einigen vereinfachenden Voraussetzungen für den Vergrößerungsmodus analytisch berech-nen [III.32]. Die verwendeten Symbole sind in Bild III.31 erklärt (vgl. auch Bild III.22). Wir setzen voraus, daß die Domänenlaufzeit τ symmetrisch zur Periode T der Spannung liegt, da wir dann den größten Wirkungsgrad erwarten können. Weiter-hin sollen die Zeiten von Domänenauf- und Abbau vernachlässig-bar sein. Wir können zunächst schreiben

$$U_\mathrm{o} + U_1 \sin\omega\,(T/2 + \Delta t) = U_\mathrm{t}$$

$$U_\mathrm{o} + U_1 \sin\,(-2\pi\Delta t/T) = U_\mathrm{t} \qquad\qquad (III.49)$$

oder $\qquad \Delta t = \dfrac{T}{2\pi}\ \mathrm{arcsin}\ \dfrac{U_\mathrm{o} - U_\mathrm{t}}{U_1}$. $\qquad\qquad (III.50)$

Der Wirkungsgrad η ist definiert als die verfügbare Wechsel-stromleistung $P_\sim$ dividiert durch die Gesamtleistung $P_=$. $P_\sim$ soll hier auf die Grundschwingung bezogen werden, so daß $P_\sim = -IU_1/2$ wird. In einem ersten Schritt berechnen wir die Grundwelle des Stromes nach Fourier

$$I = \frac{2}{T}\int_0^{T/2+\Delta t} I_v \sin\omega t\, dt + \frac{2}{T}\int_{T/2+\Delta t}^{T-\Delta t} \frac{U_o+U_1\sin\omega t}{R_o}\sin\omega t\, dt + \frac{2}{T}\int_{T-\Delta t}^{T} I_v \sin\omega t\, dt$$

$$= -\left\{\frac{2}{\pi}\left(\frac{U_o}{R_o} - I_v\right)\cos\omega\Delta t - \frac{U_1}{R_o}\left(\frac{1}{2} - \frac{2\Delta t}{T} + \frac{1}{2\pi}\sin 2\omega\Delta t\right)\right\}. \qquad (III.51)$$

$I_v = kI_t$ ist der Talstrom, der gleich dem Bruchteil k des
Schwellenstroms I_t ist. Weiterhin haben wir angenommen, daß
der ohmsche Ast der Kennlinie des Bauelementes bis zur Schwellenspannung U_t durch den Niederfeldwiderstand R_o beschrieben
werden kann. Fassen wir die Gln. (III.49-51) zusammen, dann
lautet das Resultat

$$P_\sim = \frac{U_1}{2}\left\{\sqrt{1-\left(\frac{U_o-U_t}{U_1}\right)^2}\;\frac{U_o+U_t-2I_vR_o}{\pi R_o} - \frac{U_1}{2R_o} + \frac{U_1}{\pi R_o}\arcsin\frac{U_o-U_t}{U_1}\right\}. \quad (III.52)$$

$P_\sim$ ist von der Aussteuerung U_1 abhängig. Wird U_1 sehr groß,
dann sinkt der Strom während der Hochstromphase sehr stark ab.
Sinkt U_1 auf den Wert (U_o-U_t), dann verschwindet $P_\sim$. Den maximalen Wert von $P_\sim$ finden wir durch Differentiation von $P_\sim$
nach U_1 und Nullsetzen des Ergebnisses. Als optimale Aussteuerung ergibt sich so

$$\frac{U_{1opt}}{2} = \frac{U_t-I_vR_o}{\pi}\left\{1-\left(\frac{U_o-U_t}{U_{1opt}}\right)^2\right\}^{-1/2} + \frac{U_{1opt}}{\pi}\arcsin\frac{U_o-U_t}{U_{1opt}}.$$

Zur Abkürzung setzen wir

$$\arcsin\frac{U_o-U_t}{U_{1opt}} = \Theta.$$

Damit wird aus der letzten Gleichung, wenn wir noch 50%igen
Stromeinbruch annehmen (d.h. $I_vR_o = U_t/2$)

$$\frac{\pi}{2} = \frac{\mathrm{tg}\,\Theta}{2\{(U_o/U_t)-1\}} + \Theta. \qquad (III.53)$$

Diese implizite Gleichung können wir z.B. graphisch lösen, wodurch zu jedem Wert (U_o/U_t) das zugehörige Θ gefunden wird.
Setzen wir die auf diese Weise gefundenen optimalen Werte Θ
in Gl. (III.52) ein, dann erhalten wir die maximale Ausgangsleistung

$$P_m = \frac{U_t^2}{R_o} \frac{1}{2\pi\sin\Theta} \left(\frac{U_o}{U_t} - 1\right)\left(\frac{U_o}{U_t}\cos\Theta - \frac{1}{2\cos\Theta}\right). \quad (III.54)$$

Der Mittelwert des Stromes, der aus der Gleichspannungsquelle
entnommen wird, errechnet sich zu

$$\bar{I} = \frac{1}{T} \left\{ \int_0^{T/2+\Delta t} I_v dt + \int_{T/2+\Delta t}^{T-\Delta t} 1/R_o(U_o+U_1\sin\omega t)dt + \int_{T-\Delta t}^{T} I_v dt \right\}$$

$$= \frac{1}{T} \left\{ I_v\left(\frac{T}{2} + 2\Delta t\right) + \frac{U_o}{R_o}\left(\frac{T}{2} - 2\Delta t\right) - \frac{2U_1}{\omega R_o}\cos\omega\Delta t \right\}.$$

Spezialisieren wir diesen Ausdruck auf den optimalen Wert von
Δt, nämlich $(T/2\pi)\Theta$, und setzen $I_t = 2I_v$, so folgt

$$\bar{I} = \frac{U_t}{R_o}\left(\frac{1}{4} + \frac{\Theta}{2\pi} + \frac{1}{2}\frac{U_o}{U_t} - \frac{\Theta}{\pi}\frac{U_o}{U_t} - \frac{1}{\pi}\frac{U_{1opt}}{U_t}\cos\Theta\right).$$

Damit läßt sich der Wirkungsgrad mit Gl.(III.54) berechnen

$$\eta = P_m/(\bar{I}U_o)$$

$$= \frac{\dfrac{1}{2\pi\sin\Theta}\left(\dfrac{U_o}{U_t} - 1\right)\left(\dfrac{U_o}{U_t}\cos\Theta - \dfrac{1}{2\cos\Theta}\right)}{\dfrac{U_o}{U_t}\left\{\dfrac{1}{4} + \dfrac{\Theta}{2\pi} + \dfrac{1}{2}\dfrac{U_o}{U_t} - \dfrac{\Theta}{\pi}\dfrac{U_o}{U_t} - \dfrac{1}{\pi}\left(\dfrac{U_o}{U_t}-1\right)\text{ctg}\Theta\right\}}.$$

Da nun für jeden Wert U_o/U_t nach Gl. (III.53) Θ bekannt ist,
kann auch η bestimmt werden. Das Ergebnis haben wir bereits
in Bild III.23 in Kap. III.5 mitgeteilt.

Eine Zusammenfassung des theoretisch ermittelten Wirkungsgrades für die verschiedenen Oszillationsmoden findet sich in
Bild III.32 [III.37 und 38]. Es gilt für Elemente mit n_o =
$8 \cdot 10^{14}$ cm^{-3} und l = 25 µm, die mit der vierfachen Schwellenspannung betrieben werden. Den Rechnungen liegt eine Drei-

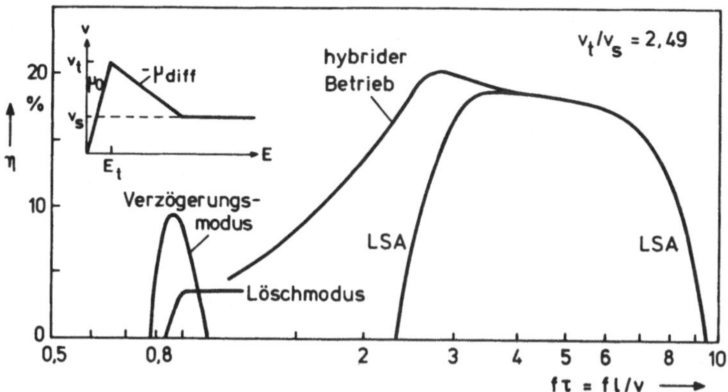

<u>Bild III.32</u>

Berechneter maximaler Wirkungsgrad in der Drei-Geraden-
Näherung mit E_t = 3,2 kV/cm; μ_o = 7000 cm^2/Vs; μ_{diff} =
- 1500 cm^2/Vs bei vierfacher Schwellenspannung. Bauele-
mentdaten: n_o = $8 \cdot 10^{14}$ cm^{-3}; l = 25 µm. LSA- und hybri-
der Betrieb nach [III.37], übrige nach [III.38].

Geraden-Näherung der $v(E)$-Kurve zugrunde, die durch folgende
Daten charakterisiert ist:
E_t = 3,2 kV/cm; μ_o = 7000 cm^2/Vs; μ_{diff} = - 1500 cm^2/Vs.
Daraus resultiert ein relativ hohes Verhältnis der Spitzengeschwindigkeit v_t zur Talsgeschwindigkeit v_s. Es liegt bei
2,49. Die Abszisse ist mit der Laufzeitfrequenz $1/\tau = v/l$
normiert.

Die errechneten Wirkungsgrade liegen relativ hoch. Eine Ursache dafür dürfte auch in dem relativ hohen Wert für v_t/v_s
liegen.

Generell kann man sagen, daß der Wirkungsgrad mit zunehmendem v_t/v_s wächst. Deshalb sucht man Halbleitermaterialien, für die dieser Wert möglichst groß wird. Ein sehr gutes Material in dieser Hinsicht ist InP, bei dem v_t/v_s nahe bei 3 liegt. Entsprechend hohe Wirkungsgrade sind im Labor mit InP erreicht worden (vgl. S. 184). Allerdings wird das Material InP noch nicht hinreichend gut beherrscht. Zudem hat es eine sehr hohe Schwellenspannung.

9. GaAs-Technologie

GaAs hat Zinkblende-Struktur, die dem Diamantgitter ähnlich ist, nur daß sich Ga- und As-Atome auf den Gitterplätzen abwechseln. Jedes Atom hat auf Tetraederplätzen Atome der anderen Sorte als nächste Nachbarn. GaAs schmilzt bei 1238 $^\circ$C, zeigt aber schon bei wesentlich niedrigeren Temperaturen starke Spuren abdampfenden Arsens. Das Züchten von GaAs-Einkristallen macht wegen des hohen As-Dampfdrucks bei erhöhten Temperaturen erhebliche Schwierigkeiten.

Eine Möglichkeit der Einkristallherstellung ist eine modifizierte Czochralski-Technik, bei der in einem Quarz-Reaktorrohr unter Schutzgas gearbeitet wird (Bild III.33). Als Tiegel wird Graphit oder Quarz verwendet. Der Keimkristall wird an einen Halter angebracht und in die Schmelze eingetaucht. Über eine automatische Steuerung werden Keimling und Einkristall langsam (Größenordnung mm/h) aus der Schmelze gezogen. Das Ab-

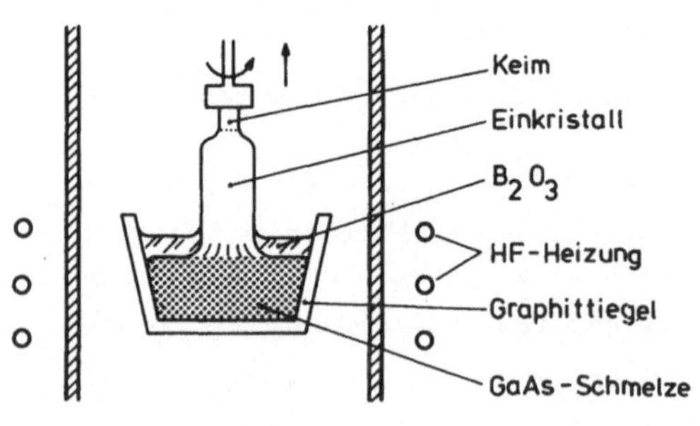

<u>Bild III.33</u>
Schematische Darstellung des Czochralski-Verfahrens mit einer flüssigen Schutzschicht aus B_2O_3 ("Liquid Encapsulation Czochralski Technique")

dampfen des Arsens aus der Schmelze wird verhindert, indem die
Schmelze mit einer inerten Schicht abgedeckt wird. Meist wird
zu diesem Zweck B_2O_3 verwendet. Das Arsen wird durch die Flüs-
sigkeitsschicht in der Schmelze gehalten, so daß die Stöchio-
metrie des Kristalls aufrechterhalten bleibt. Das Verfahren
heißt im Angelsächsischen "Liquid Encapsulation Czochralski
technique" (LEC). Das Czochralski-Verfahren hat den Nachteil,
daß es wegen der am Rand des Kristalls beim Abkühlen auftretenden mechanischen Spannungen Kristalle mit nur relativ hoher Versetzungsdichte liefert (10^4 cm^{-2} und mehr). Besser ist
in diesem Punkt das horizontale Verfahren nach Bridgman (Bild
III.34). Eine Schale mit As und eine weitere Schale mit Ga
(Schmelzpunkt 29,8 $^{\circ}$C) und
dem Keimkristall werden in
eine Quarzampulle einge-
schmolzen. In einem Ofen
mit Zweizonenprofil mit et-
wa 600 $^{\circ}$C und etwa 1250 $^{\circ}$C
verdampft das As und sät-
tigt die Ga-Schmelze. Aus
der Schmelze wächst am
Keimkristall das GaAs an,
wenn die Ampulle langsam

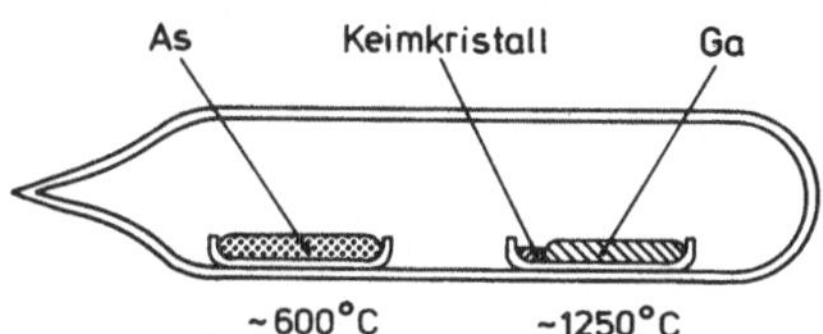

__Bild III.34__
Kristallzuchtverfahren nach
Bridgman

in die kältere Zone gezogen wird. Dasselbe kann man durch Er-
niedrigen der Ofentemperatur erreichen. Die Zucht eines Kristalls dauert mehrere Tage. Man kann aber mit diesem Verfahren versetzungsfreie Kristalle erreichen, wenn man durch ein
geeignetes Temperaturprofil und eine passende Prozeßführung
die Bildung einer speziellen SiO_2-Modifikation (Cristobalit)
an der Wand des Quarzschiffchens begünstigt. Der Kristall löst
sich dann leicht ohne Erzeugung von mechanischen Spannungen
vom Schiffchen.

Mit den beschriebenen Verfahren lassen sich Reinheiten von
etwa 10^{16} cm^{-3} erzielen. Durch Kompensation der Donatoren und
Akzeptoren ist es jedoch möglich, Ladungsträgerkonzentrationen

bis in den Bereich von 10^{14} cm^{-3} zu erhalten. Durch Hinzufügen
von Dotierstoffen zur Schmelze können ebensogut höhere Dotierungen bis in den Bereich von 10^{19} cm^{-3} eingestellt werden.
Als Dotierstoffe werden verwendet:

      n-Leitung: Si, Te, Se, S, Sn und O;
      p-Leitung: Cd, Zn, Ge.

Sauerstoff kann je nach Konzentration als Donator oder als
tiefe Haftstelle eingebaut werden. Tiefe Haftstellen fangen
die freien Ladungsträger weg, so daß nur noch Konzentrationen
aus dem eigenleitenden Bereich (bei GaAs um 10^7 cm^{-3}) übrig-
bleiben. Das Material wird semi-isolierend (s.i.) mit einem
spezifischen Widerstand zwischen 10^6 und 10^8 Ωcm. Dies ist
ein besonderer Vorteil des GaAs, der überwiegend mit Cr, aber
auch mit Fe, Co oder Ni als tiefliegenden Haftstellen realisiert wird.

Die Weiterverarbeitung der Einkristalle zu Scheiben beginnt
mit Sägen mit der Innenlochsäge. Die dabei erzeugten Kristallzerstörungen werden schrittweise mit Schleifen, Läppen und
Ätzpolieren entfernt. Zum Ätzpolieren hat sich eine NaOCl-Lösung
auf Kunstlederunterlage bewährt. Die verbleibende Dicke der
fertigen Scheiben beträgt dann typisch rund 200 µm.

Während früher auf die beschriebene Weise hergestellte Kristalle (sogenanntes "Bulk-" oder "Volumen-Material") verwendet wurden, bevorzugt man heute epitaktisches Material, das bezüglich
Homogenität, Reinheit und Kristallbaufehler überlegen ist. Als
Substrat verwendet man Volumen-Material, das entweder hochdotiert (n$^+$; für die Sandwich-Bauweise) oder semi-isolierend
(s.i.; für planare Elemente) ist. Die drei wichtigsten epitaktischen Verfahren sind die Gasphasenepitaxie ("Vapour Phase
Epitaxy"; VPE), die Flüssigphasenepitaxie ("Liquid Phase Epitaxy"; LPE) und die Molekularstrahlepitaxie ("Molecular Beam
Epitaxy; MBE). Der Vorteil dieser Verfahren ist die niedrige
Arbeitstemperatur (600 - 850 $^\circ$C), so daß einerseits ein rela-

tiv niedriger Verunreinigungspegel erreicht werden kann und andererseits die Substratkristalle nicht zu stark thermisch belastet werden.

Sowohl Flüssigphasenepitaxie als auch Gasphasenepitaxie verwenden in der überwiegenden Mehrzahl der verschiedenen Varianten eine Wasserstoffatmosphäre als Trägergas. Der Wasserstoff wird mittels einer Pd-Diffusionszelle gereinigt. Bei der Gasphasenepitaxie nach Effer ist $AsCl_3$ das aktive Gas (Bild III.35). Nachdem der Wasserstoff durch eine Waschflasche mit

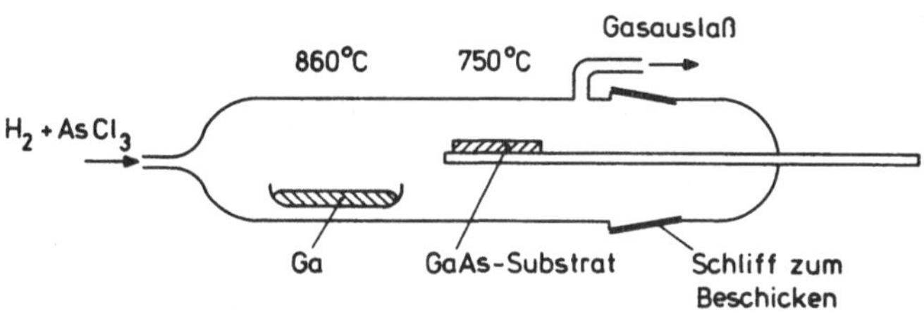

<u>Bild III.35</u> Gasphasenepitaxie nach Effer

$AsCl_3$ geperlt ist, wird das Gasgemisch in das Quarz-Reaktorrohr eingeleitet. Dort befindet sich in der Sättigungszone eine Quarzschale mit hochreinem Ga bei etwa 860 °C. Es erfolgt die Reaktion

$$4\, AsCl_3 + 6\, H_2 \rightarrow 12\, HCl + As_4.$$

Die Salzsäure reagiert mit dem Ga und liefert entweder flüchtiges GaCl oder $GaCl_3$. Dies geschieht nach der Reaktionsformel

$$2\, Ga + 2\, HCl \rightarrow 2\, GaCl + H_2$$

oder entsprechend abgeändert für $GaCl_3$. Andrerseits löst sich aber auch das As_4 in atomarer Form im Ga bis zur Sättigung und bildet an dessen Oberfläche eine GaAs-Haut. Diese Vorgänge laufen in der Sättigungsphase ab. Danach wird das GaAs-Substrat

eingebracht. Es erfolgt in der Mitte des Reaktionsrohres die
chemische Reaktion

$$6 \ GaCl + As_4 \rightarrow 4 \ GaAs + 2 \ GaCl_3,$$

worauf sich das gebildete GaAs auf dem Substrat in der Wachs-
tumszone bei etwa 750 °C epitaktisch niederschlägt. Vor dem
Wachstum wird im allgemeinen das Substrat im Gasstrom bei erhöhter Temperatur (ca. 850 °C) angeätzt; einige µm werden von
der Oberfläche entfernt. Für die Reinheit der Kristalle sind
die Ausgangsprodukte sehr wesentlich. Augenblicklich ist
99,9999 %iges Ga (und sauberer) und 99,999%iges AsCl$_3$ erhältlich.
Als niedrigste Dotierung wurde $n \simeq 10^{13}$ cm^{-3} erreicht ($N_D + N_A$
unter 10^{16} cm^{-3}). Zum Dotieren löst man entweder feste Dotierstoffe (Sn oder Ge) in Gallium, oder man fügt gasförmiges
Sn$_2$Cl$_3$ zum Trägergas hinzu.

Eine Variante der Gasphasenepitaxie basiert auf AsH$_3$, das in
die Reaktionszone mit etwa 850 °C eingelassen wird (Bild
III.36). Ein HCl-H$_2$-Gemisch strömt über das flüssige Ga und
reagiert bei etwa 780 °C gemäß

$$2 \ Ga + 2 \ HCl \rightarrow 2 \ GaCl + H_2.$$

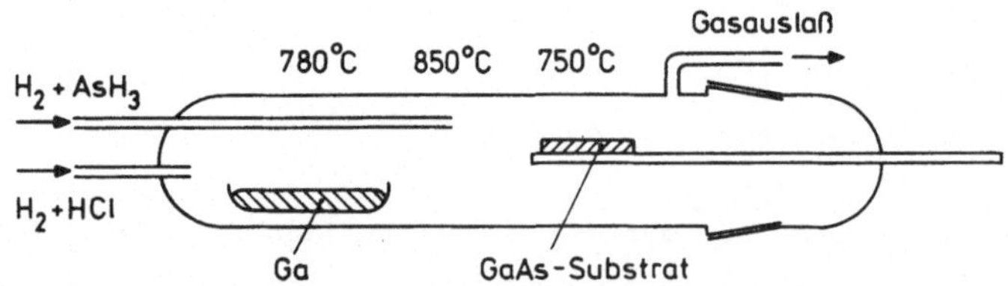

Bild III.36 Gasphasenepitaxie nach Tietjen

Im Reaktionsraum, in dem die Gemische H$_2$+AsH$_3$ und H$_2$+GaCl zu-
sammentreffen, geschieht folgende Reaktion

$$GaCl + AsH_3 \rightarrow GaAs + H_2 + HCl.$$

GaAs schlägt sich auf dem Substratkristall nieder. Der Vorteil
dieses Verfahrens ist eine leichte Durchführbarkeit der Dotierung. Die Dotierstoffe werden den Reaktionsgasen beigemischt,
so daß sogar während des Kristallwachstums eine Änderung der
Dotierung möglich ist. Die erreichte Reinheit liegt bei rund
10^{14} cm^{-3} in der Ladungsträgerkonzentration.

In Abwandlung der Gasphasenepitaxie wurde in den letzten Jahren die metallorganische Gasphasenepitaxie ("Metal-Organic
Chemical Vapour Deposition"; MOCVD) mit großem Erfolg entwickelt. Die Ausgangsstoffe der MOCVD sind AsH$_3$ und organische
Metallverbindungen wie Galliumtrimethyl oder -triäthyl
$(Ga(CH_3)_3,\ Ga(C_2H_5)_3)$.

Die bekannteste Form der Flüssigphasenepitaxie ist die Kipp-
tiegeltechnik ("Tilting Boat") nach Nelson, von der es inzwischen einige Varianten gibt. In einem kippbaren Graphitboot
(Bild III.37a) wird der GaAs-Substratkristall befestigt. In

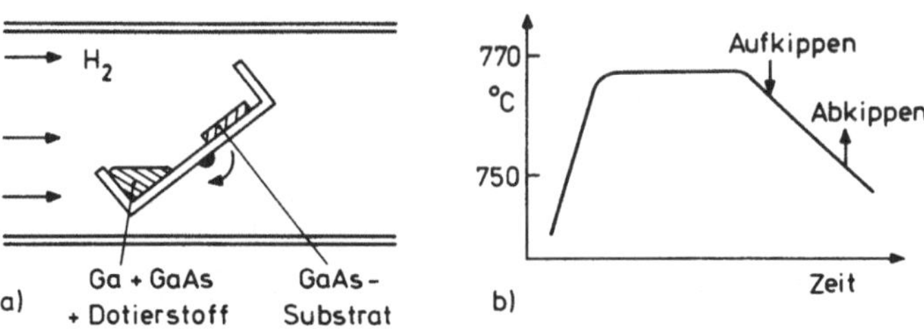

Bild III.37   (a) Kipptiegelverfahren nach Nelson;
               (b) zugehöriges Temperatur-Zeit-Programm

demselben Boot befindet sich eine GaAs-gesättigte Ga-Schmelze,
zu der gegebenenfalls der Dotierstoff hinzugefügt ist. Das
Kristallwachstum geschieht in einem Strom von Pd-gereinigtem
H$_2$. Zunächst wird die Anordnung aufgeheizt bis etwas über die
Sättigungstemperatur der Schmelze (Teilbild b). Darauf wird
linear mit der Zeit abgekühlt. Sobald die Sättigungstemperatur der Schmelze erreicht ist, wird der Tiegel gekippt, so

daß die Schmelze über das Substrat läuft. Das Kristallwachstum beginnt. Wenn die gewünschte Kristalldicke erreicht ist,
wird die Schmelze vom Kristall abgekippt.

Eine sehr flexible Form der Flüssigphasenepitaxie ist die
Schiebetiegeltechnik (Bild III.38). Sie erlaubt es, eine Fol-

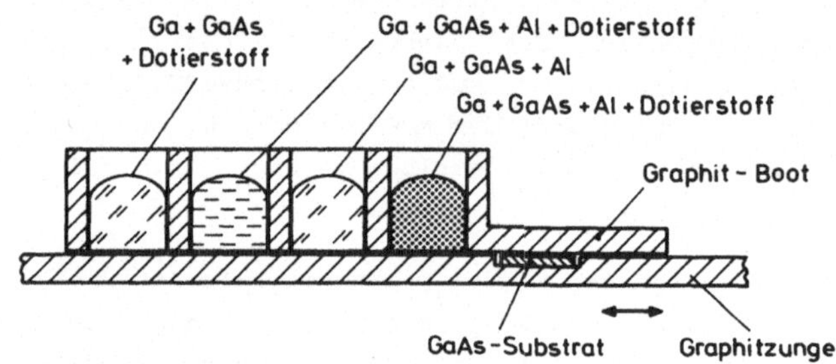

<u>Bild III.38</u>   Schiebetiegeltechnik

ge von Schichten verschiedener Dotierung oder auch verschie-
dener Zusammensetzung (z.B. GaAs- und GaAlAs-Schichten für
Halbleiterlaser) übereinander wachsen zu lassen. Das Tempera-
tur-Zeit-Programm ist ähnlich wie beim Kipptiegelverfahren.
Der Schiebetiegel besteht aus Graphit und enthält mehrere
Kammern mit Ga:GaAs-Lösungen der gewünschten Dotierung. Eine
Graphitzunge, die in dem Tiegel frei beweglich ist, enthält
in einer Aussparung das Substrat aus GaAs. Es kann nacheinan-
der unter die Schmelzen geschoben werden. Bei gleichförmiger
Abkühlung hängt die Dicke der aufgewachsenen epitaktischen
Kristallfilme im wesentlichen von ihrer Verweildauer unter
den gesättigten Schmelzen ab.

Mit der Flüssigphasenepitaxie können Schichten mit Ladungsträgerkonzentrationen von 10^{12} bis 10^{19} cm^{-3} hergestellt werden. Bei geeigneter Wahl der Prozeßparameter können sogar nahezu semi-isolierende Schichten gewonnen werden (spez. Widerstand größer als 10^4 Ωcm). Es muß jedoch betont werden, daß

diese Kristalle kompensiert sind (nahezu gleicher Donatoren-
und Akzeptorengehalt). Der Gesamtgehalt an Verunreinigungen
dürfte nicht wesentlich unter 10^{16} cm^{-3} liegen.

In den letzten Jahren ist die Molekularstrahlepitaxie ("Molecular Beam Epitaxy"; MBE) wichtig geworden. Dieses Verfahren
ist zwar sehr aufwendig, liefert aber sehr gute Ergebnisse.
In einer Hochvakuumanlage (weniger als 10^{-10} Torr) werden die
Bestandteile des GaAs, also Ga und As, direkt aus getrennt
beheizten Tiegeln auf das nur schwach beheizte Substrat (500-
600 $^{\circ}$C) aufgedampft. Ebenfalls aus Tiegeln lassen sich die
Dotierstoffe aufdampfen.

Die Molekularstrahlepitaxie ist besonders zur Herstellung
sehr dünner Kristallschichten (bis um 50 Å) oder ähnlich dünner Folgen von unterschiedlich dotierten Schichten geeignet.
Auch in der Gasphasenepitaxie sind Schichten aus dem Bereich
um 0,1 µm herstellbar, weil die Aufwachsgeschwindigkeit sehr
gering ist. Ebenso können aber auch um mehrere 10 µm dicke
Schichten gezüchtet werden. Reproduzierbar lassen sich in
der Flüssigphasenepitaxie nur Schichten bis wenige Zehntel
µm aufbauen, weil die Einstellung der exakten Sättigung der
Lösung schwierig ist. Nach oben ist die Grenze der Flüssigphasenepitaxie rund 100 µm.

Für die Vorbereitung der Substratkristalle, für die Verarbei-
tung von epitaktischen Kristallen zu Bauelementen und zum Anätzen von Kristallbaufehlern, wie z.B. Versetzungen, spielen
Ätzprozesse eine große Rolle. Entsprechend ihrem Anwendungs-
zweck unterscheidet man Polierätzlösungen, formgebende und
strukturätzende Lösungen. Ätzlösungen für GaAs oxidieren den
Kristall zu den Oxiden der Bestandselemente und lösen die Oxi-
de anschließend ab. Die folgenden Ätzlösungen ordnen wir nach
oxidierendem und lösendem Bestandteil. Meist werden sie mit
H_2O verdünnt.

Neben der erwähnten NaOCl-Lösung wird zum Polieren eine 5%ige
Brom-Methanol-Lösung verwendet. Zum Ätzen von Strukturen sind

die Systeme

$$H_2O_2 - NH_4OH - H_2O \quad \text{oder} \quad H_2O_2 - H_2SO_4 - H_2O$$

geeignet. Je nach dem gewünschten Resultat (ebene Flächen; Anätzen bestimmter Kristallflächen; Sichtbarmachen von Kristallbaufehlern) muß die Zusammensetzung dieser Lösungen geeignet gewählt werden.

Von grundlegender Wichtigkeit für die Anwendung von GaAs-Kristallen ist die Kenntnis ihrer elektrischen Daten. Für die Messungen an epitaktischen Schichten, die allerdings auf semi-isolierendem Material aufgewachsen sein müssen, steht die van-der-Pauw-Methode zur Verfügung. Mit dieser Methode lassen sich die Ladungsträgerkonzentration n_0 und die Beweglichkeit μ bei niedrigen elektrischen Feldern an beliebig geformten Schichten relativ leicht bestimmen. Als Kontakte werden kleine Sn-Ronden für n-leitendes Material und In-Zn-Ronden für p-leitendes Material an den Rändern der Schichten einlegiert. Es wird meist bei Zimmertemperatur und bei 77 K (flüssiges N_2) gemessen. Die Daten bei Zimmertemperatur sind für das Bauelement wichtig, während die 77 K-Werte Aufschlüsse über die Kristallreinheit liefern. Denn die Beweglichkeit bei 77 K ist sehr stark von der Gesamtzahl der ionisierten Störstellen abhängig. Der Zusammenhang zwischen μ (77 K) und ($N_D + N_A$) (N_D und N_A Konzentration der ionisierten Donatoren und Akzeptoren) ist quantitativ bekannt. Da andererseits die van-der-Pauw-Messung n_0(77 K) = $N_D - N_A$ liefert, können einzeln N_D und N_A für sich ermittelt werden.

Zur Kontrolle der Wachstumsparameter und zur Beurteilung des Betriebs von Elektronen-Transfer-Bauelementen ist die Kenntnis des Dotierungsprofils senkrecht zur Schichtoberfläche wichtig. Das Dotierungsprofil läßt sich mit Hilfe eines kreisförmigen Schottky-Kontaktes messen, der auf die Schichtoberfläche aufgedampft wird. Zu diesem Zweck eignen sich eine Reihe von Metallen, vorzugsweise Cr mit einer darübergedampften

Au-Kontaktschicht. Als Gegenelektrode wird entweder ein ohm-
scher Kontakt auf die Rückseite des hochdotierten Substrates
legiert, oder, falls die epitaktische Schicht auf **semi-isolie-**
rendem Material aufgebracht ist, wird die Umgebung des Schottky-Kontaktes als Gegenelektrode verwendet, nachdem sie im
gleichen Arbeitsgang wie die Schottky-Diode sukzessiv mit Cr
und Au bedampft wurde. Wegen der großen Fläche der Gegenelektrode kann man sie gegenüber der Schottky-Diode als ohmschen
Kontakt ansehen.

Bei der Bestimmung des Dotierungsprofils wird die Verarmungszone der Schottky-Diode als Kapazität C gemessen. Die Dicke
d der Verarmungszone ist durch

$$d = \sqrt{\frac{2\varepsilon}{e(N_D - N_A)} \ (U_D + U)}$$

gegeben, wobei U_D die Diffusionsspannung und U die angelegte
Sperrspannung ist. Da die Kapazität

$$C = e(N_D - N_A) \frac{\partial d}{\partial U}$$

mit einer kleinen überlagerten Wechselspannung für jede ein-
gestellte Sperrspannung gemessen werden kann, erhält man

$$1/C^2 = \frac{2}{\varepsilon e(N_D - N_A)} \ (U_D + U) \ .$$

Aus der Steigung von $(1/C^2)$ gegen U folgt die Ladungsträgerkonzentration $n_o = N_D - N_A$ für jedes U und damit in jeder Tiefe
d.

Im Falle sehr dünner Schichten, wie sie für Halbleiterlaser
und Feldeffekttransistoren verwendet werden, wird das beschriebene Verfahren zur Bestimmung der Schichtdicke verwendet.

Wie wir schon erwähnten, wird bei GaAs eine aufgedampfte
Schichtenfolge von ca. 500 Å Cr und 2000 - 4000 Å Au als

Schottky-Kontakt eingesetzt. Als großflächige ohmsche Kontakte legiert man entweder (Ag+In+Ge) oder das Eutektikum Au88 +
Ge12 (eutektische Temperatur 356 $^\circ$C). Wichtig für niedrige
Kontaktwiderstände ist die Einhaltung eines genauen Legie-
rungsprogramms. Beim Au-Ge-Eutektikum liegt die günstigste
Legierungstemperatur bei etwa 420 $^\circ$C; sie muß möglichst rasch
erreicht und darf nur etwa 1 min gehalten werden. Wird bei zu
niedrigen Temperaturen legiert, dann läuft der Legierungspro-
zeß nur unvollkommen ab. Wird bei zu hohen Temperaturen oder
zu lange legiert, dann diffundiert Au zu weit in den Kristall
ein. Beide Fälle führen zu einem unerwünscht hohen Kontaktwiderstand. Die Formung der Kontakte erfolgt ebenso wie die
der Bauelemente mit Photolithographie unter Verwendung licht-
empfindlicher Lacke. Dabei hat sich die Abhebe-Technik (lift-
off technique) bewährt.

Wir können die Elektronen-Transfer-Bauelemente in zwei Gruppen nach ihrer Bauform einteilen. Für den kommerziellen Einsatz wird überwiegend die Sandwich-Bauweise bevorzugt. Zwei
Beispiele zeigt Bild III.39. Dabei ist die aktive Schicht (n-
leitend) auf einem hochdotierten Substrat (n$^+$) aufgewachsen.

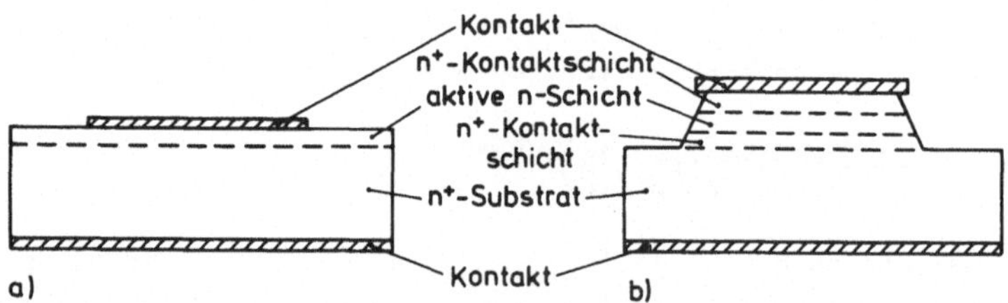

Bild III.39 Sandwich- oder axiale Bauweise. (a) Planare
Ausführung. (b) Mesa-Struktur mit zwei hochdotierten epitaktischen Kontaktschichten.

Die ohmschen Kontakte werden auf die aktive Schicht photoli-
thographisch und auf die Substratrückseite großflächig aufgebracht. Bessere Kontakte erhält man mit n$^+$-epitaktischen
Schichten, von denen eine die Störungen an der Grenzfläche

zwischen Substrat und aktiver Schicht vom aktiven Bauelement
abschirmt (Bild III.39b).

Die zweite Bauform ist die koplanare Struktur (Bild III.40),
die insbesondere für die Schaltungsintegration von Interesse
ist. Dabei werden die Bauelemente in Mesa-Form geätzt und

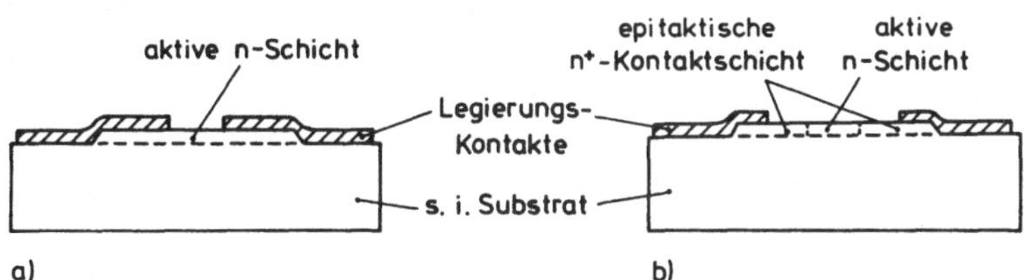

<u>Bild III.40</u>   Elektronen-Transfer-Elemente mit koplanaren
Kontakten. (a) Legierungskontakte. (b) Epi-
taktische Kontakte.

dann mit koplanaren Kontakten versehen. Die Leitungsbahnen
können auf dem semi-isolierenden Substrat geführt werden. Wie
Bild III.40b zeigt, sind auch hier epitaktische Kontakte möglich, deren Herstellung aber schwer zu beherrschen ist.

Der Einbau der Bauelemente in Gehäuse geschieht bei Sandwich-
Bauweise in ähnlicher Form, wie wir es im Kap. II.11 ausführ-
lich beschrieben haben. Die Elemente können aber auch direkt
in einen Hohlleiter eingebaut werden, wobei die Haltepfosten
als Stromzuführung dienen.

Planare Elemente kann man direkt in Streifenleitungstechnik
in geeignete Aussparungen in dielektrischen Substraten ein-
bauen. Bild III.41 soll zur Illustration dienen.

<u>Bild III.41</u>
Einbau eines
planaren
Elements in
Streifenlei-
tungstechnik.

IV. <u>Oszillatoren</u>

Ein gemeinsames Merkmal von Impatt-Dioden und Elektronen-
Transfer-Elementen ist ihr negativer Widerstand, den sie unter
bestimmten Betriebsbedingungen darstellen. Sie können deshalb
dazu genutzt werden, Hochfrequenzleistung an einen Verbraucher
abzugeben. Hierfür werden sie in einen Resonator eingebaut,
der mit dem Verbraucher zusammengeschaltet ist. Resonator und
aktives Bauelement können als Einheit, als Oszillator, angesehen werden. Eine Reihe von Gesetzmäßigkeiten im Zusammenwirken
von Resonator, Verbraucher und aktivem Bauelement sind unabhängig davon gültig, ob das aktive Element eine Impatt-Diode
oder ein Gunn-Element ist. Wir wollen deshalb diese allgemeinen Beziehungen zuerst behandeln.

Dazu gehört der Einfluß eines Synchronisationssignals auf den
Oszillator. Wenn die Frequenz des Synchronisationssignals
nicht allzu stark von der Frequenz des freilaufenden Oszillators abweicht, dann kann das Synchronisationssignal die Frequenz des Oszillators in bestimmter Art verändern. Dies kann
in zweierlei Weise ausgenutzt werden. Einmal kann man mit
einem stabilen Synchronisationssender den Oszillator in seiner
Frequenz stabilisieren. Zum anderen kann man aber auch die
Frequenz des Oszillators durch Variation der Synchronisations-
frequenz durchstimmen.

Während in den beiden erwähnten Fällen die Beeinflußbarkeit
der Oszillatorfrequenz mit Vorteil ausgenutzt wird, kann sie
sich auch negativ äußern. Jede externe Störung kann nämlich
auf den Oszillator wirken und zu Rauschen führen. Rauschen ist
sehr schwierig theoretisch zu erfassen. Man kann nicht mehr,
als einige qualitative Tendenzen angeben. Neben den angeführten Punkten wollen wir in diesem Kapitel Beispiele für Oszillatoren mit Impatt-Dioden und Elektronen-Transfer-Elementen
beschreiben.

Wir fassen Resonator und aktives Bauelement als Oszillator
zusammen, der durch die Impedanz $Z_o \approx (-R_o + jX_o)$ charakteri-

siert ist (Bild IV.1a). Dieser Oszillator liefert den Strom I_o an den Verbraucher $Z_L = (R_L + jX_L)$. Die Definition der Oszillatorimpedanz braucht nur für die Grundschwingung gegeben

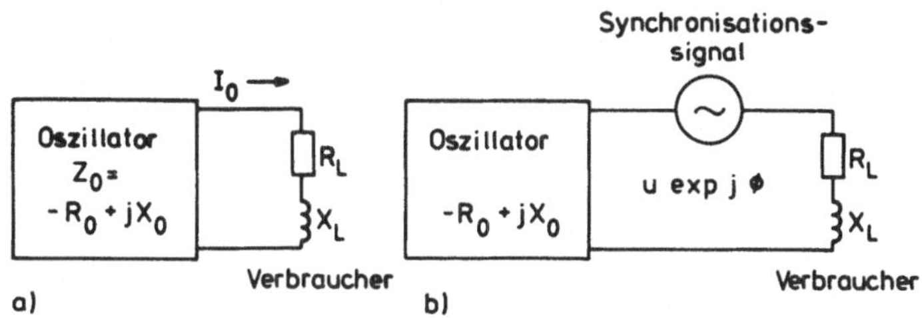

<u>Bild IV.1</u> Oszillator und Verbraucher (a) ohne und (b)
mit Generator eines Synchronisationssignals.

zu sein, auf die sich die folgenden Überlegungen beziehen. Da die Spannung $I_o(R_L+jX_L)$ gleich der am Oszillator $I_o(-R_o+jX_o)$ sein muß, gilt

$$I_o(Z_L+Z_o) = I_o(R_L+jX_L) + I_o(-R_o+jX_o) = 0 \qquad (IV.1)$$

$$\text{oder} \quad R_o = R_L \qquad \text{und} \quad X_o+X_L = 0.$$

Gl. (IV.1) kann unter einigen Vereinfachungen in der komplexen Widerstandsebene veranschaulicht werden. Wenn wir die Bezugsebene, die bisher zwischen Verbraucher und Oszillator lag, an die Klemmen des Bauelements zurückverlegen, dann ist Z_o sehr stark von der Stromamplitude, jedoch nur relativ schwach von der Frequenz abhängig [IV.1]. Damit können wir die Ortskurve von $-Z_o$, unter Vernachlässigung der Frequenzabhängigkeit, in einer Skalierung nach der Stromamplitude in die komplexe Ebene eintragen (Bild IV.2)

$$Z_o = Z_o(|I|).$$

Vom Bauelement her gesehen ist der Rest der Schaltung, der im allgemeinen aus passiven Komponenten besteht, praktisch nur frequenzabhängig. Damit ist eine Darstellung als

$$Z_L = Z_L(\omega)$$

erlaubt. Im Schnittpunkt der beiden Kurven $-Z_O(|I|)$ und $Z_L(\omega)$ ist die Gl. (IV.1) erfüllt. Er markiert die stationäre Lösung mit der Stromamplitude $|I_O|$ und der Kreisfrequenz ω_O. Rauschen

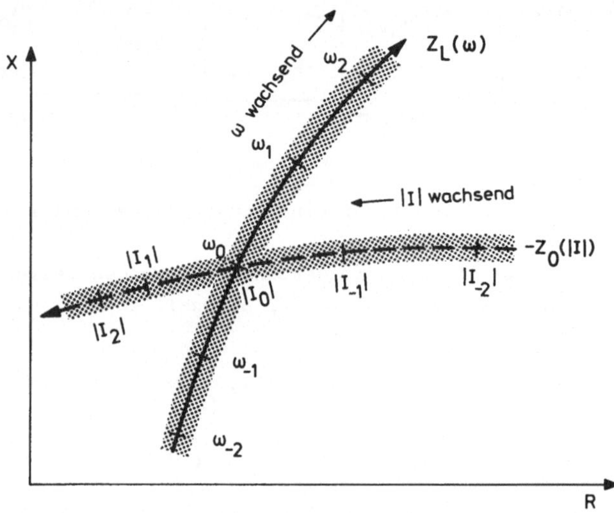

Veranschaulichung der Impedanzkurven von Oszillator ($Z_O(|I|)$) und Verbraucher ($Z_L(\omega)$) in der komplexen Widerstandsebene. Rauschen wird durch die gerasterten Bänder symbolisiert.

bedeutet ein Vibrieren der Ortskurven sowohl in longitudinaler als auch in transversaler Richtung. Dies ist durch die gerasterten Bänder in Bild IV.2 angedeutet. Dadurch kann der Arbeitspunkt der Schaltung im Überlappungsbereich der Bänder wandern. Es leuchtet ein, daß der Einfluß des Rauschens dann minimal wird, wenn sich die Ortskurven senkrecht schneiden.

In den meisten Fällen hat der Schaltkreis vom Bauelement her gesehen keine so einfache Ortskurve, wie in Bild IV.2 darge-

stellt. Es treten vielmehr Schleifen der Art auf, wie sie in
Bild IV.3a wiedergegeben sind. Diese Schleifen können zudem
beim Verändern von Justierkomponenten, z.B. bei Hohlleiter-
technik durch Verschieben von Kurzschlußschiebern, in der komplexen Ebene wandern. Wenn der Kurzschlußschieber z.B. die

Stellung 1 annimmt
(Bild IV.3b) mit der
zugehörigen Ortskurve
1 (Teilbild a), dann
ergibt sich der Ar-
beitspunkt a. Bewegt
sich der Kurzschluß-
schieber in Richtung
auf Stellung 2, dann
wandert auch der Ar-
beitspunkt in Rich-
tung auf den Schnitt-
punkt b, wobei sich
die Frequenz erhöht.
Bei weiterer Ver-
schiebung in diesel-
be Richtung wird

Bild IV.3

Zum Entstehen von Hy-
stereseeffekten beim
Verschieben des Kurz-
schlußschiebers. Zur
Stellung 1, 2 und 3
in (b) gehört die
Ortskurve 1, 2 bzw.
3 in (a).

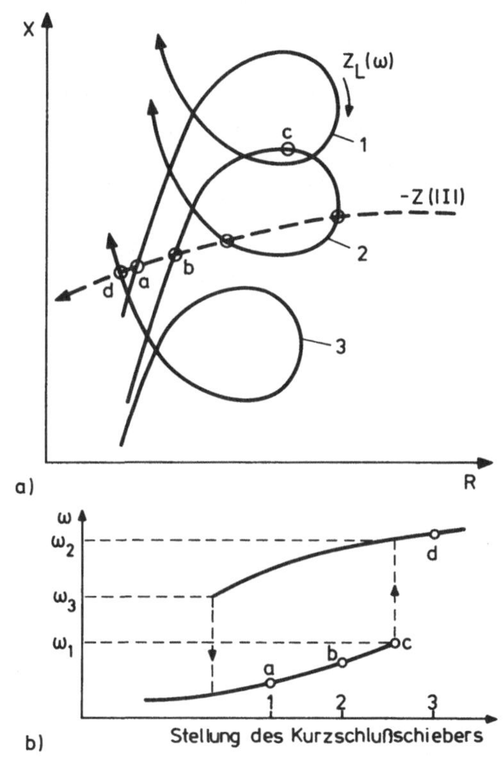

schließlich der Schnittpunkt c als letzter Arbeitspunkt auf
der Schleife möglich. Dieser Punkt ist allerdings mit starkem
Rauschen behaftet. Schließlich ist auch c kein stabiler Arbeitspunkt mehr, und der Schnittpunkt springt auf den Ast mit
dem Punkt d. Dabei ändert sich die Frequenz abrupt von ω_1 auf

ω_2. Zur gleichen Zeit stellt sich auch eine drastische Veränderung der Leistung ein, die vom Bauelement abgegeben wird.

Bei der Rückbewegung des Kurzschlußschiebers von der Stellung
3 aus wandert der Arbeitspunkt auf der oberen Kurve in Bild
IV.3b, wobei der Frequenz- und der damit verbundene Leistungs-
sprung bei ω_3 erfolgt. Dies entspricht dem unteren Tangential-
punkt der Schleife $Z_L(\omega)$. Schleifen in der Ortskurve $Z_L(\omega)$
sind eine Ursache von Hystereseerscheinungen, wie sie oft in
Hochfrequenzkreisen beobachtet werden.

Wir gehen nun zu Gl. (IV.1) in Verbindung mit Bild IV.1a zurück. Sowohl R_o als auch X_o sind im allgemeinen in nichtlinearer Form vom Strom und von der Frequenz abhängig. Die Impedanz des Lastkreises dagegen ist nur von der Frequenz abhängig. Nach der bisherigen Diskussion können wir die Abhängig-
keiten $\partial R_o/\partial\omega$ und $\partial X_o/\partial I$ vernachlässigen. Denn bei der Lage
der Referenzebene in Bild IV.1a besteht die reaktive Komponen-
te des Oszillators weitgehend aus den Beiträgen der passiven
Bauteile, und das aktive Bauelement trägt nur merklich zur
resistiven Komponente bei. Entwickeln wir unter diesen idealisierenden Annahmen Gl. (IV.1) nach Taylor um die Amplitude
und die Frequenz im Arbeitspunkt, dann müssen die Glieder der
nullten Ordnung insgesamt verschwinden, weil sie nichts anderes als die Maschenregel in der Formulierung (IV.1) darstellen. Wenn wir uns auf die Glieder erster Ordnung beschränken,
müssen Real- und Imaginärteil für sich verschwinden

$$- I_o \frac{\partial R_o}{\partial I} \Delta I + I_o \frac{\partial R_L}{\partial \omega} \Delta\omega = 0.$$

$$I_o \frac{\partial (X_L + X_o)}{\partial \omega} \Delta\omega = 0. \tag{IV.2}$$

Im Falle einer stabilen Lösung müssen sowohl ΔI als auch $\Delta\omega$
verschwinden. Daraus folgt, daß die Systemdeterminante D nicht
0 werden darf. Wäre dies der Fall, widersprechen sich beide
Gleichungen, oder sie sind voneinander abhängig.

Wenn in Reihe mit Oszillator und Lastkreis ein Synchronisationssignal geschaltet ist (Bild IV.1b), dann muß die Maschenregel (IV.1) entsprechend abgeändert werden. Das injizierte
Signal $u \exp j\phi$ soll die Phasenverschiebung ϕ gegenüber dem
Strom I_o haben. Wenn wir dieselben Überlegungen wie eben anstellen und bedenken, daß die Regel in der alten Form mit verschwindender Maschenspannung bei freilaufendem Oszillator
($u=0$) weiterhin gilt, dann folgt

$$-I_o \frac{\partial R_o}{\partial I} \Delta I + I_o \frac{\partial R_L}{\partial \omega} \Delta \omega = u \cos\phi$$

$$I_o \frac{\partial (X_L + X_o)}{\partial \omega} \Delta \omega = u \sin\phi.$$

Die Lösungen dieses Gleichungssystems lauten in Verbindung mit
Gl. (IV.2)

$$\frac{\Delta I}{I_o} = \frac{u}{D} \begin{vmatrix} \cos\phi & \dfrac{\partial R_L}{\partial \omega} \\[2ex] \sin\phi & \dfrac{\partial (X_L - X_o)}{\partial \omega} \end{vmatrix} \tag{IV.3a}$$

$$\Delta \omega = \frac{u}{D} \begin{vmatrix} -I_o \dfrac{\partial R_o}{\partial I} & \cos\phi \\[2ex] 0 & \sin\phi \end{vmatrix} = \frac{u \sin\phi}{I_o \dfrac{\partial (X_L + X_o)}{\partial \omega}} . \tag{IV.3b}$$

Wenn die injizierte Spannung in ihrer Frequenz um $\Delta \omega$ von der
Resonanz ω_o des freilaufenden Oszillatorkreises abweicht, dann
verursacht sie eine Stromänderung ΔI von der Größe, wie sie in
Gl. (IV.3a) angegeben ist.

Um ein handliches Ergebnis zu erhalten, müssen wir noch eine
weitere Beziehung sehr allgemeiner Art ableiten. Den Ausgangspunkt bildet der Energiesatz der Elektrodynamik. Für den allgemeinen Fall wird die aus einem Volumenelement abfließende
Energie W_{ab} durch den Poynting-Vektor beschrieben. Sie kann

durch

$$W_{ab} = \frac{1}{2} UI^* = \frac{1}{2} II^*Z \qquad\qquad (IV.4)$$

angegeben werden mit Z als Gesamtimpedanz. Der Stern kennzeichnet die konjugiert komplexe Größe. W_{ab} teilt sich in eine Änderung der elektromagnetischen Feldenergie W_{em} im Volumenelement und in die thermisch-chemische Leistung des Feldes auf

$$W_{ab} = \frac{dW_{em}}{dt} + P_{EMK}. \qquad\qquad (IV.5)$$

Betrachten wir speziell einen Parallelresonanzkreis mit einer Induktivität L und einer Kapazität C, so entstehen ohmsche Verluste nur an den Wirkkomponenten R des Kreises

$$P_{EMK} = \frac{1}{2} II^*R. \qquad\qquad (IV.6)$$

W_{em} findet sich im Mittel zur Hälfte in L und zur anderen Hälfte in C wieder. Mit dem Spitzenwert I des Stromes ist der Energieinhalt der Induktivität im zeitlichen Mittel $LII^*/2$. Dies würde W_{em} entsprechen, wenn keine Kapazität vorhanden wäre. In Gegenwart der Kapazität schwingt jedoch W_{em} zwischen L und C hin und her, so daß jede einzelne Komponente im Mittel nur die Hälfte der sonst vorhandenen Energie enthält. Damit ergibt sich

$$W_{m} = \frac{1}{2} LII^*/2 \qquad\qquad (IV.7)$$

als gespeicherte magnetische Feldenergie und

$$W_{e} = \frac{1}{2} CUU^*/2 = II^*/(4\omega^2 C) \qquad\qquad (IV.8)$$

als gespeicherte elektrische Feldenergie. Unter Verwendung von Gln. (IV. 4-8) lautet der Energiesatz für den betrachteten Spezialfall

$$\frac{1}{2} II^* \cdot Z = 2 \; j\omega\{\frac{L}{2} \cdot \frac{1}{2}II^* - \frac{1}{4\omega^2 C} II^*\} + \frac{1}{2} II^*R \qquad\qquad (IV.9)$$

$$- 209 -$$

oder in allgemeinerer Form

$$\frac{1}{2} II^* \cdot Z = 2j\omega\{W_m - W_e\} + \frac{1}{2} II^* R. \qquad \text{(IV.9a)}$$

Der Faktor $2j\omega$ resultiert aus der zeitlichen Differentiation
der beiden Energien, die mit der doppelten Frequenz des Stromes oszillieren (Quadrierung!). Wie das Beispiel des Resonanzkreises demonstriert, variieren W_m und W_e gegenphasig, indem
die Gesamtfeldenergie von der Spule zum Kondensator fließt und
umgekehrt. Deswegen erscheinen beide Größen nach der zeitlichen Ableitung mit entgegengesetztem Vorzeichen.

Wenn sich im Spezialfall des Resonanzkreises die Reaktanz ändert (und damit der Blindleistungsfluß), dann muß sich bei
festgehaltenem Strom auch die Frequenz ändern. Damit gewinnen
wir aus Gl. (IV.9)

$$\frac{1}{2} II^* \Delta X = 2\Delta\omega\{\frac{L}{2} \cdot \frac{1}{2} II^* + \frac{1}{4\omega^2 C} II^*\} \qquad \text{(IV.10)}$$

oder allgemein

$$\partial X/\partial\omega = 4(W_m + W_e)/(II^*).$$

Diesen Ausdruck können wir vereinfachen, indem wir die Güte
einführen. Die Güte Q ist definiert als das 2π-fache der gespeicherten Energie, dividiert durch die pro Periode verbrauchte Energie

$$Q = \frac{2\pi(W_m + W_e)}{\frac{1}{2} II^* \cdot R \cdot T}.$$

Damit folgt $\partial X/\partial\omega = 2RQ/\omega$.

Wenden wir dieses allgemeine Ergebnis auf das System Oszilla-
tor-Lastkreis an, dann ist der Verbraucher Joulescher Wärme
in diesem Fall der Wirkwiderstand R_L. Andererseits finden sich
die Blindkomponenten im Oszillator und im Lastkreis, so daß

folgt

$$\frac{\partial (X_L + X_o)}{\partial \omega} = 2R_L Q/\omega.$$

Diesen Ausdruck setzen wir in Gl. (IV.3b) ein

$$\frac{\Delta\omega}{\omega} = \frac{1}{2Q} \frac{u \, \sin\phi}{I_o R_L}. \qquad (IV.11)$$

Dies ist ein sehr wesentliches Resultat, auf dem die Frequenzsynchronisation, die Frequenzdurchstimmbarkeit und eine einfache Theorie des Rauschens beruhen. Das injizierte Signal verursacht danach eine Frequenzverschiebung $\Delta\omega$ des Oszillators, bis die Frequenzen von Oszillator und Synchronisationssender übereinstimmen, aber eine Phasenverschiebung ϕ zwischen ihnen besteht. Diese Phasendifferenz ϕ wächst mit zunehmender Frequenzverschiebung. Die maximale Frequenzverschiebung und damit die Grenze der Synchronisierbarkeit wird dann erreicht, wenn $\phi = \pi/2$ ist. Dann steht der Vektor des Synchronisationssignals senkrecht auf dem Vektor des Oszillators. Die maximale Frequenzverschiebung ist proportional zur Synchronisationsspannung oder zur Wurzel aus der injizierten Synchronisationsleistung P_{in}. Wenn wir für $\phi = \pi/2$ Gl. (IV.11) quadrieren, so folgt

$$(\frac{\Delta\omega}{\omega})^2 = \frac{1}{4Q^2} \frac{u^2}{I_o^2 R_L^2} = \frac{1}{4Q^2} \frac{P_{in}}{P_L}. \qquad (IV.12)$$

P_L ist die an den Verbraucher abgegebene Leistung. Die letzte Gleichung wurde sowohl für Gunn- als auch Impatt-Oszillatoren experimentell nachgewiesen. Bild IV.4 zeigt ein Beispiel [IV.2]. Da die Frequenz gegenüber der des freilaufenden Oszillators sowohl erniedrigt als auch erhöht werden kann, ist auf der Ordinate die doppelte maximale Frequenzvariation aufgetragen. Q_L stellt den belasteten Gütefaktor ("loaded Q-factor") des Kreises dar. Der Synchronisationsbereich beträgt z.B. für den X-Band-Oszillator bei einer relativen Synchronisationsleistung von -30 db etwa 10^{-3} oder 10 MHz. Bild IV.4 zeigt, daß der

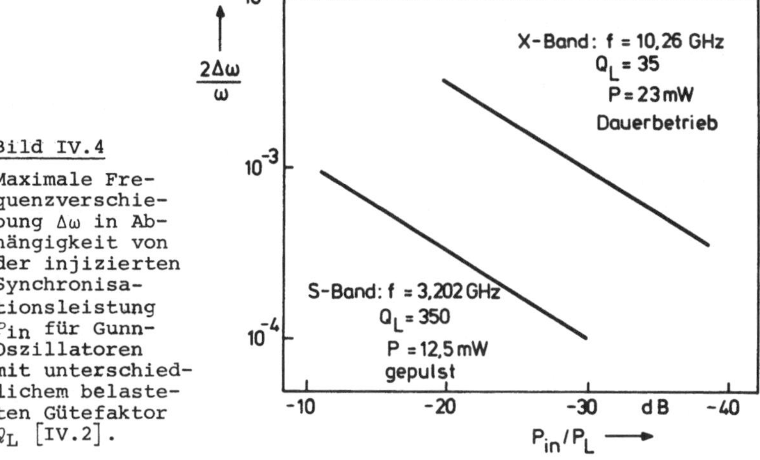

Bild IV.4
Maximale Frequenzverschiebung $\Delta\omega$ in Abhängigkeit von der injizierten Synchronisationsleistung P_{in} für Gunn-Oszillatoren mit unterschiedlichem belasteten Gütefaktor Q_L [IV.2].

Synchronisationsbereich erwartungsgemäß mit abnehmender Güte Q des Kreises zunimmt. Für gute Synchronisierbarkeit sollte also Q klein sein, was nicht durch Erhöhung der Verluste im Kreis, sondern durch eine Verminderung der gespeicherten Energie erreicht werden sollte. Dies ist generell eine Vorbedingung für einen Oszillator, der für eine gegebene Synchronisationsleistung möglichst weit durchgestimmt werden soll. Andererseits bedeutet ein reduziertes Q erhöhtes Rauschen.

Gl.(IV.12) bietet einerseits die Möglichkeit zur Frequenzstabilisierung eines Oszillators. Zur Synchronisation wird das Signal eines rauscharmen Senders verwendet, der entsprechend wenig Energie abzugeben braucht, die aber trotzdem zur Steuerung des Oszillators ausreicht. Andererseits kann Gl. (IV.12) auch zur Durchstimmung der Frequenz verwendet werden, was auf zweierlei Arten möglich ist. Um dies verständlich zu machen, gehen wir auf Gl. (IV.9a) zurück. Wir sehen von der mechanischen Durchstimmbarkeit durch Veränderung der Resonanzfrequenz des Kreises, der z.B. auf ein Gunn-Element frequenzbestimmend wirkt, ab, weil für den praktischen Einsatz die elektronische

Durchstimmbarkeit sehr viel wichtiger ist. Der Imaginärteil
von Gl. (IV.9a) ist der Blindleistungsfluß

$$\frac{1}{2} II^* \mathrm{Im}(Z) = \frac{1}{2} II^* X = 2\omega(W_m - W_e).$$

Wenn wir einen Teil des Resonanzkreises ändern bei gleichzeitig konstant gehaltener abgegebener Leistung, dann ist nach
dieser Gleichung die abfließende Blindleistung proportional
zur lokalen Änderung der Feldenergie

$$\Delta(\frac{1}{2}II^* X) = 2\omega(\Delta W_m - \Delta W_e). \tag{IV.13}$$

Gl. (IV.10) besagt, daß eine Änderung des Blindleistungsflus-
ses (unter Resonanzbedingung) durch Änderung der Resonanzfrequenz hervorgerufen wird. Für diese Frequenzänderung $\Delta\omega$ gilt
die Beziehung

$$\Delta(\frac{1}{2}II^* X) = 2\Delta\omega(W_m + W_e). \tag{IV.14}$$

Wenn wir die beiden Blindleistungsflüsse (IV.13 und 14) gleichsetzen, erhalten wir

$$\frac{\Delta\omega}{\omega} = \frac{\Delta W_m - \Delta W_e}{W_m + W_e}. \tag{IV.15}$$

Wir können also sowohl durch Änderung des elektrischen Feld-
inhalts W_e als auch der magnetischen Feldenergie W_m die Frequenz des Oszillators verändern. Die Änderung der elektrischen
Feldenergie wird durch eine Varaktor-Diode ("variable reactor
diode") realisiert, deren Kapazität durch die angelegte Spannung zwischen C_{min} und C_{max} variiert werden kann. Zur Charak-
terisierung des Varaktors verwendet man die Größe

$$\gamma = \frac{C_{max} - C_{min}}{C_{max} + C_{min}}.$$

Wenn wir annehmen, daß im Oszillatorkreis die elektrische Ener-

gie W_0 bei Resonanz gespeichert ist und daß die elektrische
Feldenergie im Varaktor W_1 ist, dann gilt

$$W_e + W_m = 2W_e = 2(W_0 + W_1).$$

Wenn der Varaktor seine Feldenergie um den Betrag γW_1 verändern kann, dann lautet damit Gl. (IV.15) für die Frequenzverschiebung

$$\frac{\Delta\omega}{\omega} = \frac{\gamma W_1}{2(W_0 + W_1)} .$$

Wir können wiederum den Gütefaktor einführen (vgl. S. 209).
Wenn P_1 die pro Periode im Varaktor verbrauchte Energie ist,
Q_1 dessen Gütefaktor und wenn P_0 die im gesamten Oszillatorkreis pro Periode verbrauchte Energie ist und Q_0 dessen Gütefaktor, dann folgt aus der letzten Gleichung

$$\frac{\Delta\omega}{\omega} = \frac{\gamma}{2} \frac{Q_1 P_1}{Q_0 P_0 + Q_1 P_1} .$$

Da die Verluste im Gesamtkreis notwendigerweise größer sind
als die im Varaktor allein, folgt, daß der Varaktor nur einen
geringen Anteil gespeicherter Energie haben sollte, um seinen
Gütefaktor klein zu halten. Dann wird im Nenner der zweite
Summand klein und der Durchstimmbereich vergleichsweise groß.

Bild IV.5 beschreibt einen Gunn-Oszillator, der mittels eines
Varaktors durchgestimmt werden kann (nach [IV.3]). Der Varaktor
ist in einem eigenen Resonator untergebracht, der an den Oszillator ankoppelt. Teilbild a gibt einen Eindruck vom mechanischen Aufbau. Das Gunn-Element wird über Haltepfosten mit der
notwendigen Betriebsspannung versorgt. Über einen Kurzschlußschieber kann die Resonanz des koaxialen Oszillators eingestellt werden, die bei verschwindender Varaktorspannung bei
10,6 GHz liegt. Der Verbraucher R_L ist über die Ausgangsschleife angekoppelt. Teilbild b zeigt das Ersatzschaltbild mit $-R_0$
als negativem Widerstand des Gunn-Elements und L und C als

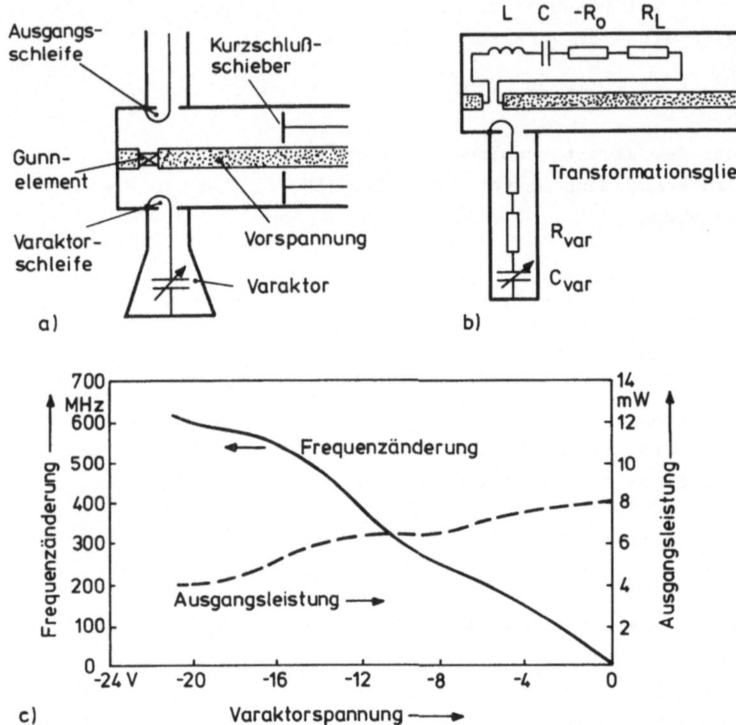

Bild IV.5

Durchstimmung eines Gunn-Oszillators mit einer Diode
variabler Kapazität (Varaktor) nach [IV.3]. (a) Skizze
des mechanischen Aufbaus. (b) Ersatzschaltbild. (c)
Meßergebnisse. Frequenz des Oszillators bei verschwindender Varaktorspannung: 10,6 GHz.

reaktive Komponenten im Hauptkreis. Der Varaktor mit seiner variablen Kapazität C_{var}, dessen Verluste durch R_{var} erfaßt sind,
ist über ein Transformationsglied an den Oszillator angeschlossen. Teilbild c gibt Meßergebnisse wieder. Die Steuergröße ist
die Spannung am Varaktor, die dessen Kapazität C_{var} kontrolliert.

Die zweite Möglichkeit, Gl. (IV.15) zur Frequenzvariation nutzbar zu machen, ist über ΔW_m. Sehr breitbandige Durchstimmbarkeit wird z.B. durch Einsatz eines Ferrits ermöglicht. Man verwendet meist eine Einkristallkugel von knapp 1 mm Durchmesser aus Yttrium-Eisen-Granat ("yttrium iron garnet", YIG).

Bringt man eine YIG-Kugel in ein permanentes magnetisches Feld, dann werden ihre magnetischen Momente in Präzession versetzt. Eine mögliche Anordnung ist in Bild IV.6a skizziert [IV.4]. Die ferrimangetische Resonanz ist von dem ef-

Bild IV.6

Durchstimmung eines Gunn-Oszillators mit einer YIG-Kugel.

(a) Skizze des mechanischen Aufbaus [IV.4]; Ausgangsschleife senkrecht zur Zeichenebene.

(b) Veranschaulichung der Koppelverhältnisse.

(c) Meßergebnisse [IV.6].

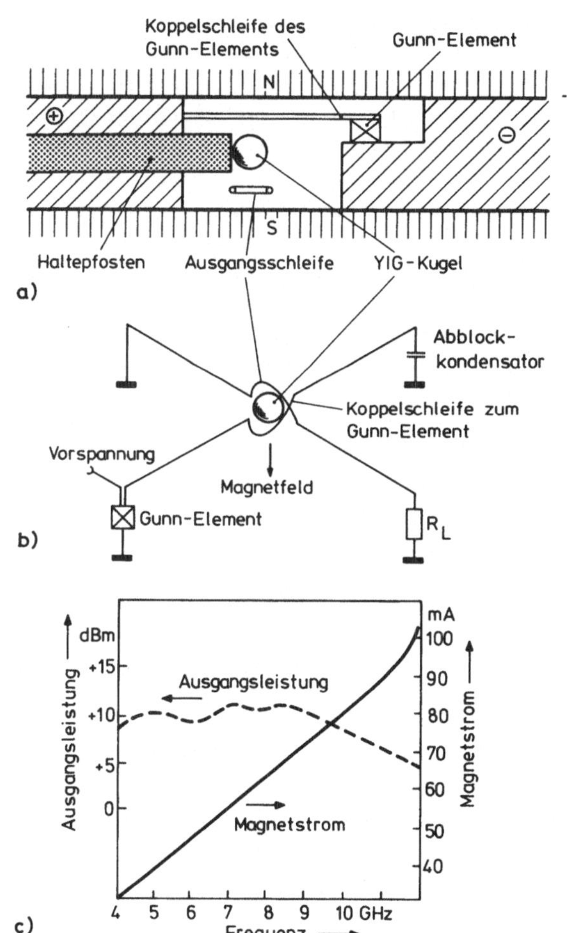

fektiven Magnetfeld H_{eff} und damit vom Strom durch den Magne-
ten, der das statische Magnetfeld erzeugt, abhängig. Die Resonanzfrequenz ist durch

$$\omega_o \approx (e\mu_o/m_o)\, H_{eff} \qquad\qquad (IV.16)$$

gegeben [IV.5]. μ_o bedeutet hier die Permeabilität. e und m_o
sind Ladung und Masse des freien Elektrons. Ein magnetisches
Wechselfeld der Frequenz nach Gl. (IV.16) in der Ebene der
Präzession, also senkrecht zum Permanentfeld, kann mit den
magnetischen Momenten koppeln und der Präzessionsbewegung
Energie entziehen. Damit wird die Schleife zum Gunn-Element
über die YIG-Kugel an die senkrecht stehende Ausgangsschleife
angekoppelt (Bild IV.6b), wobei die Kontrollgröße der Magnet-
strom ist. Bild IV.6c zeigt Messungen, bei denen das beschriebene Prinzip ausgenutzt wurde [IV.6]. Ein sehr breiter Frequenzbereich kann überstrichen werden. Allerdings liegt die
Durchstimmfrequenz im unteren kHz-Bereich.

Schließlich wollen wir, basierend auf Gl. (IV.11), einige einfache Grundzüge zum Rauschen diskutieren. Wir beschränken uns
auf hochfrequentes Rauschen in der Nähe der Schwingfrequenz
ω_o des freilaufenden Oszillators. In quadrierter Form lautet
Gl. (IV.11)

$$\frac{\Delta\omega^2}{\omega_o^2} = \frac{1}{4Q^2}\,\frac{u^2\sin^2\phi}{I_o^2 R_L^2}\;. \qquad\qquad (IV.17)$$

Danach verursacht die Rauschspannung der Amplitude u, deren
Frequenz ω_m den Abstand $\Delta\omega = \omega_m - \omega_o$ (Modulationsfrequenz) von
der Freilauffrequenz hat, eben diese Frequenzabweichung des
Oszillators, wobei eine Phasenverschiebung ϕ auftritt und der
Strom I_o fließt. Wenn das injizierte Signal u Rauschen mit
statistischen Fluktuationen ist, dann treten alle Phasenver-
schiebungen auf, so daß wir mitteln können

$$\overline{\sin^2\phi} = \frac{1}{2}. \qquad\qquad (IV.18)$$

Wir fassen die Rauschursache in dem Widerstand R_L zusammen.
An einem Widerstand tritt thermisches Nyquist-Rauschen oder
Johnson-Rauschen auf. Im Frequenzintervall B ist das mittlere
Quadrat der zugehörigen Rauschspannung [IV.7]

$$\overline{u^2} = 4\, k_B T R_L B. \tag{IV.19}$$

T ist die absolute Temperatur der Rauschursache R_L. k_B ist
die Boltzmann-Konstante. Äquivalent zu dieser Gleichung ist
die Aussage, daß das Widerstandsrauschen durch das Quadrat des
mittleren Störstroms

$$\overline{I_o^2} = 4\, k_B T B / R_L$$

im spektralen Bereich B gegeben ist. Wir setzen nun die Ergebnisse (IV.18 und 19) in Gl. (IV.17) ein und formen um. Dabei müssen wir beachten, daß wegen der statistischen Schwankungen von u auch der Strom I_o in Gl. (IV.17) Fluktuationen
zeigt. Daher müssen wir den Mittelwert seines Quadrates angeben

$$\overline{I_o^2} R_L = \frac{1}{2Q^2} \left(\frac{\omega_o}{\Delta\omega}\right)^2 k_B T B.$$

Damit ist das Rauschen in der Frequenz beschrieben, das durch
das Mitziehen des Oszillators mit der Rauschspannung entsteht.
Messen wir im Frequenzintervall B im Abstand $\Delta\omega$ von der Grund-
frequenz ω_o, so ist die Leistung des Frequenzmodulationsrau-
schens durch

$$P_{FM} = \frac{1}{2Q^2} \left(\frac{\omega_o}{\Delta\omega}\right)^2 k_B T B \tag{IV.20}$$

gegeben. Häufig wird P_{FM} in eine maximale Frequenzabweichung
$\Delta\omega_a = \sqrt{2}\,\Delta\omega_d$ umgerechnet, die durch die Rauschursache im Abstand
$\Delta\omega$ von der Trägerfrequenz ω_o hervorgerufen wird. Auf Grund
dieser einen Rauschursache wird die Spannung U der Trägerfrequenz in ihrer Phase gemäß

$$U = U_O \cos \left[\omega_O t + \frac{\Delta\omega_a}{\Delta\omega} \cos(\Delta\omega t + \phi) \right]$$

moduliert. Da $\Delta\omega_a \ll \Delta\omega$ ist, erhalten wir daraus nach zwei-
maliger Anwendung der Additionstheoreme

$$U = U_O \left\{ \cos \omega_O t - \frac{\Delta\omega_a}{2\Delta\omega} \sin \left[(\omega_O + \Delta\omega) t + \phi \right] - \frac{\Delta\omega_a}{2\Delta\omega} \sin \left[(\omega_O - \Delta\omega) t - \phi \right] \right\}.$$

Neben dem Träger ω_O treten die beiden Seitenbänder $(\omega_O \pm \Delta\omega)$
auf. Die Amplitude U_O fällt heraus, wenn wir das Verhältnis
der Leistung P_{FM} des Rauschens in nur einem Seitenband zur
Leistung P_L bei der Trägerfrequenz ω_O bilden. Also ist P_{FM}
von Gl. (IV.20) mit $\Delta\omega_a$ verknüpft

$$\Delta\omega_a = \sqrt{2} \, \Delta\omega_d = 2\Delta\omega \sqrt{P_{FM}/P_L} \, . \tag{IV.21}$$

Die ermittelte durchschnittliche Frequenzabweichung $\Delta\omega_d$ ist
in Bild IV.7 als Ordinate aufgetragen. Die Meßergebnisse, bezogen auf $B = 1$ Hz Bandbreite der Messung, sind für ein Klystron, Gunn- und Impattoszillator gegenübergestellt [IV.8].

Das Amplitudenrauschen ist gegenüber dem Frequenzrauschen sehr
klein, da der negative Widerstand stark nichtlinear vom Strom

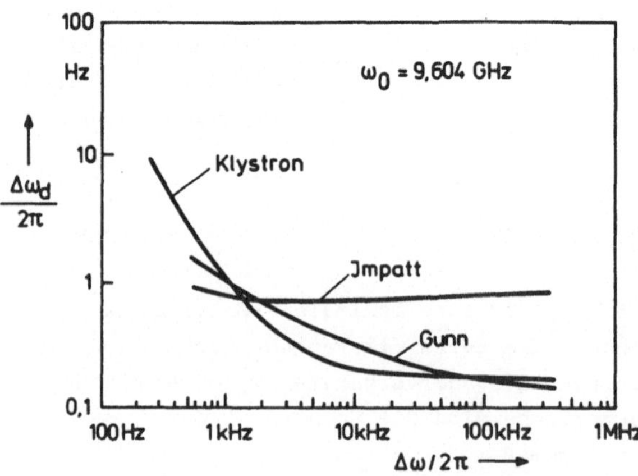

Bild IV.7

Frequenzrau-
schen von X-
Band-Oszilla-
toren. Meßband-
breite $B = 1$ Hz.
Klystron: 100 mW
Ausgangslei-
stung; Gunn:
15 mW, belastete
Güte $Q_L = 900$;
Impatt: 100 mW,
$Q_L = 900$ [IV.8].

abhängt. Dies führt zu einer Stabilisierung der Amplitude. Man
kann für die Leistung P_{AM} des Amplitudenmodulationsrauschens
eine zu Gl. (IV.20) ähnliche Formel ableiten, die allerdings
einen Parameter s von der Größenordnung 10 enthält [IV.9]

$$P_{AM} = \frac{2k_B TB}{s^2 + 4Q^2 (\Delta\omega/\omega_o)^2} \cdot \qquad (IV.22)$$

Bild IV.8 zeigt Messungen von P_{AM}, bezogen auf die Leistung
P_L bei der Trägerfrequenz, für dieselben Verhältnisse wie in
Bild IV.7 [IV.8]. Wählen wir zum Vergleich der beiden Rausch-

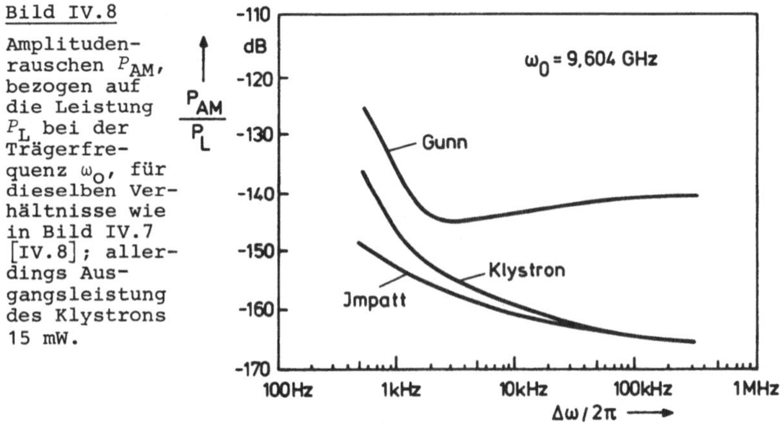

Bild IV.8
Amplitudenrauschen P_{AM}, bezogen auf die Leistung P_L bei der Trägerfrequenz ω_o, für dieselben Verhältnisse wie in Bild IV.7 [IV.8]; allerdings Ausgangsleistung des Klystrons 15 mW.

beiträge die Frequenzablage $\Delta\omega/2\pi$ = 10 kHz, dann ist nach
Bild IV.7 $\Delta\omega_d/2\pi$ sicherlich größer als 0,1 Hz. Gl. (IV.21)
liefert für P_{FM}/P_L einen Wert von -103 db. Ein Blick auf Bild
IV.8 lehrt, daß dies um Größenordnungen über P_{AM}/P_L liegt.
Das Ergebnis wird generell durch das Experiment bestätigt.

Nach Gln. (IV.20 und 21) nimmt das Rauschen mit zunehmendem
Gütefaktor Q ab. Auch dies wird durch Messungen bestätigt, so
daß damit ein Weg zur Verminderung des Rauschens gewiesen wird.

Eine zweite Maßnahme zur Erreichung dieses Ziels ist die Verwendung eines stabilen Synchronisationsoszillators.

Aus Gl. (IV.20) können wir entnehmen, daß das Frequenzrauschen mit 6 db pro Oktave abnehmen sollte. Zusammen mit Gl. (IV.21) ist dies gleichbedeutend mit Frequenzunabhängigkeit. Nur Impatt-Dioden liefern entsprechende Ergebnisse, während bei Gunn-Elementen ein stärkerer Abfall beobachtet wird (Bild IV.7). Die einfache Rauschtheorie, die wir skizziert haben, stellt also nur eine erste Näherung dar. Es müssen weitere Rauschursachen mitberücksichtigt werden, die z.B. aus dem niederfrequenten Bereich in den bisher allein betrachteten Hochfrequenzbereich heraufgemischt werden können.

Hierhin gehören Schwankungen der Versorgungsspannung, die sich sowohl bei Impatt-Dioden als auch Gunn-Elementen auswirken. Bei Gunn-Elementen tritt die Statistik der Streuung in das Nebenminimum des Leitungsbandes (vgl. Bild III.2) in Erscheinung. Falls das Gunn-Element im Domänenbetrieb arbeitet (vgl. Kap. III.5), werden die statistischen Schwankungen im Aufbau der Domäne wirksam. Bei Impatt-Dioden schließlich ist die Elektron-Loch-Paarerzeugung ihrem Wesen nach ein statistischer Vorgang.

V. <u>Anwendungen</u>

Fast ausnahmslos können alle aktiven Funktionen der Elektronik
durch Elektronenröhren erfüllt werden. Nach der Erfindung des
Transistors ist aber die Röhre fast völlig aus Niederfrequenz-
und Hochfrequenzanwendungen verdrängt worden. In den letzten
Jahren hat sich dieser Trend auch auf das Mikrowellengebiet
ausgedehnt. Die für das Mikrowellengebiet entwickelten Röhren-
typen, wie Klystron und Wanderfeldröhre, werden mehr und mehr
auf Spezialanwendungen zurückgedrängt, bei denen es auf extrem
hohe Leistungen ankommt. Stattdessen werden Halbleiterbauelemente eingesetzt, deren Vorzüge in folgenden Punkten liegen:

- einfacher mechanischer Aufbau und mechanische Unempfindlich-
  keit;

- keine Heizleistung;

- geringe Größe und Möglichkeiten zur Miniaturisierung und
  Integration;

- niedrige Betriebsspannung und einfache Spannungsversorgung;

- lange Lebensdauer;

- durch Reduzierung der geometrischen Abmessungen Vorstoß in
  höhere Bänder.

Wenn ein Halbleiterbauelement die Funktion einer Röhre übernehmen soll, dann muß es der Röhre überlegen sein. Die Punkte,
auf die es bei der Beurteilung der Leistungsfähigkeit eines
Halbleiterbauelementes in der Praxis ankommt, sind in der folgenden Liste zusammengestellt.

Frequenz	Temperaturunempfindlichkeit
Ausgangsleistung	Reproduzierbarkeit
Wirkungsgrad	Lebensdauer
Rauschen	Größe und Gewicht
Frequenzstabilität	Kosten
Bandbreite	Bedienbarkeit

Dabei kann es vorkommen, daß ein Bauelement, mit insgesamt gesehen sehr guten Daten, für eine spezielle Anwendung nicht in Betracht kommt, weil es in einem wichtigen Punkt nicht den Anforderungen genügt. Wir wollen die Bauelemente, die in diesem Skriptum beschrieben worden sind, an Hand der angeführten Gesichtspunkte zusammenfassend charakterisieren.

a) Impatt-Dioden

Impatt-Dioden können bei höheren Frequenzen arbeiten als Gunn-Dioden (vgl. Bild II.32 und III.30). Sie haben einen hohen Wirkungsgrad bei hohen Ausgangsleistungen. Mehrere Watt bei über 10% Wirkungsgrad sind nicht ungewöhnlich. Mit Read-ähnlichen Dotierungsprofilen sind im X-Band im Dauerbetrieb 10 W erreichbar bei einem Wirkungsgrad von über 30 %. Eine Schwäche der Impatt-Dioden ist ihr relativ hohes Rauschen. Wenn wir bedenken, daß der Strom vom nA-Bereich der Sperrpolung bis in den A-Bereich der Lawine sehr rasch anwächst (z.B. in 20 ps bei 6 GHz und bei höheren Frequenzen noch schneller), dann wirken sich geringe Schwankungen im Anstoßen der Lawine extrem stark aus. Starkes Rauschen trifft insbesondere auf Si zu, nicht so sehr auf GaAs, weil in GaAs der Ionisierungskoeffizient für Elektronen und Löcher nahezu gleich ist [II.19]. Umgekehrt liegen die Verhältnisse bei der Zuverlässigkeit, die bei der hoch entwickelten Technologie des Siliziums kein Problem ist, wohl aber bei GaAs.

b) Trapatt-Dioden

Trapatt-Dioden sind wegen ihres hohen Wirkungsgrades (mehr als 20 % im Dauerbetrieb) vielversprechend für relativ niedrige Frequenzen (L- bis X-Band). Jedoch sind zahlreiche Fragen, wie z.B. die Wechselwirkung zwischen Diode und äußerem Kreis, Zuverlässigkeit oder Reproduzierbarkeit, offen.

c) Baritt-Dioden

Geringes Rauschen, aber auch geringer Wirkungsgrad und geringe Ausgangsleistung sind charakteristisch für Baritt-
Dioden (z.B. 150 mW bei 6 GHz). Da sie nicht einmal im
Rauschen sehr viel besser sind als Gunn-Elemente, haben sie
keine große Bedeutung gewinnen können.

d) Gunn-Elemente

Gunn-Elemente im Domänenbetrieb zeigen ein sehr reines
Frequenzspektrum. Sie haben eine niedrige Betriebsspannung
und können bis in den Bereich von über 80 GHz gebaut werden
(vgl. Bild III.30). Sie können bis zu 20 % Bandbreite mit
Varaktoren (und YIG-Ferriten noch mehr) in ihrer Frequenz
durchgestimmt werden (vgl. Bild IV.5c und 6c). Jedoch ist
ihr Wirkungsgrad gering. Die Zuverlässigkeit und die Lebensdauer sind sehr hoch (im Labor MTBF > 10^5h; "medium
time between failures" für ein System).

e) LSA-Bauelemente

Elektronen-Transfer-Elemente im LSA-Betrieb haben nicht die
Erwartungen erfüllt, die in sie gesetzt wurden. Sie können
zwar hohe Spitzenleistungenn abgeben (hunderte W bis zum
X-Band, mehrere 10 W im Ku-Band 15,3 - 18 GHz), jedoch
sind sie in der Frequenz sehr instabil. Deshalb finden sie
auch kaum praktische Anwendung.

Ein Versuch, die besprochenen Bauelemente gegeneinander abzugrenzen, wird in der folgenden Tabelle gemacht (TED: Elektronen-Transfer-Elemente, "transferred electron device").

Frequenz	Baritt	<	TED	<	Impatt
Ausgangsleistung	Baritt	<	TED	<	Impatt
Wirkungsgrad	Baritt	<	TED	<	Impatt
Rauschen	Baritt	$\leq$	TED	<	Impatt
Impedanz	Baritt	<	Impatt	<	TED
Betriebsspannung	TED	<	Baritt	<	Impatt
Stromdichte	Baritt	<	Impatt	$\leq$	TED

Neben dem Vergleich der Bauelemente untereinander ist natürlich der Vergleich mit Röhren oder Transistoren für den praktischen Einsatz ebenso wichtig. In den letzten Jahren haben
insbesondere die Transistoren, und zwar speziell Feldeffekttransistoren (FET) auf GaAs, außerordentliche Fortschritte gemacht. Wir werden darauf in dem abschließenden Kap.VI zu sprechen kommen. Demgegenüber haben Röhren für das Mikrowellengebiet weitgehend ihre Reife erreicht. TEDs können als Oszillatoren (TEO; "transferred-electron oscillator") oder als Verstärker (TEA; "transferred-electron amplifier") eingesetzt
werden. Den Betrieb als Oszillator haben wir in Kap.IV eingehend besprochen. Beim Verstärkerbetrieb wird der negative Widerstand ausgenutzt, der bei Unterdrückung der Domänenbildung
auftritt (vgl. Kap.III.7, S.179). Wenn eine Leitung mit diesem
negativen Widerstand abgeschlossen wird, dann wird eine ein-
laufende Welle an dem Widerstand reflektiert und gleichzeitig
verstärkt. Man spricht von einem Reflexionsverstärker ("re-
flection-type amplifier"). Daneben gibt es noch einen Wander-
wellenverstärker, der in planarer Bauweise aufgebaut ist. Das
Signal wird nahe der Kathode eingekoppelt, läuft mit der sich
aufbauenden Ladungsträgerwelle mit und wird nach dieser ver-
stärkend wirkenden Wechselwirkung nahe der Anode ausgekoppelt.
Dieser zweite Verstärkertyp ist in der Praxis unbedeutend.
Wenn wir von TEAs sprechen, dann meinen wir daher Reflexionsverstärker.

TEOs können gegenwärtig noch bei höheren Frequenzen eingesetzt
werden als GaAs-FETs. Sie haben zudem eine einfachere Struktur.
TEAs haben, verglichen mit FETs, die größere Bandbreite. Allerdings haben sie als Zwei-Elektroden-Bauelement den prinzipiellen Nachteil der Kopplung von Ausgang und Eingang. Für den
Vergleich mit Röhren gilt das bereits auf S. 221 Gesagte.

Vergleiche dieser Art, die für jeden Einzelfall natürlich
sehr viel spezifischer sein müssen als die angegebenen summarischen Angaben, führen letztlich zur Entscheidung, in welchem

Gebiet die Bauelemente eingesetzt werden sollen. Meist wird es
sich um den Einsatz in einem Mikrowellensystem handeln, das
aus einer Reihe von Untersystemen aufgebaut ist. Jedes dieser
Untersysteme muß bestimmte Spezifikationen am Eingang und
am Ausgang erfüllen. Die folgende Zusammenstellung gibt eine
Reihe von Komponenten an, in denen die hier interessierenden
Bauelemente eingesetzt werden oder an denen aktive Entwicklung
betrieben wird. Die ersten beiden Komponenten der Tabelle
finden sich vorwiegend in Sendern, die beiden folgenden vorwiegend in Empfängern. TEDs erlauben zwar den Aufbau prinzipiell sehr einfacher logischer Schaltungen mit besonderen Möglichkeiten [V.1], sind aber wegen hohem Leistungsverbrauch und
erheblichen Parameterstreuungen entsprechenden FET-Schaltungen
unterlegen.

Untersystem	Bauelement
Treiberstufen	Impatt, TED
Leistungsstufen	Trapatt, Impatt, TED, LSA-Diode
rauscharme Ver- stärker	TEA
Lokaloszilla- toren	Baritt, TED, Impatt
Impulsgeneratoren	Trapatt
Logische Schal- tungen	TED

Die wichtigsten Kenngrößen für einen Sender sind Leistung und
Wirkungsgrad, für einen Empfänger geringes Rauschen, damit
auch ein schwaches Signal, das sich nur wenig aus dem allgemeinen Rauschen heraushebt, sicher empfangen werden kann. Demgegenüber von sekundärer Bedeutung sind Parameter wie Bandbreite, Temperaturstabilität der Frequenz oder Phasenlineari-
tät mit der Frequenz. Das bedeutet nicht, daß sekundäre Parameter vernachlässigt werden können. Denn sie können im Gesamt-
zusammenhang eines Systems von ausschlaggebender Bedeutung
werden.

Die wichtigsten Anwendungsgebiete der besprochenen Bauelemente
sind Systeme der Nachrichtenübermittlung und des Radar. Weiterhin müssen die passive Radiometrie, Abstandswarngeräte für
Kraftfahrzeuge, Hinderniswarnradar, Einbruchsicherungsradar
und die Kontrolle von Füllständen z.B. in der chemischen Indu-
strie sowie von Bewegungsabläufen während der Produktion ge-
nannt werden [V.2]. Eisenbahnleitsysteme, die Gunn-Elemente
nahe 40 GHz einsetzen (Ka-Band: 26,5 bis 40 GHz), sind in der
Entwicklung [V.3].

In der Nachrichtenübermittlung wird augenblicklich im Frequenz-
multiplex gearbeitet. Dabei werden z.B. mehrere Telefonkanäle
durch Verschiebung der Frequenzen jedes einzelnen Kanals zu
einem Basisband von z.B. 3 MHz zusammengefaßt. Mit diesem Basisband wird dann die Trägerfrequenz, die augenblicklich bis
in das Ka-Band reichen kann, moduliert. Derartige Systeme
sind als Richtfunk oder als Satellitenfunk weltweit im Einsatz.
Gunn-Oszillatoren werden dabei als Lokaloszillatoren und
Impatt-Dioden und Gunn-Elemente als Verstärker verwendet. Beide Bauelemente können bis zu 60 GHz in Mikrowellenschaltungen
integriert werden [V.4].

Die größten Hoffnungen für die Zukunft knüpft man an das elektronisch durchstimmbare Radar ("Phased Array Radar"). Wenn es
zum Einsatz derartiger Systeme kommt, dann benötigt jede einzelne dieser Anlagen viele Tausende von Bauelementen. Das
Prinzip des elektronisch durchstimmbaren Radars ist in Bild
V.1 skizziert, allerdings mit Beschränkung auf eine Dimension.
Ein Leistungsteiler teilt das Sendesignal auf eine Reihe von
Kanälen auf. Jeder dieser Kanäle enthält einen elektronisch
steuerbaren Phasenschieber, der das leistungserzeugende aktive Element ansteuert. Die Energie wird aus jedem Kanal abge-
strahlt, wobei sich die Teilstrahlen nach dem Huygensschen
Prinzip überlagern. Entsprechend wird die Energie in eine bestimmte Richtung gesandt, die sich über die elektronisch
steuerbaren Phasenschieber verändern läßt. In umgekehrter
Reihenfolge erfolgt der Empfang eines Signals aus einer ge-
wählten Richtung.

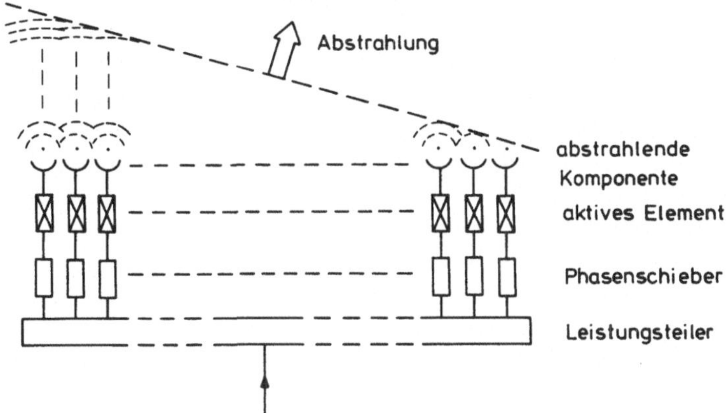

<u>Bild V.1</u> Prinzipbild eines elektronisch durchstimmbaren
Radars

Das elektronisch durchstimmbare Radar hat den Vorteil, daß
keine rotierende Antenne notwendig ist und daß bei Ausfall
eines oder mehrerer Kanäle die Anlage nicht unbrauchbar wird.
Es ist auch zweidimensionales Radar möglich, indem die lineare
Kette in Bild V.1 in die zweite Dimension erweitert wird.
Die Strahlrichtung kann entweder kontinuierlich verändert
oder auf einen feststehenden Sender, z.B. einen Satelliten
der Nachrichtenübermittlung, eingestellt werden. Die noch
ungelösten Probleme liegen bei den leistungserzeugenden Elementen. Jedes einzelne muß hinreichend leistungsstark sein,
wobei ein hoher Wirkungsgrad garantiert sein muß. Denn bei
Tausenden von Elementen müssen erhebliche Verlustleistungen
aus kleinem Raum wirkungsvoll abgeführt werden. Allerdings
bleibt abzuwarten, inwieweit nicht Feldeffekttransistoren,
die der Gegenstand des folgenden Kapitels sind, eine größere
Eignung für derartige Radaranlagen bieten als die bisher behandelten aktiven Bauelemente.

VI. <u>Mikrowellen-Feldeffekttransistoren</u>

Seit etwa 1970 ist der GHz-Bereich auch für Feldeffekttran-
sistoren (FET) erschlossen worden. Entscheidend dafür waren
Fortschritte in der photolithographischen Herstellung klein-
ster Strukturen (unter 1 µm) und in der Materialherstellung
(epitaktische Schichten von 0,1 bis 0,2 µm Dicke bei guter
Dotierungskontrolle). Am erfolgreichsten waren dabei FETs aus
GaAs, die einen Schottky-Übergang als Gate verwenden. Dieses
Material sowie InP und darauf basierende ternäre Halbleiter
haben für schnelle Anwendungen die größten Aussichten [VI.1].
Besonders erfolgversprechend in dieser Richtung sind Entwicklungen, die Besonderheiten der Bandstruktur in Feldeffekttransistoren mit Heteroübergängen ausnutzen [IV.2]. Wir wollen
die folgende Analyse auf GaAs-Schottky-FETs (MeS-FET) abstel-
len, obwohl die meisten Resultate auch auf FETs übertragbar
sind, die pn-Übergänge zur Steuerung verwenden.

Wir beginnen mit der Berechnung des Drainstroms I_D für eine
Struktur nach Bild VI.1. Eine epitaktische Schicht von wenigen Zehntel µm Dicke D, die auf semi-isolierendem Substrat
oder auf einer undotierten, hochohmigen epitaktischen Schicht

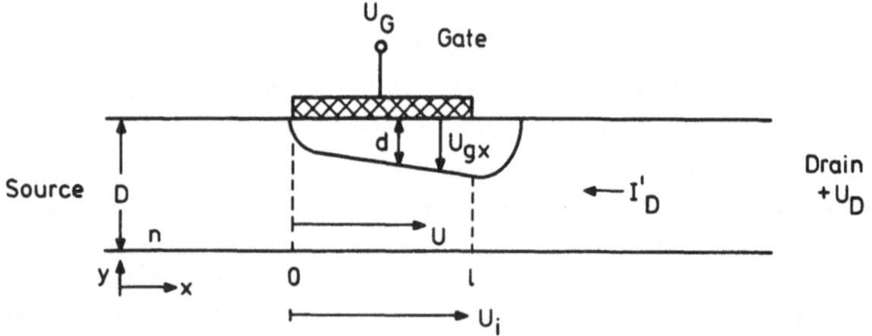

<u>Bild VI.1</u>
Schematische Darstellung eines Schottky-Feldeffekttransi-
stors (MeS-FET). Das semi-isolierende Substrat ist weggelassen.

(Ladungsträgerkonzentration 10^{14} cm^{-3} oder darunter) aufgebracht ist, dient zur Stromführung. Ihre Dotierung liegt typisch bei $n \simeq 10^{17}$ cm^{-3}. In Bild VI.1 sind Source- und Drainkontakt, die meist als AuGe-Eutektikum in die epitaktische Schicht einlegiert sind, nicht wiedergegeben. Das Gate ist ein Schottky-Kontakt mit einer Länge $l \simeq 1$ µm und weniger sowie einer Breite b von mehreren Hundert µm (je nach gewünschtem Strom). Drainspannung U_D und Gatespannung U_G werden auf das Source-Potential bezogen. Als Gatemetall finden meist Al, gelegentlich aber auch Schichtenfolgen wie Ti/Pt/Au Verwendung.

Selbst wenn das Gate auf gleichem Potential wie Source liegt, ist mit dem Schottky-Übergang eine Verarmungszone der Dicke d verbunden. Sobald ein Drainstrom I_D' fließt, baut sich ein Spannungsabfall $U(x)$ unter dem Gate auf, so daß sich die Dicke der Verarmungszone d zum drainseitigen Ende des Gates hin vergrößert. Wir nehmen an, daß diese Änderung von d nur allmählich ist ("gradual channel approximation"). Dies bedeutet, daß in der Verarmungszone das Feld in Richtung der Schichtnormalen verläuft, also nur eine y-Komponente besitzt. Ebenso ist im Kanal das Feld lateral, d.h. es verläuft in x-Richtung. Wir beschränken uns weiterhin auf den Bereich unterhalb des Gates ($0 \leq x \leq l$). Damit wird der Drainstrom

$$I_D' = en\mu b (D-d) E_x. \qquad (VI.1)$$

Sowohl d als auch die Feldstärke E_x im Kanal sind eine Funktion des Ortes x im Kanal. E_x soll darüber hinaus homogen über den Kanalquerschnitt sein. Wir bezeichnen mit U_{gx} die Spannung über der Verarmungsschicht, die bei Stromfluß von dem Ort x abhängt. U_{gx} gibt also den Potentialunterschied zwischen Gatemetall und dem Rand der Verarmungszone an. Die Dicke d der Verarmungszone ist mit U_{gx} über

$$d^2 = \frac{2\varepsilon}{eN_D}(U_{gx} + U_d) \qquad (VI.2)$$

verknüpft. U_d ist die Diffusionsspannung und N_D die Donatoren-konzentration der epitaktischen Schicht. Für unsere Verhält-nisse gilt stets $N_D = n$.

Weiterhin ist $U_G + U_{gx} = U$. $\hspace{4cm}$ (VI.3)

Führen wir dies in Gl. (VI.2) ein, so folgt

$$d(x) = \sqrt{\frac{2\varepsilon}{en} \left[U(x) + U_d - U_G \right]}. \qquad (VI.4)$$

Wächst I_D', dann nimmt auch $U(x)$ zu und zwar so lange, bis die Verarmungszone am drainseitigen Ende des Gates (bei $x = l$) die Dicke D der epitaktischen Schicht erreicht hat. Den zugehöri-gen Spannungsabfall $U(l)$ unter dem Gate nennt man die Abschnür-spannung U_p ("pinch-off voltage"). Bei verschwindender Gate-spannung U_G und vernachlässigbarem U_d folgt damit aus Gln. (VI.2 und 3)

$$U_p = \frac{en}{2\varepsilon} D^2. \qquad (VI.5)$$

Die Feldstärke E_x im Kanal läßt sich unter Verwendung von Gl. (VI.3) als

$$E_x = \frac{dU}{dx} = \frac{dU_{gx}}{dx}$$

schreiben. Damit wird aus Gl. (VI.1) unter Verwendung von Gln. (VI.4 und 5)

$$I_D' = en\mu b \sqrt{\frac{2\varepsilon}{en} U_p} \left[1 - \sqrt{\frac{U + U_d - U_G}{U_p}} \right] \frac{dU}{dx}.$$

Nach Trennung der Variablen und Integration von 0 bis l und bei Ausnutzung der Bedingung, daß I_D' entlang des ganzen Kanals konstant sein muß, folgt

$$I_D' = \frac{en\mu b}{l} \sqrt{\frac{2\varepsilon}{en} U_p} \left\{ U_i - \frac{2}{3} \frac{1}{\sqrt{U_p}} \left[(U_i + U_d - U_G)^{3/2} - (U_d - U_G)^{3/2} \right] \right\}.$$

$$\hspace{10cm} (VI.6)$$

Dabei ist U_i die unter dem Kanal (zwischen O und l) abfallende Spannung. Im Hinblick auf die folgenden Erörterungen können wir sagen, daß U_i die Drain-Source-Spannung des inneren Transistors ist. Man schreibt üblicherweise die Kennliniengleichung (VI.6) in der vereinfachten Form [VI.3]

$$I_D' = g_o \left\{ U_i - \frac{2}{3\sqrt{U_p}} \left[(U_i + U_d - U_G)^{3/2} - (U_d - U_G)^{3/2} \right] \right\}$$

$$(VI.7)$$

mit $\qquad g_o = \frac{en\mu b}{l} \sqrt{\frac{2\varepsilon}{en} U_p} = en\mu b D / l.$

Für GaAs-MeS-FETs oder auch für andere Materialien, die den Gunn-Effekt zeigen, muß man mit dem Auftreten einer Hochfelddomäne rechnen, die unter dem drainseitigen Ende des Gates stationär ist. Die Domäne verbraucht die Spannung U_{dom} und baut sich ab, sobald das Feld unter das Löschfeld E_1 abfällt (vgl. Bild III.22). Wie wir aus der in Kap. III.3 abgeleiteten Kennlinie einer Domäne entnehmen können, gilt in guter Näherung

$$E_1 \simeq v_s / \mu. \qquad\qquad (VI.8)$$

Dabei ist v_s die Sättigungsdriftgeschwindigkeit für Elektronen und μ deren Niedrigfeldbeweglichkeit. Wir erhalten damit Bild VI.2 als eine realistische Näherung.

Bild VI.2 enthält außerdem einen Strom I_{sub}, der durch das Substrat oder die Pufferschicht fließt. FETs aus einer aktiven GaAs-Schicht werden gelegentlich auf einer zwar hochohmigen, aber nicht völlig isolierenden Pufferschicht hergestellt. Diese Pufferschicht dient zur Abschirmung der Kristallbaufehler, die durch die nicht immer vollkommenen Substratkristalle in der epitaktischen Schicht hervorgerufen werden. Damit setzt sich also der außen meßbare Drainstrom I_D aus dem Kanalstrom I_D' und dem häufig nicht vernachlässigbaren Substratstrom I_{sub} zusammen. I_{sub} ist durch die Gatespannung nicht beeinflußbar.

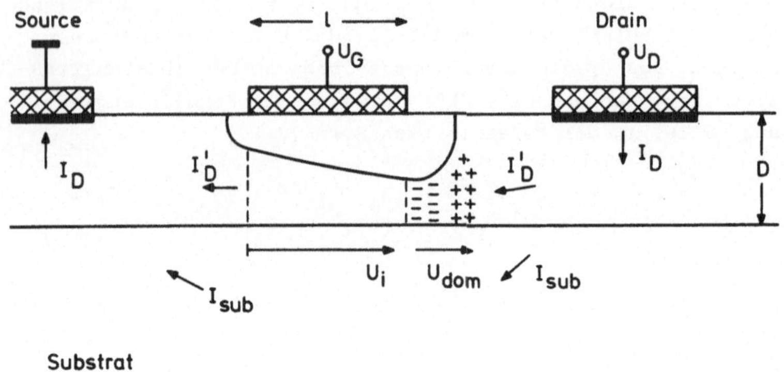

Bild VI.2   GaAs-MeS-FET mit einer stationären Hochfelddomäne
am drainseitigen Ende der Gate-Elektrode

Wir wollen zunächst den Sättigungsstrom I'_{DS} berechnen. Dazu
nehmen wir an, daß Sättigung dann erreicht wird, wenn die mittlere Feldstärke unter dem Gate gleich E_1 wird, also eine Domäne unterhalten werden kann. Die Sättigung soll bei dem Spannungsabfall

$$U_{is} = E_1 l$$

unter dem Gate erreicht sein. Es ist möglich, daß die Sättigung erst bei Feldern weit oberhalb des Schwellenfeldes E_t
des Gunn-Effektes eintritt. Dazu sind aber besondere Randbedingungen und vor allem eine besondere Homogenität der Dotierung erforderlich.

Nun gilt Gl. (VI.7) sicherlich nur unterhalb der Sättigungs-
spannung, also für

$$U_i \leq U_{is}.$$

Typische Parameter für MeS-FETs sind

$$U_d \simeq 0{,}7 \text{ V} \qquad U_G \simeq -2 \text{ V} \qquad l \lesssim 1 \text{ µm} \qquad \mu \simeq 5000 \text{ cm}^2/\text{Vs}.$$

Also folgt zusammen mit Gl. (VI.8)

$$U_i \leq U_{is} = E_1 l = v_s l/\mu \ll U_d - U_G.$$

Damit können wir die Kennliniengleichung (VI.7) nach $U_i \ll (U_d - U_G)$ entwickeln und erhalten [VI.3]

$$I_D' \simeq en\mu\frac{b}{l}\sqrt{\frac{2\varepsilon}{en}U_p}\,(1 - \sqrt{\frac{U_d - U_G}{U_p}})\,U_i = g_0(1 - \sqrt{\frac{U_d - U_G}{U_p}})\,U_i.$$

$$(VI.9)$$

Der Kanalstrom ist also linear von dem Spannungsabfall U_i unter dem Kanal abhängig. Als Kanalleitwert ("drain conductance") erhalten wir

$$g_d = \frac{\partial I_D'}{\partial U_i} = g_0(1 - \sqrt{\frac{U_d - U_G}{U_p}}).$$

$$(VI.10)$$

Der Sättigungsstrom wird zu

$$I_{DS}' = g_d\,U_{is}.$$

$$(VI.11)$$

Die Steilheit g_m im Sättigungsbereich läßt sich entweder direkt aus Gl. (VI.7) zu

$$g_m = (\frac{\partial I_D'}{\partial U_G})_{U_i = U_{is}} = g_0\,\frac{1}{\sqrt{U_p}}\,\{(U_{is} + U_d - U_G)^{1/2} - (U_d - U_G)^{1/2}\}$$

$$(VI.12)$$

berechnen oder unter Verwendung der Näherung (VI.9)

$$g_m \simeq g_0 U_{is}/\{2\sqrt{U_p(U_d - U_G)}\}.$$

Bild VI.3 illustriert für einen speziellen MeS-FET den Verlauf der Charakteristik (VI.7). Die Kurven zeigen einen ausgeprägten Hystereseeffekt mit einer Stromspitze, die von einer verspäteten Domänenbildung herrührt. Ein derartiges Verhalten ist nur bei relativ niedrigen und homogenen Dotierungen ($N_D \leq 5 \cdot 10^{16}$ cm^{-3}) zu erwarten. Eine zweidimensionale Rechnersimulation, die weitgehend mit unserer Näherung (VI.9) übereinstimmt, liefert die gestrichelten Kurven in Bild VI.3 [VI.4].

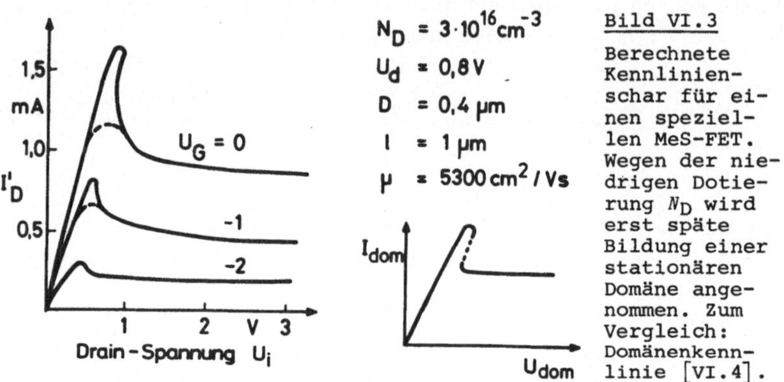

Bild VI.3

Berechnete Kennlinienschar für einen speziellen MeS-FET. Wegen der niedrigen Dotierung N_D wird erst späte Bildung einer stationären Domäne angenommen. Zum Vergleich: Domänenkennlinie [VI.4].

Verknüpfen wir die Gln. (VI.4 und 5), so erhalten wir

$$d(x) = \frac{D}{\sqrt{U_p}} \sqrt{U(x) + U_d - U_G} \; .$$

In einer ersten Näherung setzen wir das Feld unter dem Gate im Kanal homogen an, also $E(x) \simeq E_i = U_i / l$ und $U(x) \simeq E_i \cdot x$ und erhalten

$$d(x) = \frac{D}{\sqrt{U_p}} \sqrt{E_i \cdot x + U_d - U_G} \; .$$

Eine genauere Untersuchung mit Hilfe einer Iteration zur Lösung der Kontinuitätsgleichung im Bereich unter dem Gate bestätigt diese Näherung sehr gut [VI.3].

Wir können nun die Ladung Q in der Verarmungszone unter dem Gate berechnen, wenn wir uns im linearen Bereich der Kennlinie (VI.7) unterhalb der Sättigung befinden

$$Q = enb\int_{0}^{l} d(x)\,dx = \frac{2\,enbD}{3E_i\sqrt{U_p}}\left[(U_i+U_d-U_G)^{3/2} - (U_d-U_G)^{3/2}\right] \quad (VI.13)$$

oder unter Verwendung der Näherung $U_i \ll U_d - U_G$

$$Q \simeq \frac{enbDl}{\sqrt{U_p}}\ \sqrt{U_d - U_G}\ .$$

Q ist die wesentliche Größe zur Berechnung der Komponenten im Ersatzschaltbild. Bild VI.4 zeigt das Kleinsignal-Ersatzschaltbild für einen GaAs-MeS-FET, das allerdings für die Sättigung gilt [VI.5]. Das Bild versucht, den physikalischen Ursprung

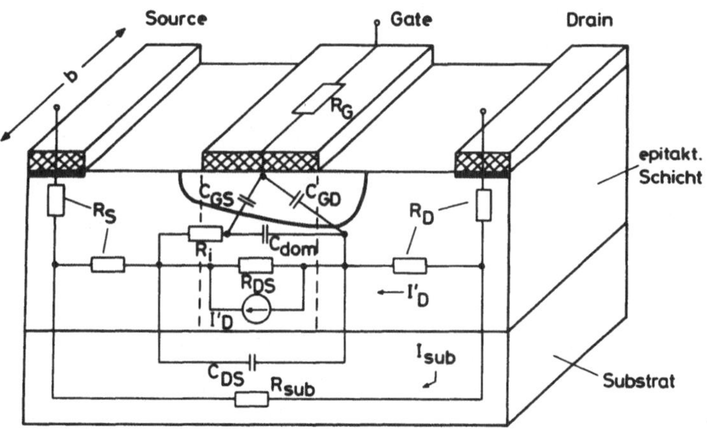

<u>Bild VI.4</u> Kleinsignal-Ersatzschaltbild eines GaAs-MeS-FETs nach [VI.5].

der Komponenten zu verdeutlichen. Die Elemente des inneren Transistors sind:

$C_{GS} + C_{GD}$ Gesamtkapazität des Gate zum leitenden Kanal;
C_{dom} Kapazität der stationären Dipoldomäne;

$I_D' = g_m U_G$ nach Gl. (VI.12); verknüpft I_D' mit der Spannung über C_{GS};

$R_{DS} = 1/g_d$ nach Gl. (VI.10);

R_i Einfluß des Kanalwiderstandes; Kanalwiderstand im stationären Fall.

Dazu kommen die unvermeidlichen äußeren Komponenten:

R_S Source-Kontaktwiderstand und Zuleitungswiderstand zum Kanal;

R_D Drain-Kontaktwiderstand und Zuleitungswiderstand zum Kanal;

R_{sub} Widerstand für den Stromanteil I_{sub} durch das Substrat;

C_{DS} Substratkapazität;

R_G Zuleitungswiderstand des Gatemetalls.

R_G spielt insbesondere bei höheren Frequenzen eine Rolle. Wegen der geringen Abmessungen des Gatemetalls muß R_G mitberücksichtigt werden. Die Kapazität C_{GD} koppelt von der Drainelektrode zum Gate zurück, indem bei sich ändernder, effektiver Drainspannung $U_i = E_i \ell$ die Ausdehnung der Sperrschicht variiert. Es müssen dabei Ladungen, die in Gl. (VI.13) angegeben sind, abgeführt werden. Wir erhalten [VI.3]

$$C_{GD} = \left(\frac{\partial Q}{\partial U_i}\right)_{U_G=\text{const}} = \frac{2enb\ell D}{3\sqrt{U_p} \cdot U_i^2}\left[\frac{3}{2}(U_i+U_d-U_G)^{1/2}U_i-(U_i+U_d-U_G)^{3/2}+(U_d-U_G)^{3/2}\right].$$

Verwenden wir wiederum die Näherung $U_i \ll U_d - U_G$, dann folgt

$$C_{GD} = \frac{enb\ell D}{2\sqrt{U_p(U_d-U_G)}}.$$

Die Spannung über C_{GS} wird durch U_G bestimmt. C_{GS} koppelt die Gateelektrode an den Kanal an, wobei aber die Spannung über der Verarmungszone konstant bleibt; wir erhalten

$$C_{GS} = \left(\frac{\partial Q}{\partial U_G}\right)_{U_i-U_G=\text{const}} = \frac{2enb\ell D}{3\sqrt{U_p}U_i^2}\left[(U_i+U_d-U_G)^{3/2}-(U_d-U_G)^{3/2}-\frac{3}{2}(U_d-U_G)^{1/2}U_i\right].$$

Daraus folgt in der Näherung $U_i \ll U_d - U_G$ (drittes Glied in Taylor-Reihe)

$$C_{GS} = \frac{enblD}{4\sqrt{U_p(U_d-U_G)}}. \qquad (VI.14)$$

Die folgende Tabelle gibt für einen GaAs-MeS-FET, dessen aktive Schicht mit $n = 10^{17}$ cm^{-3} dotiert ist, die Meßwerte für das diskutierte Ersatzschaltbild; die Gatelänge des Transistors ist $l = 1$ µm, seine Breite $b = 500$ µm [VI.5]

$$g_m = 53 \text{ mS}, \qquad C_{GS} = 0{,}62 \text{ pF}, \qquad R_S = 2 \ \Omega, \qquad L_S = 0{,}04 \text{ nH},$$

$$\tau_o = 5 \text{ ps}, \qquad C_{GD} = 0{,}014 \text{ pF}, \qquad R_D = 3 \ \Omega, \qquad L_D = 0{,}05 \text{ nH},$$

$$C_{dom} = 0{,}02 \text{ pF}, \qquad R_{DS} = 400 \ \Omega, \qquad L_G = 0{,}05 \text{ nH},$$

$$C_{DS} = 0{,}12 \text{ pF}, \qquad R_G = 2{,}9 \ \Omega.$$

Die Induktivitäten L_S, L_D und L_G stammen vom Meßaufbau und liegen in Reihe mit R_S, R_D bzw. R_G. Der Transistor, für den die angeführten Zahlen gelten, war für geringes Rauschen ausgelegt und hatte bei offenem Gate ($U_G = 0$) einen Sättigungsstrom $I_{DS} = 70$ mA, der sich bei der Drainspannung $U_{DS} = 5$ V einstellte. Die Zeitkonstante τ_o gibt an, in welchem Maß die Steilheit zu hohen Frequenzen hin gemäß der Formel

$$y_m = g_m e^{-j\omega\tau_o}$$

abfällt. Die Gültigkeitsgrenze für das diskutierte Ersatzschaltbild liegt bei etwa 12 GHz. Die Grenzfrequenz (Transitfrequenz), bei der die Verstärkung des Transistors 1 wird, läßt sich als

$$f_T \simeq \frac{1}{2\pi} \frac{g_m}{C_{GS}} \qquad \text{oder in Näherung} \qquad f_T \simeq \frac{v_s}{\pi l}$$

angeben. Zur Ableitung haben wir Gln. (VI.7, 8, 12 und 14) benutzt. Die Grenzfrequenz ist demnach im wesentlichen durch die Laufzeit der Elektronen unter dem Gate bestimmt. Setzen wir v_s

zu etwa $0,8 \cdot 10^7$ cm/s, dann folgt

$$f_T \simeq 25 \text{ GHz} \qquad \text{für } l = 1 \text{ μm};$$
$$50 \text{ GHz} \qquad 0,5 \text{ μm}.$$

Wird der FET für Schaltzwecke eingesetzt, dann ist natürlich seine Schaltgeschwindigkeit von Interesse. Eine charakteristische Schaltzeit τ ist die Zeit, die zur Entfernung der Ladung $Q(U_{is})$ nach Gl. (VI.13) bei Sättigung durch den Sättigungsstrom I'_{DS} nach Gl. (VI.11) benötigt wird [VI.3]

$$\tau = \frac{Q(U_{is})}{I'_{DS}} = \frac{l}{v_s} \cdot \frac{\sqrt{U_d - U_G}}{\sqrt{U_p} - \sqrt{U_d - U_G}}.$$

Die Leistung, die der Transistor im Sättigungsbetrieb benötigt, ist unter Verwendung von Gln. (VI.8, 10 und 11)

$$P = I'_{DS} U_{is} = \frac{enbDlv_s^2}{\mu} \left(1 - \sqrt{\frac{U_d - U_G}{U_p}}\right) = \frac{enbDl^2 v_s}{\mu} \sqrt{\frac{U_d - U_G}{U_p}} \cdot \frac{1}{\tau}.$$

Daraus folgt als Leistungs-Verzögerungsprodukt

$$P\tau = \frac{v_s}{\mu} bl^2 \sqrt{2\varepsilon en(U_d - U_G)}.$$

Als Beispiel ergibt sich $P\tau = 26$ fJ

$$\text{für} \quad U_G = 0, \quad U_d = 0,7 \text{ V}, \quad n = 10^{17} \text{ cm}^{-3}, \quad \mu = 5000 \text{ cm}^2/\text{Vs},$$
$$v_s = 0,8 \cdot 10^7 \text{ cm/s}, \quad l = 1 \text{ μm}, \quad b = 100 \text{ μm}.$$

Bild VI.5 zeigt die maximal abgebbare Leistung einiger Leistungs-FETs aus GaAs, aufgetragen über der Frequenz. Zum Vergleich ist eine Kurve, die mit $1/f^2$ abfällt, eingezeichnet.

Die Anwendungsgebiete, die für GaAs-FETs ins Auge gefaßt werden, sind Mischer und Verstärker, z.B. für Richtfunk oder Satellitenübertragung und sehr schnelle, logische Schaltungen,

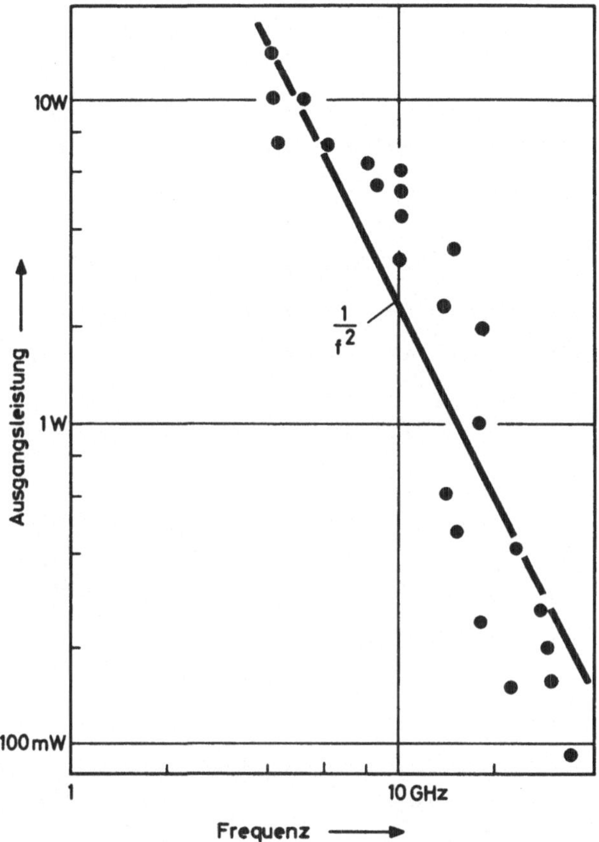

Bild VI.5 Maximal abgebbare Leistung einiger Lei-
stungs-MeS-FETs auf GaAs.

z.B. für Rechner [VI.6], oder für Eingangsteiler bei Frequenz-
zählern; diese Schaltungen müssen dann allerdings integriert
sein. Großintegration, d.h. mehr als 1000 Transistoren auf
einem Substrat, ist bereits realisiert worden [VI.7]. Ein weiteres wichtiges Einsatzgebiet, bei dem eine Reihe von Baugrup-
pen ebenfalls in integrierter Form vorgesehen sind, ist das
elektronisch durchstimmbare Radar (vgl. S. 226 f) [VI.8].

Ein Beispiel für eine integrierte Schaltung auf GaAs, die MeS-
FETs verwendet, ist in Bild VI.6 wiedergegeben [VI.9]. Die
Schaltung ist auf einem semi-isolierenden GaAs-Chip von 1,1 mm
Seitenlänge untergebracht und enthält 400 MeS-FETs und 200
Schottky-Dioden. Es handelt sich also um mittleren Integra-
tionsgrad (medium-scale integration). Die Gatelänge der MeS-

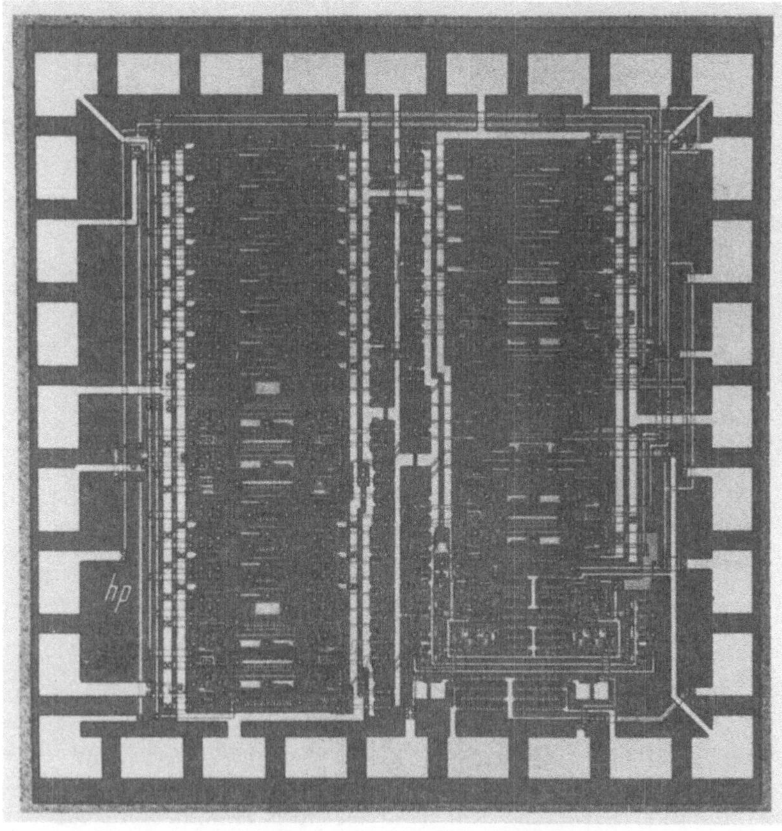

Bild VI.6   Vergleicherschaltung mit GaAs-MeS-FETs (dankens-
            werterweise von C. Liechti, Hewlett-Packard, zur
            Verfügung gestellt) [VI.9].

FETs ist l = 1 µm. Die Gates sind Metallstreifen aus einer
1 µm dicken Folge von Chrom, Platin und Gold [VI.10]. Die Bauelemente sind in einer 3 µm dicken, undotierten GaAs-Schicht
strukturiert, die auf dem semi-isolierenden Substrat durch
Flüssigphasen-Epitaxie aufgebracht wurde. Der Kanalbereich
der FETs (0,25 µm dick) ist durch eine Se-Implantation auf
$2,5 \cdot 10^{17}$ cm^{-3} Dotierung gebracht. Eine zweite, lokalisierte
Implantation von Si sorgt dafür, daß die Zuleitungsgebiete
zu Dioden und ohmschen Kontakten einen niedrigen Bahnwiderstand erhalten.

Die Schaltung in Bild VI.6 ist entworfen, um einen Datenstrom
vor und nach Übertragung durch eine Glasfaser zu vergleichen.
Sie stellt also Bitfehler fest, wobei die Taktfrequenz zwischen 1 kHz und 2 GHz liegen kann. Zu diesem Zweck wird der
übertragene Datenstrom in ein Pufferregister eingespeist, auf
das ein zehnstufiges Schieberegister mit geeignet verschalte-
tem exklusiven Oder-Gatter (EXOR) sowie die Detektorschaltung
folgen. Pufferregister, Schieberegister und exklusives Oder-
Gatter sind entgegen dem Uhrzeigersinn, beginnend im oberen
rechten Quadranten von Bild VI.6 und endend im linken unteren
Quadranten, angeordnet. Dieser Teil der Schaltung kann nach
geringen Modifikationen auch als Zufallsgenerator zur Erzeugung des Datenstroms eingesetzt werden [VI.9]. Der untere rechte Quadrant enthält ein Pufferregister für die Bitfehler und
Ausgangsverstärker.

Die Schaltung benötigt +5 und -3,5 V als Versorgungsspannungen.
Die Eingangsempfindlichkeit ist 0,5 V_{ss}. Beim Entwurf stand
nicht so sehr im Vordergrund, daß die Verlustleistung pro Gatter minimal ist. Es wurde vielmehr darauf geachtet, daß die
im Chip erzeugten 2 W Verlustleistung zur Erreichung einer
möglichst hohen Geschwindigkeit der Gesamtschaltung unter den
Komponenten aufgeteilt wurde.

An der Peripherie der Schaltung sind eine Reihe von Kontakt-
flächen angebracht, über die an mehreren Punkten der Schaltung

Kontrollmessungen gemacht werden können. Damit ist die Möglichkeit zum Anschluß an konzentrisch wegführende Streifenleitun-
gen gegeben, die in einem ersten Messingring liegen (Bild VI.7).
Ein äußerer Messingring, der über Koaxialleitungen mit dem inneren Ring verbunden ist, enthält einen Kranz von Steckern,
um Testgeräte anschließen zu können. Diese Test-Halterung hat
geringe Einfügungsdämpfung und Reflexion. Das Übersprechen ist
noch tolerierbar bis zu Frequenzanteilen von 14 GHz.

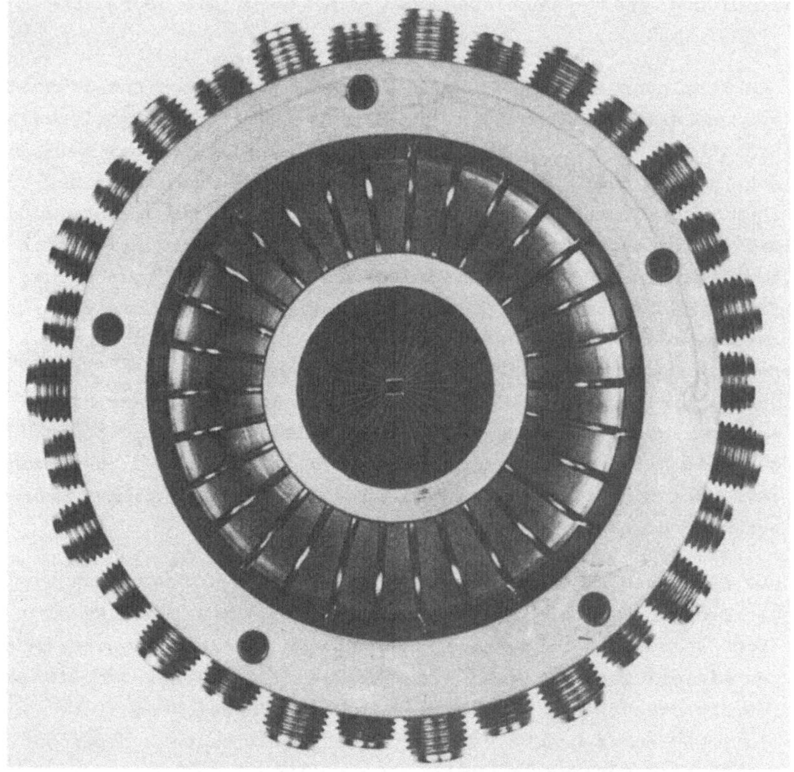

Bild VI.7 Test-Halterung für die Schaltung nach Bild VI.6,
die im Mittelpunkt der beiden konzentrischen Mes-
singringe montiert ist (dankenswerterweise von C.
Liechti, Hewlett-Packard, zur Verfügung gestellt)
[VI.9].

Literaturverzeichnis

A. Lehrbuchliteratur

B.G. Bosch, R.W.H. Engelmann, Gunn-effect Electronics, Pitman, London 1975.

P.J. Bulman, G.S. Hobson, B.C. Taylor, Transferred Electron Devices, Academic Press, London - New York 1972.

J.E. Caroll, Hot Electron Microwave Generators, Arnold, London 1970.

W. Harth, M. Claassen, Aktive Mikrowellenbauelemente, Springer 1981, Bd. 9 der Serie Halbleiter-Elektronik.

K. Heime, Laufzeit-Dioden, Oldenbourg, München 1976.

M.J. Howes, D.V. Morgan (Hg.), Microwave Devices, John Wiley & Sons, New York 1976.

W. Heywang, H.W. Pötzl, Bänderstruktur und Stromtransport, Springer 1976, Bd. 3 der Serie Halbleiter-Elektronik.

R. Müller, Grundlagen der Halbleiter-Elektronik, Springer 1971, Bd. 1 der Serie Halbleiter-Elektronik.

R. Paul, Halbleiterphysik, VEB Verl. Technik, Berlin 1974.

R. Paul, Halbleitersonderbauelemente, VEB Verl. Technik, Berlin 1981.

K. Seeger, Semiconductor Physics, Springer 1973.

H.V. Shurmer, Microwave Semiconductor Devices, Oldenbourg, München 1971.

K. Simonyi, Physikalische Elektronik, Teubner, Stuttgart 1972.

E. Spenke, Elektronische Halbleiter, 2. Aufl., Springer 1965.

S.M. Sze, Physics of Semiconductor Devices, Wiley-Interscience 1969.

H.-G. Unger, W. Harth, Hochfrequenz-Halbleiterelektronik, Hirzel, Stuttgart 1972.

B. Spezialliteratur

[II.1]   H. Melchior in: Laser Handbook, Bd. 1 (Hg. F.T. Arecchi, E.O. Schulz-Dubois), North-Holland Publ. Comp., Amsterdam 1972.

[II.2]   B. Eitan et al., Impact ionization at very low voltages in silicon, J. Appl. Phys. $\underline{53}$, 1244, 1982.

[II.3]   G.E. Stillman, C.M. Wolfe, Avalanche Photodiodes, in Semiconductors and Semimetals (Hg. R. K. Willardson, A.C. Beer), Bd. 12, Academic Press, New York 1977.

[II.4] A. Schlachetzki, Physics and Application of the Semi-
conductor InGaAsP, in Physics of Semiconductor
Devices (Hg. S.C. Jain, S. Radhakrishna), Wiley
Eastern Ltd., New Delhi 1982.

[II.5] N. Mazumder et al., A study of the ionization rates
of electrons and holes in GaAs using a computer analysis of the properties of GaAs IMPATTs, J. Appl. Phys.
$\underline{52}$, 5855, 1981.

[II.6] M.P. Mikhailova et al., Carrier multiplication in
InAs and InGaAs p-n junctions and their ionization
coefficients, Sov. Phys. Semicond. $\underline{10}$, 509, 1976.
T.P. Pearsall, Impact ionization rates for electrons
and holes in $Ga_{0.47}In_{0.53}As$, Appl. Phys. Lett. $\underline{36}$,
218, 1980.
T.P. Pearsall et al., Impact ionization coefficients
for electrons and holes in $In_{0.14}Ga_{0.86}As$, ibid. $\underline{27}$,
330, 1980.
Y.Takanashi, Y.Horikoshi, Ionization Coefficient of
InGaAsP/InP APD, Japan. J. Appl. Phys. $\underline{18}$, 2173,1979.
T.P. Pearsall et al., Impact ionization rates for
electrons and holes in $GaAs_{1-x}Sb_x$ alloys, Appl. Phys.
Lett. $\underline{28}$, 403, 1976.

[II.7] H. Shichijo, K. Hess, Band-structure-dependent transport and impact ionization in GaAs, Phys. Rev. B $\underline{23}$,
4197, 1981.

[II.8] J.R. Chelikowsky, M.L. Cohen, Nonlocal pseudopotential calculations for the electronic structure of
eleven diamond and zinc-blende semiconductors, ibid.
$\underline{14}$, 556, 1976.

[II.9] nach S.M.Sze, Physics of Semiconductor Devices, John
Wiley 1969, S.51.

[II.10] ibid., S. 59.

[II.11] W.T. Read, A Proposed High-Frequency, Negative-Resistance Diode, Bell Syst. Techn. J. $\underline{37}$, 401, 1958.

[II.12] T. Kaneda, H. Takanashi, H. Matsumoto, T. Yamaoka,
Avalanche buildup time of silicon reach-through photodiodes, J. Appl. Phys. $\underline{47}$, 4960, 1976.

[II.13] M.G. Adlerstein, J.W. McClymonds, H. Statz, Avalanche
Response Time in GaAs as Determined from Microwave
Admittance Measurements, IEEE Trans. Electron Dev.
$\underline{ED-28}$, 808, 1981.

[II.14] T. Misawa, Negative Resistance in p-n Junctions under
Avalanche Breakdown Conditions, Part I, ibid. $\underline{ED-13}$,
137, 1966.

[II.15] T. Misawa, Negative Resistance in p-n Junctions under
Avalanche Breakdown Conditions, Part. II, ibid. $\underline{ED-13}$,
143, 1966.

[II.16] M. Neuberger, III-V Semiconducting Compounds, Handbook
of Electronic Materials, Bd. 2, IFI/Plenum, N.Y. 1971.

[II.17] T. Misawa, Multiple Uniform Layer Approximation in
Analysis of Negative Resistance in p-n Junction in
Breakdown, IEEE Trans. Electron Dev. ED-14, 795, 1967.

[II.18] G. Gibbons, S.M.Sze, Avalanche Breakdown in Read and
p-i-n Diodes, Solid-State Electronics 11, 225, 1968.

[II.19] J.C. Irvin, R.M. Ryder, High Efficiency Impatt Diodes,
Appl. Solid State Science 5, 1, 1975, Academic Press,
New York.

[II.20] T.E. Seidel, R.E. Davis, D.E. Iglesias, Double-Drift-
Region Ion-Implanted Millimeter-Wave IMPATT-Diodes,
Proc. IEEE 59, 1222, 1971.

[II.21] R.L. Kuvås, A.A.Immorlica, B.W. Ludington, F.J. Szal-
kowski, Heterojunction Impatt Diodes: Theoretical
Performance and Material Development Studies, Proc.
6th Biennial Cornell Electr. Eng. Conf. (Cornell Univ.,
Ithaca, N.Y. 1977) S. 247 - 256.

[II.22] A.S. Tager, The Avalanche-Transit Diode and Its Use in
Microwaves, Sov. Phys. Uspekhi 9, 892, 1967.

[II.23] M. Abramowitz, I.A. Stegun (Hg.), Handbook of Mathe-
matical Functions, Dover Publ., New York 1965, S.374 ff.

[II.24] D.L. Scharfetter, H.K. Gummel, Large-Signal Analysis
of a Silicon Read Diode Oscillator, IEEE Trans. Electron Dev. ED-16, 64, 1969.

[II.25] P. Bauhahn, G.I. Haddad, IMPATT Device Simulation and
Properties, ibid. ED-24, 634, 1977.

[II.26] S.M. Sze, Semiconductor Device Development in the
1970's and 1980's - A Perspective, Proc. IEEE 69,
1121, 1981.

[II.27] M.E. Elta, G.I.Haddad, High-Frequency Limitations of
IMPATT, MITATT, and TUNNETT Mode Devices, IEEE Trans.
Microwave Theory and Techn. MTT-27, 442, 1979.

[II.28] H.J. Prager, K.K.N. Chang, J. Weisbrod, High Power,
High-Efficiency Silicon Avalanche Diodes at Ultra High
Frequencies, Proc. IEEE 55, 586, 1967.

[II.29] B. Kerzar, P. Weissglas, Japan. J. Appl. Phys. 12,
260, 1973.

[II.30] D.L. Scharfetter, Power-Frequency Characteristics of
the TRAPATT Diode Mode of High Efficiency Power Generation in Germanium and Silicon Avalanche Diodes, Bell
Syst. Techn. J. 49, 799, 1970.

[II.31] A.S. Clorfeine, H.J. Prager, R.D. Hughes, Lumped-Ele-
ment High-Power Trapatt Circuits, RCA Rev. 34, 580,
1973.

[II.32] W.J. Evans, Circuits of High-Efficiency Avalanche-Diode Oscillators, IEEE Trans. Microwave Theory and Techniques MTT-17, 1060, 1969.

[II.33] S.G. Liu, J.J. Risko, Fabrication and Performance of Kilowatt L-Band Avalanche Diodes, RCA Rev. 31, 3, 1970.

[II.34] A.S. Clorfeine, Guidelines for the Design of High-Efficiency Mode Avalanche Diode Oscillators, IEEE Trans. Electron Dev. ED-18, 550, 1971.

[II.35] D.F. Kostishak, UHF Avalanche Diode Oscillator Providing 400 Watts Peak Power and 75 Percent Efficiency, Proc. IEEE 58, 1282, 1970.

[II.36] H.W. Rüegg, A Proposed Punch-Through Microwave Negative-Resistance Diode, IEEE Trans. Electron Dev. ED-15, 577, 1968.

[II 37] J.E. Sitch, P.N. Robson, Efficiency of baritt and dovett oscillators, Solid-State and Electron Devices 1, 31, 1976.

[II.38] S. Luryi, R.F. Kazarinov, Optimum Baritt Structure, Solid-State Electronics 25, 943, 1982.

[II.39] A.A. Immorlica, G.L. Pearson, Velocity saturation in n-type $Al_xGa_{1-x}As$ single crystals, Appl. Phys. Lett. 25, 570, 1974.

[II 40] J. Nishizawa, The GaAs TUNNETT Diodes, Infrared and Millimeter Waves 5, Academic Press 1982, S. 215 - 266.

[II.41] M.E. Elta, G.I. Haddad, High-Frequency Limitations of IMPATT, MITATT, and TUNNETT Mode Devices, IEEE Trans. Microwave Theory and Techn. MTT-27, 442, 1979.

[II.42] Staeker, 1973 Int. Electron Dev. Meeting Techn. Dig., Washington DC, S. 493 - 496, 1973.

[II.43] Murphy et al., Int. Microwave Symp. Dig. of Techn. Papers, Atlanta, Giorgia, S. 315 - 317, 1974.

[II.44] H.S. Carslaw, J.C. Jaeger, Conduction of Heat in Solids, 2. Aufl., Oxford University Press 1959.

[III. 1] J.R. Chelikowsky, M.L. Cohen, Nonlocal pseudopotential calculations for the electronic structure of eleven diamond and zincblende semiconductors, Phys. Rev. B 14, 556, 1976.

[III. 2] D.E. Aspnes, Lower conduction band structure of GaAs, Gallium Arsenide and Related Compounds 1976 (Inst. Phys. Conf. Ser. 33b) S. 110.

[III. 3] z.B. in: W. Heywang, H.W. Pötzl, Bänderstruktur und Stromtransport, Springer 1976.

[III. 4] P.N. Butcher, W. Fawcett, Proc. Phys. Soc. (London)
          $\underline{86}$, 1205, 1965
          -, -, Phys. Lett. $\underline{21}$, 489, 1966
          P.N. Butcher, Rep. on Progress in Phys. $\underline{30}$, 97, 1967
          J.B. Bott, W. Fawcatt, Advances in Microwaves $\underline{3}$,
          223, 1968.

[III. 5] R. Bosch, H.W. Thim, Computer Simulation of Trans-
          ferred Electron Devices Using the Displaced Maxwel-
          lian Approach, IEEE Trans. Electron Dev. $\underline{ED-21}$,
          16, 1974.

[III. 6] J.S. Ruch, G.S. Kino, Measurement of the velocity
          field characteristic of Gallium Arsenide, Appl.
          Phys. Lett. $\underline{10}$, 40, 1967
          N. Braslau, P.S. Hauge, Microwave measurement of
          the velocity-field characteristic of GaAs, IEEE
          Trans. Electron Dev. $\underline{ED-17}$, 616, 1970.

[III. 7] P.M.Boers, Comment on determination of the velocity
          field characteristic for n-type indium phosphide
          from dipole-domain measurements, Electronics Lett.
          $\underline{9}$, 134, 1973.

[III. 8] J.H. Marsh, P.A. Houston, P.N. Robson, Compositional
          Dependence of the Mobility, Peak Velocity and
          Threshold Field in $In_{1-x}Ga_xAs_yP_{1-y}$, Gallium Arsenide
          and Related Compounds 1980 (Inst. Phys. Conf. Ser.
          no. 56) S. 621.

[III. 9] T.H. Windhorn, L.W. Cook, G.E. Stillman, High-field
          electron transport in $In_xGa_{1-x}As_yP_{1-y}$ ($\lambda_g = 1.2\mu m$), Appl.
          Phys. Lett. $\underline{41}$, 1065, 1982.

[III.10] M.A.Littlejohn, J.R. Hauser, T.H. Glisson, Velocity-
          field characteristics of $Ga_{1-x}In_xP_{1-y}As_y$ quaternary
          alloy, ibid. $\underline{30}$, 242, 1977.

[III.11] W. Kowalsky, A. Schlachetzki, H.-H. Wehmann, Trans-
          ferred-Electron Domains in $In_{0.53}Ga_{0.47}As$ in Depen-
          dence on the nl Product, Solid-State Electronics $\underline{27}$,
          187, 1984.

[III.12] J.B. Gunn, On the Shape of Travelling Domains in
          Gallium Arsenide, IEEE Trans. Electron Dev. $\underline{ED-14}$,
          720, 1967.

[III.13] P.N. Butcher, Theory of stable domain propagation
          in the Gunn effect, Phys. Lett. $\underline{19}$, 546, 1965.

[III.14] J.W.Allen, W. Shockley, G.L. Pearson, Gunn domain
          dynamics, J. Appl. Phys. $\underline{37}$, 3191, 1966.

[III.15] T. Ikoma, T. Sugeta, H. Torizuka, H. Yanai, Charac-
          teristics of the Transferred Electron Devices, J.
          Fac. Eng., Univ. Tokyo (B), XXX, 348, 1970.

[III.16] J.E. Carroll, Hot Electron Microwave Generators,
          Arnold, London 1970, S.100 f.

[III.17] A. Schlachetzki, Pulse Rise Time in Planar Gunn
          Devices, Japan. J. Appl. Phys. $\underline{14}$, 1335, 1975.

[III.18] A.N. Valentyuk, A.V. Latyshev, V.F. Stel'makh,
          Dynamics of the growth and quenching of a high-field
          domain in the Gunn effect, Sov. Phys. Semicond. $\underline{9}$,
          112, 1975.

[III.19] A. Schlachetzki, Domain Dissolution in Planar Gunn
          Devices, phys. stat. sol. (a), K 151, 1976.

[III.20] E. Reinecker, M. Claassen, Switching properties of
          highly doped Gunn devices in resistive circuits,
          Solid-State Electronics $\underline{22}$, 25, 1979.

[III.21] H. Kroemer, The Gunn Effect under Imperfect Cathode
          Boundary Conditions, IEEE Trans. Electron Dev. $\underline{ED-15}$,
          819, 1968.

[III.22] H. Yanai, N. Suzuki, T. Sugeta, M. Tanimoto, Effect
          of electrode structure on dipole-domain formation,
          Gallium Arsenide and related compounds 1970 (Inst.
          Phys. Conf. Ser. no. 9) S. 153.

[III.23] B.S. Perlman, Space Charge Instabilities in Trans-
          ferred Electron Devices, RCA Rev. $\underline{34}$, 457, 1973.

[III.24] M.E. Levinshtein, M.S. Shur, Physical investigations
          of the Gunn effect (review), Sov. Phys. Semicond. $\underline{9}$,
          411, 1975.

[III.25] K. Heime, A. Schlachetzki, Pulse Generation in
          Planar Gunn Devices with Varying nl Product, Elec-
          tronics Lett. $\underline{8}$, 203, 1972.

[III.26] W. Kowalsky, A. Schlachetzki, H.-H. Wehmann, Trans-
          ferred-electron domains in $In_{0.53}Ga_{0.47}As$ in depen-
          dence on the nl product, Solid-State Electronics $\underline{27}$,
          187, 1984.

[III.27] W. Kowalsky, A. Schlachetzki, Transferred Electron
          Effect in InGaAsP Alloys Lattice-Matched to InP,
          Solid-State Electronics, im Druck.

[III.28] H.W. Thim, Gunn amplifiers, Solid State Devices,
          1971 (Inst. Phys. Conf. Ser. no. 12), S. 87.

[III.29] S. Kataoka, H. Tateno, M. Kawashima, Suppression of
          travelling high-field-domain mode oscillations in
          GaAs by dielectric surface loading, Electronics
          Lett. $\underline{5}$, 48, 1969.
          -, -, Observation of current instabilities in a
          dielectric-surface-loaded n type GaAs bulk element,
          ibid. $\underline{5}$, 114, 1969.

[III.30] A. Schlachetzki, K. Mause, Measurement of the in-
          fluence of the nd product on the Gunn effect, ibid. $\underline{8}$,
          640, 1972.

[III.31] P.J. Bulman, G.S. Hobson, B.C. Taylor, Transferred
          Electron Devices, Academic Press 1972, S. 116.

[III.32] F.L. Warner, Extension of the Gunn effect theory
          given by Robson and Mahrous, Electronics Lett. $\underline{2}$,
          260, 1966.

[III.33] J.A. Copeland, LSA oscillator diode theory, J. Appl.
          Phys. $\underline{38}$, 3096, 1967.

[III.34] J.A. Copeland, Characterization of bulk negative
          resistance diode behaviour, IEEE Trans. Electron
          Dev. $\underline{ED-14}$, 461, 1967.

[III.35] D.E. McCumber, A.G. Chynoweth, Theory of Negative-
          Conductance Amplification and of Gunn Instabilities
          in "Two-Valley" Semiconductors, ibid. $\underline{ED-13}$, 4, 1966.

[III.36] I.G. Eddison, I.Davies, P.L. Giles, D.M. Brookbanks,
          Efficient fundamental frequency oscillation from
          millimetre-wave indium phosphide n^+-n-n^+ transferred
          electron oscillators, Electronics Lett. $\underline{17}$, 758,
          1981.

[III.37] H.-C. Huang, L.A. MacKenzie, A Gunn Diode Operated
          in the Hybrid Mode, Proc. IEEE $\underline{56}$, 1232, 1968.

[III.38] B.G. Bosch, R.W.H. Engelmann, Gunn-effect Electro-
          nics, Pitman, London 1975, S. 166.

[IV. 1] K. Kurokawa, Injection Locking of Microwave Solid-
          State Oscillators, Proc. IEEE $\underline{61}$, 1386, 1973.

[IV. 2] H. Pollmann, zitiert nach [III.38] S. 288.

[IV. 3] F.L. Warner, P. Herman, Miniature X-band Gunn oscil-
          lators, Proc. 1st Biennial Cornell Conf. 1967,
          Ithaca N.Y, School of Electr. Engineering Cornell
          Univ., S. 206, zitiert nach P.J. Bulman, G.S. Hobson,
          B.C. Taylor, Transferred Electron Devices, Academic
          Press, London - New York 1972, S. 292 ff.

[IV. 4] M. Omori, Octave Electronic Tuning of a CW Gunn
          Diode Using a YIG Sphere, Proc. IEEE $\underline{57}$, 97, 1969.

[IV. 5] E. Kneller, Ferromagnetismus, Springer, Berlin usw.
          1962, S. 685.

[IV. 6] D.C. Hanson, YIG-tuned transferred-electron oscilla-
          tor using thin film microcircuits, IEEE Int. Solid-
          State Circ. Conf., Philadelphia, Pa., 1969, Dig.
          Techn. Papers, S. 122; zitiert nach [III.38], S.285.

[IV. 7] K. Küpfmüller, Einführung in die theoretische Elek-
          trotechnik, Springer, Berlin usw. 1962, 7. Aufl.,
          S. 490.

[IV. 8] M. Gilden, C. Buntschuh, T.B. Ramachandran, J.C.
          Collinet, Avalanche and Gunn diode oscillators,
          WESCON Techn. Papers 1968, pt.1, section 2/3, S.1,
          zitiert nach [III.38], S.291.

[IV. 9] W.A. Edson, Noise in Oscillators, Proc. IRE $\underline{48}$, 1454,
          1960.

[V. 1]   H.L. Hartnagel, Three-Level Gunn-Effect Logic, Solid-
          State Electronics 14, 439, 1971.
          N. Hashizume, S. Kataoka, Y. Komamiya, K. Tomizawa,
          M. Morisue, GaAs 4 Bit-Gate Device of Integrated
          Gunn-Elements and MESFETs, 6th Int. Symp. on Gallium
          Arsenide and Related Compounds (St. Louis Conf. 1976)
          Inst. Phys. Conf. Ser. No. 33b, 1977, S. 245.
          T. Sugeta, M. Tanimoto, T. Ikoma, H. Yanai, Charac-
          teristics and Applications of a Schottky-Barrier-Gate
          Gunn-Effect Digital-Device, IEEE Trans. Electron Dev.
          ED-21, 504, 1974.
          K. Mause, E. Hesse, A. Schlachetzki, Shift register
          with Gunn devices for multiplexing techniques in the
          gigabit-per-second range, Solid-State and Electron
          Devices 1, 17, 1976.

[V. 2]   H. Meinel, B. Rembold, Millimeterwellen-Technik,
          Teil 1: Ausbreitungsbedingungen und Anwendungen,
          Mikrowellen-Magazin 9, 208, 1983.

[V. 3]   H. Meinel, A. Plattner, Millimetre-wave propagation
          along railway lines, IEE Proc. 130, 688, 1983.
          H. Meinel, A. Plattner, A 40 GHz Railway Communica-
          tion System, IEEE J. Selected Areas in Commun. SAC-1,
          615, 1983.

[V. 4]   R.M. Knox, Dielectric Waveguide Microwave Integrated
          Circuits - An Overview, IEEE Trans. Microwave Theory
          and Techn. MTT-24, 806, 1976.

[VI. 1]   J.A. Cooper, Limitations on the Performance of Field-
          Effect Devices for Logic Applications, Proc. IEEE 69,
          226, 1981.

[VI. 2]   S. Hiyamizu, T. Mimura, T. Ishikawa, MBE-Grown
          GaAs/N-AlGaAs Heterostructures and Their Application
          to High Electron Mobility Transistors, Japan. J.Appl.
          Phys. 21, Suppl. 21-1, 161, 1982.
          M. Inoue, S. Hiyamizu, M. Inayama, Y. Inuishi, Ana-
          lyses of 2D Electron Transport at a GaAs/AlGaAs Inter-
          face, ibid. Suppl. 22-1, 357, 1983.
          M. Abe, T. Mimura, N. Yokoyama, H. Ishikawa, New
          Technology Towards GaAs LSI/VLSI for Computer Appli-
          cations, IEEE Trans. Microwave Theory and Techniques
          MTT-30, 992, 1982.

[VI. 3]   M.S. Shur, Analytical Model of GaAs MESFET's, IEEE
          Trans. Electron Dev. ED-25, 612, 1978.

[VI. 4]   M.S. Shur, L.F. Eastman, Current-Voltage Characteri-
          stics, Small-Signal Parameters, and Switching Times of
          GaAs FET's, ibid. ED-25, 606, 1978.

[VI. 5]   C.A. Liechti, Microwave Field-Effect Transistors -
          1976, IEEE Trans. Microwave Theory and Techniques
          MTT-24 , 279, 1976.

[VI. 6]   G. Nuzillat, E.H. Perea, G. Bert, F. Damay-Kavala,
          M. Gloanec, M. Peltier, T. Pham Ngu, C. Arnodo, GaAs
          MESFET IC's for Gigabit Logic Applications, IEEE J.
          Solid-State Circuits SC-17, 569, 1982.

[VI. 7]   F.S. Lee, G.R. Kaelin, B.M. Welch, R. Zucca, E. Shen,
          P. Asbeck, C.-P. Lee, C.G. Kirkpatrick, S.J. Long,
          R.C. Eden, A High-Speed LSI GaAs 8 x 8 Bit Parallel
          Multiplier, ibid. SC-17, 638, 1982.

[VI. 8]   R.S. Pengelly, GaAs monolithic microwave circuits
          for phased-array applications, IEE Proc. 127, 301,
          1980.

[VI. 9]   R. Joly, C. Liechti, M. Namjoo, A GaAs MSI Pseudo-Ran-
          dom Bit-Sequence Generator and Error Detector Opera-
          ting at 2 Gbits/s Data Rate, 1982 GaAs IC Symp.,
          New Orleans, USA, Nov. 1982.

[VI.10]   C.A. Liechti, G.L. Baldwin, E. Gowen, R. Joly, M.
          Namjoo, A.F. Podell, A GaAs MSI Word Generator Opera-
          ting at 5 Gbits/s Data Rate, IEEE Trans. Microwave
          Theory and Techniques MTT-30, 998, 1982.

Schlagwortverzeichnis

Moeller, Leitfaden der Elektrotechnik

Herausgegeben von Prof. Dr.-Ing. **H. Fricke**, Braunschweig, Prof. Dr.-Ing. **H. Frohne**, Hannover, und Prof. Dr.-Ing. **P. Vaske**, Hamburg

Band I

Grundlagen der Elektrotechnik

Teil 1: Elektrische Netzwerke

Von Prof. Dr.-Ing. **H. Fricke**, Braunschweig, und Prof. Dr.-Ing. **P. Vaske**, Hamburg

17., neubearbeitete und erweiterte Auflage. XVIII, 733 Seiten mit 567 teils mehrfarbigen Bildern, 34 Tafeln und 553 Beispielen. Geb. DM 59,— ISBN 3-519-06403-0

Teil 2: Elektrische und magnetische Felder

Von Prof. Dr.-Ing. **H. Frohne**, Hannover

In Vorbereitung ISBN 3-519-06404-9

Band II

Elektrische Maschinen und Umformer

Teil 1: Aufbau, Wirkungsweise und Betriebsverhalten

Von Prof. Dr.-Ing. **P. Vaske**, Hamburg

12., neubearbeitete und erweiterte Auflage. XII, 289 Seiten mit 248 teils zweifarbigen Bildern, 12 Tafeln und 61 Beispielen. Kart. DM 42,— ISBN 3-519-16401-9

Teil 2: Berechnung elektrischer Maschinen

Von Prof. Dr.-Ing. **P. Vaske**, Hamburg, und Dipl.-Ing. **J. H. Riggert** †, Köln

8., überarbeitete Auflage. X, 178 Seiten mit 108 Bildern und 17 Beispielen. Kart. DM 34,—
ISBN 3-519-16402-7

Band III

Bauelemente der Halbleiterelektronik

Von Prof. Dr. rer. nat. **H. Tholl**, Hamburg

Teil 1: Grundlagen, Dioden und Transistoren

XII, 236 Seiten mit 203 Bildern, 18 Tafeln und 60 Beispielen. Kart. DM 38,— ISBN 3-519-06418-9

Teil 2: Feldeffekt-Transistoren, Thyristoren und Optoelektronik

XII, 323 Seiten mit 309 Bildern, 32 Tafeln und 77 Beispielen. Kart. DM 42,— ISBN 3-519-06419-7

Band IV

Grundlagen der elektrischen Meßtechnik

Von Prof. Dr.-Ing. **H. Frohne**, Hannover, und Prof. Dr.-Ing. **E. Ueckert**, Hannover

XII, 548 Seiten mit 271 Bildern, 48 Tafeln und 111 Beispielen. Geb. DM 64,— ISBN 3-519-06406-5

Band V

Grundlagen der Regelungstechnik

Von Prof. Dr.-Ing. **F. Dörrscheidt**, Paderborn, und Prof. Dr.-Ing. **W. Latzel**, Paderborn

In Vorbereitung ISBN 3-519-06421-9

B. G. Teubner Stuttgart

Moeller, Leitfaden der Elektrotechnik (Fortsetzung)

Band VI

Hochspannungstechnik

Von Prof. Dr.-Ing. **G. Hilgarth**, Braunschweig/Wolfenbüttel
X, 162 Seiten mit 138 Bildern, 13 Tafeln und 35 Beispielen. Kart. DM 36,–   ISBN 3-519-06422-7

Band VII

Programmierbare Taschenrechner in der Elektrotechnik
Anwendung der TI 58 und TI 59

Von Prof. Dr.-Ing. **P. Vaske**, Hamburg, Prof. Dr.-Ing. **F. Dörrscheidt**, Paderborn, und Prof. Dr.-Ing.
D. Selle, Braunschweig/Wolfenbüttel
unter Mitwirkung von Prof. Dipl.-Ing. **R. Flosdorff,** Aachen, und Prof. Dr.-Ing. **G. Hilgarth,** Braunschweig/Wolfenbüttel
XII, 425 Seiten mit 143 Bildern, 32 Tafeln, 129 Beispielen und 40 Programmen. Kart. DM 44,–
ISBN 3-519-06420-0

Band IX

Elektrische Energieverteilung

Von Prof. Dipl.-Ing. **R. Flosdorff,** Aachen, und Prof. Dr.-Ing. **G. Hilgarth,** Braunschweig/Wolfenbüttel
4., neubearbeitete und erweiterte Auflage. XIV, 350 Seiten mit 274 Bildern, 46 Tafeln und 72 Beispielen. Kart. DM 46,–   ISBN 3-519-36411-5

Band X

Grundlagen der Digitaltechnik

Von Prof. Dipl.-Ing. **L. Boruckl,** Krefeld
XII, 238 Seiten mit 262 Bildern, 74 Tafeln und 51 Beispielen. Kart. DM 38,–   ISBN 3-519-06415-4

Band XI

Grundlagen der elektrischen Nachrichtenübertragung

Von Prof. Dr.-Ing. **H. Fricke,** Braunschweig, Prof. Dr.-Ing. habil. **K. Lamberts,** Clausthal, und Prof.
Dipl.-Ing. **E. Patzelt,** Braunschweig/Wolfenbüttel
XV, 375 Seiten mit 302 Bildern, 15 Tafeln und 39 Beispielen. Geb. DM 52,–   ISBN 3-519-06416-2

Band XII

Grundlagen der Verstärker

Von Prof. Dr.-Ing. **H. Gad,** Lemgo, und Prof. Dr.-Ing. **H. Fricke,** Braunschweig
XII, 306 Seiten mit 202 Bildern, 1 Tafel und 90 Beispielen. Kart. DM 48,–   ISBN 3-519-06417-0

Preisänderungen vorbehalten

B. G. Teubner Stuttgart

Schlachetzki/v. Münch

<u>Integrierte Schaltungen</u>

Von Prof. Dr. rer. nat. A. Schlachetzki, Technische Universität Berlin und Heinrich-Hertz-Institut für Nachrichtentechnik, Berlin, und Prof. Dr. phil. nat. W. von Münch, Universität Stuttgart

255 Seiten mit 138 Bildern, 12,7 x 18,8 cm. Kart. DM 17,80 (Teubner Studienskripten, Band 79)

"Das Buch stellt, unterstützt von Sachverzeichnis und Literaturverzeichnis, weniger ein Studienskript als vielmehr eine gedrängte, aber umfassende Darstellung des Gesamtgebietes dar. Sämtliche modernen Herstellungsverfahren und Konzepte sind enthalten, die saubere Darstellung ermöglicht schnelles Eindringen in den jeweiligen Sachverhalt und gibt klare Auskunft.

Das Gesamtgebiet von der Technologie des Siliziums und des Galliumarsenids über die Theorie von PN-Verbindungen, Bipolartransistor und Feldeffekt bis hin zu den prinzipiellen Schaltungskomponenten integrierter Halbleiterschaltungen ist überdeckt. Das Konzept von Addierern, Speichern, AD-Wandlern oder ladungsgekoppelten Elementen ist ebenso enthalten wie spezielle Probleme der Galliumarsenid-Integration. Die integrierte Injektionslogik wird behandelt, die Magnetblasenspeicher sind nicht vergessen, und selbst die optische Integration ist gestreift.

Damit ist dies Buch ein gelungenes, kleines Nachschlagewerk, jedem zu empfehlen, der sich über seine Grundkenntnisse hinaus mit dem Stand der Technik vertraut machen will."

Heinz Beneking, ETZ

Teubner Studienskripten Elektrotechnik

v. Münch,   Werkstoffe der Elektrotechnik
                 4., überarbeitete und erweiterte Auflage.
                 254 Seiten. DM 17,80

Oberg,   Berechnung nichtlinearer Schaltungen
                 für die Nachrichtenübertragung
                 168 Seiten. DM 14,80

Pinske,   Elektrische Energieerzeugung
                 127 Seiten. DM 12,80

Pregla/Schlosser, Passive Netzwerke
                 Analyse und Synthese
                 198 Seiten. DM 15,80

Römisch,   Berechnung von Verstärkerschaltungen
                 2., durchgesehene Aufl. 192 Seiten. DM 15,80

Schaller/Nüchel, Nachrichtenverarbeitung

                 Band 1 Digitale Schaltkreise
                 2., neubearbeitete Aufl. 168 Seiten. DM 14,80

                 Band 2 Entwurf digitaler Schaltwerke
                 3., überarbeitete und erweiterte Auflage.
                 191 Seiten. DM 15,80

                 Band 3 Entwurf von Schaltwerken
                 mit Mikroprozessoren
                 2., neubearbeitete und erweiterte Auflage.
                 173 Seiten. DM 15,80

Schlachetzki/v. Münch, Integrierte Schaltungen
                 255 Seiten. DM 17,80

Schmidt,   Digitalelektronisches Praktikum
                 2., durchgesehene Aufl. 238 Seiten. DM 15,80

Seinsch,   Grundlagen elektr. Maschinen und Antriebe
                 230 Seiten. DM 16,80

Schlachetzki, Halbleiterbauelemente der Hochfrequenztechnik
                 257 Seiten. DM 19,80

Strassacker,   Rotation, Divergenz und das Drumherum
                 XII, 227 Seiten. DM 18,80

Thiel,   Elektrisches Messen nichtelektrischer Größen
                 2. überarbeitete und erweiterte Auflage.
                 244 Seiten. DM 16,80

Unger,   Hochfrequenztechnik in Funk und Radar
                 2., neubearbeitete und erweiterte Auflage.
                 233 Seiten. DM 18,80

Vaske,   Berechnung von Drehstromschaltungen
                 2., überarbeitete Aufl. 180 Seiten. DM 15,80

Vaske,   Berechnung von Gleichstromschaltungen
                 3., überarbeitete und erweiterte Auflage.
                 132 Seiten. DM 12,80

Vaske,   Berechnung von Wechselstromschaltungen
                 2., durchgesehene Aufl. 224 Seiten. DM 16,80

Vaske,   Übertragungsverhalten elektrischer Netzwerke
                 3., überarbeitete Aufl. 164 Seiten. DM 14,80

Weber,   Laplace-Transformation für Ingenieure
                 der Elektrotechnik
                 4., durchgesehene Auflage.
                 205 Seiten. DM 16,80

Westermann,   Laser
                 190 Seiten. DM 14,80

Preisänderungen vorbehalten